我国中小企业减排网络组织建设与培育研究

吴利华 著

中国社会科学出版社

图书在版编目(CIP)数据

我国中小企业减排网络组织建设与培育研究／吴利华著．—北京：中国社会科学出版社，2016.12

ISBN 978－7－5161－9392－1

Ⅰ．①我… Ⅱ．①吴… Ⅲ．①中小企业—节能减排—研究—中国
Ⅳ．①TK018

中国版本图书馆 CIP 数据核字(2016)第 288156 号

出 版 人　赵剑英
责任编辑　谢欣露
责任校对　季　静
责任印制　王　超

出　　版　中国社会科学出版社
社　　址　北京鼓楼西大街甲 158 号
邮　　编　100720
网　　址　http://www.csspw.cn
发 行 部　010－84083685
门 市 部　010－84029450
经　　销　新华书店及其他书店

印　　刷　北京明恒达印务有限公司
装　　订　廊坊市广阳区广增装订厂
版　　次　2016 年 12 月第 1 版
印　　次　2016 年 12 月第 1 次印刷

开　　本　710×1000　1/16
印　　张　15.5
插　　页　2
字　　数　223 千字
定　　价　56.00 元

凡购买中国社会科学出版社图书，如有质量问题请与本社营销中心联系调换
电话：010－84083683

前　言

改革开放以来，凭借快速适应市场变化、小批量、多样化生产等优势，我国中小企业发展迅速，已成为国民经济的重要组成部分，是推动经济发展的重要力量。然而，中小企业也是环境污染的制造者，中小企业生产规模小、技术落后、设备陈旧，单位产出污染排放量大；中小企业数量多、区域分布面广、涉及行业多、生产地点流动性强，其排放的污染物种类多、地域广、排放量变动大，以大企业的监管方式对中小企业进行全面监控，监管成本高、难度大。中小企业的大量存在，一方面推动了经济的发展；另一方面也使环境污染问题日益严重，中小企业已成为当前我国污染治理的重点和难点。

企业作为一个理性的经济组织，总是倾向于用比较小的生产成本获得较大的利益，影响企业减排的关键因素在于成本和收益的权衡。中小企业污染排放量小，污染治理和废弃物再生利用没有规模效应，需要支付更高的成本，这使企业失去减排的主动性和积极性；政府对中小企业环境污染的监测监控能力不足，监管不到位，又使中小企业普遍存在侥幸心理，往往通过偷排和超标排放污染物，减少污染处理费用支出。

网络资源观认为，企业的竞争优势源于其拥有稀缺的、难以模仿的、有价值的和难以替代的资源，这些资源可以是企业内部拥有的，也可以是从企业外部网络获取。企业可以突破内部资源限制，整合和利用内部和外部资源，以适应外部环境的变化，形成企业长期的竞争优势。中小企业减排网络组织是以实现经济、环境和社会效益最大化为目标而形成的动态的、开放的跨区域合作组织，通过组织成员间的资源共享和废弃物的再生利用合作，为资源找到更大利用空间和更高利用价值，提

高资源利用率，减少污染排放，实现资源循环利用规模化。

在自然生态系统中不存在真正的废弃物，由生产者、消费者和分解者构成的共生系统使各类物质和能源都得到了循环利用。工业体系中的企业之间也存在着这种互利共生关系，模仿自然生态系统共生关系建立企业间的共生机制，形成资源共享和副产品互换的产业共生网络，通过建立“生产者—消费者—分解者”的循环方式，寻求资源封闭循环利用，实现资源利用最大化和废物排放最小化的目标。

经济利益是企业减排的基础动力，中小企业减排网络组织的吸引力和凝聚力来自其给参与者带来的经济利益。企业环保行为是企业在适应外部环境变化条件下对减排成本和收益比较分析后做出的选择，加入减排网络组织也是基于成本和收益比较。政府环境管制和支持政策是通过改变企业的收入结构、成本结构来引导企业改变其盈利模式的。完善环境保护的法律法规，加大资源再生利用技术研发投入，构建网络合作公共服务平台，形成有利于企业绿色化发展的成本与价格机制，从而会促进资源节约使用和废弃物的循环利用，引导中小企业减排网络形成。

本书从改善中小企业绿色化发展环境、降低中小企业减排成本、提高竞争力的目标出发，研究以减排为目的的我国中小企业网络组织的形成机理及其引导机制；从中小企业减排网络的产业共生网络分析入手，分析企业减排网络组织的物质循环途径与循环模式，明确中小企业减排网络组织形成的必要条件和关键环节；以网络组织互利共生关系形成的内部动力机制和外部促进机制理论研究为指导，设计问卷对我国中小企业的减排外部压力和内部动力、外部支持与合作、环境保护行为和绩效进行调查，分析样本企业减排现状和存在的主要问题，利用结构方程模型分析减排外部压力、政府支持和企业减排意愿对企业环保行为的影响，同时分析企业间副产品共享、设备技术合作对企业减排行为的影响；通过国内外企业减排网络组织的案例分析，总结企业间互利共生关系形成和发展的规律和成功经验；设计我国中小企业减排网络组织的培育框架，明确参与主体的职能定位，提出前向绿色产品供应网络和逆向废弃物处理网络封闭循环的发展阶段、主要任务和管理流程；提出我国中小企业减排网络组织的培育理念、培育关键策略和政策框架。本书共

分八章，主要内容如下：

第一章，中小企业的特点及其减排障碍。阐述各国中小企业的界定标准，归纳中小企业的特点，分析中小企业减排的主要内部和外部障碍。

第二章，网络组织与中小企业减排动力分析。企业环境保护行为会影响企业环境绩效和经济绩效，当环境保护能提高经济利益时，致力于环境保护的企业更具有竞争优势，经济利益获得也使企业更有减排动力。本章首先就环境管制对企业竞争力影响的传统经济学观点和波特假说的相关研究进行述评，论证波特假说的环境绩效和经济绩效双赢实现路径；以网络资源观为出发点，分析合作网络对中小企业竞争优势的影响；在对网络组织的起源、定义分析的基础上，归纳减排网络组织的内涵、功能，总结减排网络类型，比较生态工业园与减排网络组织之间的区别，分析减排网络组织的演化过程和演化动力。

第三章，企业减排网络组织的产业共生网络分析。企业减排网络组织的资源循环利用是建立在企业间的互利共生关系之上的。在阐述自然生态系统的互利共生和资源循环利用机制的基础上，分析企业减排网络组织的基本组成部分、层次结构、能量流动和物质循环过程；从微观、中观和宏观三个层面分析物质循环途径和模式；明确中小企业减排网络组织形成的必要条件和关键环节，认为静脉企业是减排网络组织中必不可少的成员，产业生态链、资源共享、废弃物处置是企业减排网络组织形成并有效运行的三个关键环节。

第四章，我国中小企业减排现状调查与存在问题分析。以企业减排网络组织中生产者为调查对象，设计调查问卷，调查我国中小企业减排的外部压力、内部动力、减排行为与绩效；通过对江苏省中小制造企业进行问卷调查，获得321份有效问卷，分析样本企业减排的现状和存在的主要问题。

第五章，中小企业减排动力来源的实证分析。首先，利用结构方程模型，分析减排的外部压力、政府支持和企业减排意愿对环境保护行为的影响，研究企业减排外部压力与内部动力的作用机制，厘清外部环境因素、企业减排意愿与行为之间的关系；其次，按照外部网络关系、企业环境行为、环境与经济绩效框架，构建结构方程，分析企业间副产品

共享、设备技术合作以及政府、金融机构和行业协会支持对企业减排行为的影响，企业减排行为对企业绩效的影响，比较不同的类型网络关系对中小企业减排的影响差异。

第六章，国内外企业减排组织的案例研究。依据地域特点，企业减排组织可以分为两类：一类是生态工业园，参与主体都集中于某一特定地域；另一类是虚拟企业减排网络组织，参与主体不局限于某一特定地域。以美国堪萨斯城地区副产品协同网络、卡伦堡生态工业园、美国波多黎各瓜亚马生态园区和苏州高新区国家生态工业示范园区为例，从微观、中观和宏观三个层次分析资源循环利用的主要动力来源和关键环节，分析各案例互利共生关系的演化历程和演化动力，总结其成功经验。

第七章，中小企业减排网络组织的培育框架。中小企业减排网络组织通过网络生态化提高组织的资源利用率，减少污染排放。本章首先界定了中小企业减排网络组织参与主体及其职能定位；提出中小企业减排网络的封闭循环系统是由前向绿色产品供应网络和逆向废弃物处理网络组合而成，前向供应网络的绿色生产过程与逆向处理网络的废弃物副产品综合利用过程相结合，从整体上完善资源综合利用和物质循环，使减排网络产生的废弃物趋于零；给出了前向绿色产品供应网络和逆向废弃物处理网络的发展阶段、主要任务和管理流程以及封闭循环系统的实现流程和运行管理的关键环节。

第八章，我国中小企业减排网络组织培育与发展的建议。我国中小企业减排网络组织的培育与发展，应树立正确的培育理念，制定培育的关键策略，通过制度环境和社会环境建设引导中小企业减排网络组织的形成。本章从遵循中小企业网络组织形成的本质与规律出发，提出了中小企业减排网络组织培育理念；针对中小企业减排网络组织形成和发展的关键要素和环节，提出了培育中小企业减排网络组织的关键策略；针对形成有利于企业绿色化发展的成本和价格机制，引导企业改变盈利模式，指出了制定相关政策的方向。

中小企业减排网络组织的研究得到了国家社会科学基金“网络组织与中小企业节能减排研究”（项目编号：11BGL061）的支持；俞春华、李春生、吴利群、陈凡、王辉、冀昌权等对中小企业减排现状调查

给予了大力支持；申振佳、王立永和麻黎明参与了调查问卷整理工作；李贲、胡艺、王新澄、张秀霞、高秀慧、唐蔡立、黄镜蓉等同学参与了本书撰写部分工作。在此，对各方面的大力支持和帮助表示衷心感谢！

中小企业减排网络组织是绿色化发展中的新型组织，中小企业减排网络组织的建设与培育需要充分考虑地区社会经济发展特征，深入研究。由于作者水平有限，书中难免有不当之处，恳请指正！

目　录

图目录

表目录

第一章　中小企业的特点及其减排障碍

中小企业是我国国民经济的重要组成部分，同时其环境污染问题具有难于监管等特点，中小企业已成为当前我国污染治理的重点和难点。中小企业的减排活动主要存在两方面的问题：第一，中小企业数量众多，生命周期短，进入退出频繁，区域分布面广，涉及行业多，这类群体特征造成环境监管部门对中小企业进行全面监管的成本高、难度大；第二，中小企业组织形式简单，管理制度不规范，创新能力不足，资源匮乏，这类个体特点又造成企业自身缺乏减排主动性。本章从中小企业的界定入手，具体分析中小企业的个体内部组织特点和群体发展特征，进而考察中小企业减排的内部和外部障碍。

第一节　中小企业的界定

一　中小企业的界定原则

中小企业是相对于经济体系中的大企业而言的，两者之间最明显的差别在于中小企业的生产规模相对较小。从历史演变来看，中小企业的划分标准是动态变化的，也是多样性的。首先，从世界各国的情况来看，不同的国家因为其经济发展的所处阶段、水平、状况等不同，其界定标准也不尽相同；其次，从各国经济发展的过程来看，在不同的历史时期和不同的经济发展阶段，对中小企业的划分也有差异；最后，不同行业的中小企业，其划分的标准也存在不同。

中小企业划分标准因为国别、经济阶段和行业而存在差异，因此无法用一个固定的标准界定中小企业。这些差异与变化可以区分为质的规

定和量的规定两方面，相关界定标准的变化也体现在质的规定和量的规定的具体指标变动上。质的指标一般包括企业组织形式、企业在行业中的地位、企业的市场定位以及企业的融资方式等；量的指标一般包括经营雇员人数、资本金额、资产总值以及销售额等指标。由于质的界定在应用上存在着诸多困难，实际使用较少；量的界定具有直观性、数据选取容易等特点，其指标比较容易把握和理解，在实际应用中较为广泛。也有一些国家在采用量的规定的同时，将质的指标作为辅助。

二　中小企业的界定标准及比较

（一）各国中小企业界定标准及其比较

1. 美国对中小企业的界定标准

在美国，对中小企业的界定和划分是以法律的形式来规定的，并且在采取量的指标的同时辅以质的规定。美国《商业和贸易》法典中规定："小企业是指某一行业中的这样一部分特定企业，它们在本行业总收入的百分比份额是维持本行业竞争所必须的。"美国的《小企业法》规定："凡是独立所有和经营，并在某行业领域不占支配地位的企业均属于中小企业。"根据美国小企业管理局（Small Business Administration，SBA）的规定，在质的指标上，凡是独立所有和经营并在行业中不占据垄断或者支配地位的企业都可以被认为是中小企业；在量的规定上，其指标主要有以下标准：制造业雇员人数在1500人以下，或者雇员人数在1000人以下，销售额在5000万美元以下；农业销售额在100万美元以下；零售业销售额在100万—950万美元；批发业销售额在950万—2200万美元；建筑业销售额在100万—950万美元。依据美国SBA划分中小企业的标准，美国近99%的工商企业都属于中小企业范畴。此外，由于设置了质的规定，一些在量上超过规定限额的大企业也会在必要时以不占行业支配地位为由而被划分为中小企业。因此，在具体操作上具有较大的灵活性。

2. 英国对中小企业的界定标准

英国没有像美国那样在法律上对中小企业进行统一的界定。英国对于中小企业的划分标准，是由具有半官方性质的英国皇家委员会制定的，采用了质的规定和量的规定相结合的方式。博尔顿中小企业调查报

告（*the Bolton Committee of Inquiry on Small Firms*）对中小企业划分的具体规定是：首先，在质的界定标准上，规定“只要满足市场份额小、所有者依据个人判断进行经营以及所有经营者独立于外部支配”这三个条件之一者皆可划分为中小企业；其次，在量上，对不同的行业设置了不同的划分标准：凡是制造业雇员人数在200人以下，建筑业和矿业雇员在20人以下，零售业年销售收入在18.5万英镑以下，批发业年销售收入在73万英镑以下的企业均被划分为小企业。根据该委员会的规定只要满足以上任何一条的企业都可以被称为中小企业。

3. 日本对中小企业的界定标准

日本对中小企业的首次定义源于1963年的《中小企业基本法》，1999年修订的新《中小企业基本法》又对中小企业进行了重新界定。该法规定划分中小企业可以根据雇员人数和资本金两个指标，只要符合其中的一条就是中小企业。该法对日本中小企业的界定也仅仅限于量的指标，而没有进行质的规定。依据该《中小企业基本法》，中小企业划分标准是资本总额和从业人数。在划分中小企业时，日本将行业分类作为其中另一个重要因素加以考虑。不同行业的资本结构不同，技术特征也有所不同，中小企业的划分依据和标准也就不同。凡是制造业总资本额不足3亿日元或者从业人员在300人以下的个人企业，批发业总资本额不足1亿日元或者从业人员不足100人的企业，零售业总资本额不足5000万日元或者从业人员在50人以下的企业，服务业总资本额不足5000万日元或者从业人员在100人以下的企业，均为中小企业。此外，由于中小企业范围的复杂性与立法目的的多样性，为了有效实施各项法规，在基本法界定的基础上，日本又通过其他法律对中小企业作出了更为具体的界定。

4. 各国中小企业界定标准的比较

通过比较发现，各国中小企业的界定标准（见表1－1）有如下共同点：

（1）界定标准繁简适度。各国的定量指标主要是从雇员人数、资本总额和年销售收入等常用指标中选取的，思路清晰、使用方便。此外，定量指标按大的行业分类后，一般不进行过度细分。例如，美国和英国的标准分了五类，而日本的标准只分类四类，既能体现行业差异，又考虑到了现实的可操作性。

表 1－1　　美国、英国、日本的中小企业界定标准比较

国家	量的规定					质的规定
美国	制造业雇员人数在1500人以下，或者雇员人数在1000人以下，销售额在5000万美元以下	农业销售额在100万美元以下	零售业销售额在100万—950万美元	批发业销售额在950万—2200万美元	建筑业销售额在100万—950万美元	独立所有和经营；在行业中不占垄断地位
英国	制造业雇员人数在200人以下	矿业雇员在20人以下	零售业年销售收入在18.5万英镑以下	批发业年销售收入在73万英镑以下	建筑业雇员在20人以下	满足三者之一：市场份额小；所有者依据个人判断进行经营；所有经营者独立于外部支配
日本	制造业总资本额不足3亿日元或者从业人员在300人以下的个人企业	服务业总资本额不足5000万日元或者从业人员在100人以下的企业	零售业总资本额不足5000万日元或者从业人员在50人以下的企业	批发业总资本额不足1亿日元或者从业人员在100人以下的企业	—	基本法未作界定，但通过其他法进行具体补充

（2）界定标准具有一定灵活性。美国、英国的界定标准都采用定性规定和定量规定结合的方式，日本的界定指标虽然只有定量指标，但采用复合标准；同时，各国的标准都根据不同行业制定量的指标。这些都提高了界定的灵活性，只要符合其中部分指标，就属于中小企业的范畴，标准使用灵活，涵盖面比较广。

（3）界定标准具有动态性。各国中小企业界定标准也表现出不断更新、不断变化、动态调整的特点。随着各个国家或地区经济、社会的发展，企业平均资本额、营业额往往呈扩大趋势，平均雇员人数也呈现出先上升、然后趋于稳定的趋势，这是符合经济发展规律的。

同时，各国中小企业的界定标准存在着如下差异：

（1）不同国家用词的不同。美国对于中小企业的提法和我国以及日本都有着一定的差异。美国的学者从企业规模上划分，大多把企业划

分为“large business”和“small business”两种企业形式，一般不使用“medium-sized business”这个概念。而OECD的文献中，把美国的“small business”等同于一般国家的“small and medium-sized business”的概念或者称之为“small and medium-sized enterprises，SMES”。

（2）不同国家制定标准目的的不同。美国界定“small business”的权威机构——美国小企业管理局是专职管理小企业的政府职能机构。美国小企业管理局的职能是“尽可能地帮助、援助、维护、保护与中小企业密切相关的利益”。也就是说，美国小企业的划分标准决定一个企业是否属于小企业的行列，影响到该企业是否能够得到政府的扶持政策和优惠待遇，这些都是由美国小企业管理局来决定的。

（二）我国对中小企业的界定标准

我国对“中小企业”的界定标准先后进行过多次调整，变化较大的有六次。比如，1962年我国以企业“职工人数”为指标，将“中小企业”界定为：500—3000人的企业为中型企业；500人以下的企业为小企业。1978年国家计划委员会发布《关于基本建设项目的大中型企业划分标准的规定》，将“中小企业”的界定标准由“职工人数”改为“年综合生产能力”。1988年，国家经济委员会等颁布了《大中小型工业企业划分标准》，对1978年的“中小企业”界定进行了修改和补充，实行按不同行业进行界定。具体有三种界定标准：一是“生产能力”，二是“生产设备数量”，三是“固定资产原值数量”。1992年重新发布《大中小型工业企业划分标准》，对1988年的“标准”作了补充，并以此作为全国划分工业企业规模的统一标准。

1999年，我国又根据经济发展需要，由国家计划委员会牵头重新修订了“中小企业”的界定标准，公布了新的《工业企业划分标准》，统一按照“销售收入”“资产总额”和“营业收入”划分。新标准将企业分为以下四种类型：年销收入和资产总额均在50亿元以上的为特大型企业；年销收入和资产总额均在5亿元以上的为大型企业；年销收入和资产总额均在5000万元以上的为中型企业；其余均为小型企业。值得注意的是，这些法规对“中小企业”的界定，仅适用于工业企业，而不适用于商业、交通运输业、建筑业和其他服务业企业。

2003年2月，国家经济贸易委员会、国家发展计划委员会、财政

部、国家统计局四个部门经国务院同意，联合发布了《中小企业标准暂行规定》。2011年6月18日，为贯彻落实《中华人民共和国中小企业促进法》和《国务院关于进一步促进中小企业发展的若干意见》，工业和信息化部、国家统计局、国家发展和改革委员会、财政部联合发布了《中小企业划型标准规定》。该规定对16个行业大类，以从业人员和营业收入复合指标的方式，详细划分了中型、小型、微型三种企业类型（见表1－2），是我国目前界定“中小企业”的法律依据。

表1－2 **我国中小企业界定标准**

序号	行业	从业人数（人）	营业收入（万元）	资本总额（万元）	备注
1	农、林、牧、渔业	—	50—20000	—	—
2	工业	20—1000	300—40000	—	须同时满足
3	建筑业	—	300—80000	300—80000	须同时满足
4	批发业	5—200	1000—40000	—	须同时满足
5	零售业	10—300	100—20000	—	须同时满足
6	交通运输业	20—1000	200—30000	—	须同时满足
7	仓储业	20—200	100—30000	—	须同时满足
8	邮政业	20—1000	100—30000	—	须同时满足
9	住宿业	10—300	100—10000	—	须同时满足
10	餐饮业	10—300	100—10000	—	须同时满足
11	信息传输业	10—2000	100—100000	—	须同时满足
12	软件和信息技术服务业	10—300	50—10000	—	须同时满足
13	房地产开发经营	—	100—200000	2000—10000	须同时满足
14	物业管理	100—1000	500—5000	—	须同时满足
15	租赁和商务服务业	10—300	—	100—120000	须同时满足
16	其他未列明行业	10—300	—	—	—

我国中小企业的界定标准变化较大，这与我国经济环境、经济体制、经济发展阶段变化较大有着密切的关系。计划经济到市场经济的转变、市场经济的不断深化、国内市场与国际市场的不断接轨，都对我国实体经济产生了深远的影响，这种影响必然会给企业规模等特征带来变

化。所以，我国中小企业的界定标准也是根据实际情况不断调整和适应的。

第二节　中小企业的特点及其发展特征

中小企业与大型企业之间的差异，在横向上体现为规模上的区别，在纵向上则体现为发展阶段的差异，即中小企业是企业发展的初级阶段。这说明中小企业与大型企业之间不仅存在着“小鱼”与“大鱼”的规模差异，还存在着“化蛹为蝶”的性质变化。

通过综合学术界对中小企业的研究，我们发现中小企业具有不同于大型企业的个体内部组织特点和群体的发展特征。个体内部组织特点是单个中小企业内部相异于大型企业的组织差异，而群体的发展特征是众多中小企业构成的整个群体在发展过程中与大型企业相比的不同之处。

一　中小企业个体内部组织特点

（一）组织形式简单，灵活性较强

我国中小企业的组织形式简单，以单一业主制和合伙制为主。我国中小企业来源有两部分：一是20世纪80年代前国有制和集体所有制的中小企业，这部分企业现在大多已经改制；二是20世纪80年代后迅速发展起来的乡镇企业、个体私营及部分外资企业，它们占据了我国中小企业的主要部分，而这部分企业的组织形式以单一业主制和合伙制为主。

在这种组织结构下，投资者拥有更多的经营自主权，中小企业生产经营灵活，适应性强。中小企业组织结构简单，能够及时掌握市场动向，根据市场需求及时调整生产计划，快速向市场推出新产品，满足市场多样化需求。由于中小企业提供的产品和服务大多品种单一、产量小、加工层次低，因而较易转产（罗建伟，2013）。同时，企业制度相对灵活，所有权和经营权相对比较集中，在企业进行决策的过程中可能少数几个掌握公司核心权力的股东就能即时做出决策，在涉及公司转型的某些问题上能够迅速做出反应。俗话说“船小好调头”，这是中小企业的最好写照。同时，在我国实践中，很多中小企业也像大企业一样存

在“小而全”的组织机构，虽然“全”，但由于人员有限，往往身兼多职，从而有助于协调，灵活性较强。

（二）管理架构扁平化，信息传递迅速，但管理制度不规范

管理结构层次的扁平化提高了信息传递的速度，增进了领导与员工之间的沟通，管理者可以根据对员工的了解和客观环境的变化对其进行有效的激励。企业的所有者多为企业的主要投资者，直接负责战略决策，而下一层次就是企业的员工，负责生产经营以及决策的具体执行。与大企业相比，中小企业的员工贡献更容易被识别，因而更容易设计企业制度和措施来激发员工的自豪感，增强其归属感。

但是，中小企业在人才的储备上可能存在一专多能的现象：一个人需要在企业内负责很多项在大企业看似不可能的事情。相对于大企业而言，中小企业的专业知识性人才储备不足。由于人才的单一性，这些企业的管理制度也相对简单。没有严明的规章制度，或者即使制定了规章制度，也不能严格地贯彻执行。许多中小企业尤其是小企业没有建立规范的财务会计制度，比如一些中小企业采用旧的管理模式，在财务管理上只有会计职能，没有财务管理职能，难以通过财务分析来发现企业生产经营中面临的问题，有的甚至无专业的财会人员和完整的账目，财务报表编制随意性较大。

同时，中小企业在生产经营过程中缺乏长远的战略规划，经营目标经常变动，这使企业所有的员工工作没有一个明确的目标，积极性很难调动起来。此外，中小企业的很多决策都是由业主一个人说了算的，但一个人的精力、知识毕竟是有限的，这种过于集中的家长式管理往往是造成重大决策失误的直接原因。

（三）创新意愿强烈，但技术水平有限，创新能力不足

中小企业的领导层往往都是创业者，比较精干，能及时根据市场的变化做出创新决策；中小企业受到意识形态和官僚主义的限制较少，愿意尝试新技术、新项目，最终实现破坏性创新。而大企业的官僚体制往往使决策层趋于保守，不利于创新的风险投入（Jenkins，2004）。受到规模限制，中小企业只负责产业链中的少数环节，它们能将主要资源、精力都放在如何提高该环节生产效率、降低生产成本上，有利于实现企业的增量式创新。

中小企业技术水平有限。一般来说，技术有两个重要的职能：一是降低成本，提高产品质量，增强企业的竞争力；二是创造需求，创造市场。然而在我国，除了高科技中小企业，大多数的中小企业技术状况不容乐观，有限的技术水平严重制约着企业竞争力的提高。由于外部环境不完善，缺少资金扶持，内部缺乏创新激励和人才支撑，中小企业技术创新能力不足，具体表现为：创新活动水平、研发投入水平低，绝大部分中小企业选择模仿跟进型创新战略，以购买和引进专利为主；技术装备水平低，中小企业的固定资产投资中，真正用于技术改造的投资比重很低；中小企业创新缺乏资金支持，融资环境仍不宽松，主要表现为融资困难、融资成本高。

（四）企业精神锐意进取，但企业内部资源匮乏

中小企业的经营管理者往往也是企业的创立者，相比于大企业的管理者，较少受官僚主义和企业惯例的局限。中小企业意味着更多的独立自主权，意味着更强的锐意进取意识，但中小企业拥有的人力、技术、专业知识和资本却十分有限，因此需要外界的扶持；同时，中小企业也意味着需要面对更大的不确定性和承担更多风险，因为基于有限的资源，中小企业分散风险的机会减少了。

企业的创新和战略实施需要进行物质资源和人力资源的初始投资。中小企业自有资金有限，从资本市场上直接融资依然面临诸多障碍。大多数中小企业为个体或私营企业，其资金主要来源于个人的资金积累，难以达到上市条件，难以通过发行股票从资本市场上筹集资金。即便有上市的可能性，也有相当一部分的企业主害怕失去对企业的控制权，不愿意对企业实施股份化。同时，中小企业本身人才匮乏，缺少技术型人才和管理专家，也没有科学有效的人力资源引进、培育和利用机制。中小企业由于规模小、实力小、知名度不高，很容易造成事业成就感差，难以吸引人才。

二　中小企业群体的发展特征

（一）数量众多，但生命周期短，进入退出频繁

中小企业的存在和发展有着广泛的社会经济基础，其数量众多，是现代经济的重要组成部分，在稳定就业、促进经济稳定增长等方面发挥

着巨大作用。目前，世界各国中小企业的数量几乎占本国企业总数的95%以上。据统计，在亚太地区，各个国家纳入统计的中小企业占企业总数的比例超过85%，产值占国内工业总产值的60%—70%。

我国中小企业在全部企业总数中占99%以上，中小企业工业总产值和实现利税分别占全国的60%和40%左右，中小企业提供了大约75%的城镇就业机会。据《中国统计年鉴》（2014）显示（见表1-3），我国中小型企业共有352546家，占工业企业总数的97.33%。此外，规模以上工业企业资产总值的52.04%、主营收入的60%是由中小企业创造的，利润总额的60%也是由中小企业提供的，此外中小企业还为国家创造了近一半的税收。总体来说，中小企业已经占据我国经济的半壁江山，确实已成为工业经济乃至整个国民经济不可缺少的重要组成部分。

表1-3 **规模以上工业企业主要经济指标**

企业 指标	大型企业	中型企业	小型企业	合计	中小企业占比（%）
企业单位数量（个）	9411	53817	289318	352546	97.33
资产总计（亿元）	407968	201141	241517	850626	52.04
主营收入（亿元）	409873	239304	379973	1029150	60.17
利润总额（亿元）	24676	15205	22950	62831	60.73

资料来源：《中国统计年鉴》（2014）。

中小企业生命周期短，在各国经济发展的过程中，中小企业倒闭现象也是大量存在的。英国学者大卫·斯托里（David Storey）通过大量的研究发现，在庞大的中小企业群体中，只有5%的企业表现出快速成长的业绩。据美国《财富》杂志报道，美国62%的企业寿命不超过5年，只有2%的企业寿命达到50年，中小企业平均寿命不到7年。在我国，中小企业开办的前3年，有1/3—1/2的企业倒闭。根据《中国民营企业发展报告》（2014）的数据，全国每年新增15万家民营企业，同时每年又会倒闭10万多家，有60%的民企在5年内破产，有85%的民企在10年内倒闭，其平均寿命只有2.9年。中小企业较高的倒闭率

是一个世界性的现象。我国中小企业规模小、资金少、趋利性强，往往随着市场的需求进出某一行业。当该行业发展前景较好时会迅速进入，一旦市场状况不佳，则抽身而退。所以，中小企业进入退出市场较为容易，也更为频繁。

（二）区域分布面广，涉及行业多

从地理分布范围看，中小企业，特别是小型企业分布范围十分广，目前有75%以上的小型企业分布在县及县以下的农村。根据《中国中小企业年鉴》（2014）数据来看（见表1－4），不论是东北、东部地区，还是在中部、西部地区，中小企业数量都占规模以上工业企业总数的96%以上。

表1－4　　不同区域中小企业数量分布

区域	规模以上工业企业数量（个）	中小企业数量（个）	中小企业占比（%）
东北	27012	26475	98.0
东部	207751	202108	97.3
中部	73198	71411	97.6
西部	44585	43141	96.8

资料来源：《中国中小企业年鉴》（2014）。

从分布行业范围来看，中小企业已经从采掘、一般加工制造、建筑、运输、传统商贸服务业等行业，发展到包括基础设施、公用事业、高新技术和新兴产业、现代服务业等在内的各行各业，尤其集中分布在第二产业和第三产业。除了航天、金融、保险等技术密集度极高或国家专控的特殊行业，中小企业遍布各行各业，尤其集中在一般工业制造业、农业、采掘业、建筑业、运输业、批发业和零售贸易业、餐饮业以及其他社会服务业等。根据《中国中小企业年鉴》（2014）的数据，从中小企业数量占规模以上工业企业数量比重来看，除烟草制品业、石油和天然气开采业、开采辅助活动三个行业低于87%以外，其他38个行业均高于90%，其中超过99%的有5个行业，98%—99%的有11个行业，97%—98%的有7个行业，96%—97%的有6个行业，90—96%的有9个行业。同时，中小企业在非金

属矿物制品业、农副食品加工业、纺织业、金属制品业、橡胶和塑料制品业等 14 个行业占绝对优势。

（三）中小企业污染排放日趋严重，环境管制影响其生存

中小企业的污染排放已成为我国环境问题的主要来源之一，中小企业污染占我国环境污染总量的 50% 以上。它们对环境影响的总和超过所有大型企业对环境的影响。同时，中小企业生产活动导致的污染排放是我国工业污染的主要来源，污染负荷约占工业污染的 70%，并呈现继续增长的趋势。由于中小企业的废气排放，中国 30% 左右的地区出现过酸雨现象，给当地的农作物和植物带来了严重的危害。水环境污染主要是有机污染，废水 COD 的排放量是主要控制指标。而集中在造纸及纸制品业的中小企业，其排污量占废水 COD 排放总量近 70%。分布在以酿造为主的食品加工业、以印染为主的纺织业、化学原料及制品业和皮革制造业内的中小企业，其污水的排放量较大，有机污染相对严重，造成较严重的水环境污染（武戈、蔡大鹏，2007）。

中小企业环境保护意识不强，同时技术水平落后、设备陈旧，单位产出污染排放大，产品单耗比国内大型企业的同类产品平均高出 30%—60%，从而造成其生产经营过程中的资源利用率不高，废弃物较多等问题。同时，由于中小企业数量多、区域分布面广、涉及行业多、生产地点流动性强，其排放的污染物呈现种类多、地域广、排放量变动大、排放总量大等特点，因此采取大企业的监管方式难以对中小企业进行全面有效的监控，存在监管成本高、难度大等问题。此外，以“谁污染、谁治理、谁付费”为代表的“一刀切”的环境政策没有充分考虑到中小企业的实际情况，也没有留任何缓冲余地。由于我国中小企业普遍资本不够雄厚，大多数企业在面对环境政策实施带来的成本上升以及生产率下降时无能为力，企业绩效降低也无法避免。因此，很多中小企业在全面的“关、停、并、改”中逐渐消失了。

第三节　中小企业减排的主要障碍

中小企业是经济生活的主要参与者，它们在吸纳就业、促进经济快速发展方面发挥着重要作用。但是，中小企业也是全球污染物的主要排

放者，中小企业的生产过程普遍存在污染问题，中小企业环境污染已成为我国环境污染治理问题的难点。因此，中小企业应是实施减排行为的主体。

与大企业相比，中小企业具有独特的个体内部组织特点和群体的发展特征。个体内部组织特点给中小企业自发实施减排战略造成源自内部的障碍，而群体的发展特征则给政府对中小企业进行有效监管带来不利影响。本节主要从内外部两方面考察中小企业减排的主要障碍。

一　中小企业减排的内部障碍

（一）环境保护意识淡薄，减排主动性不强

在经济体中，大企业数量少，但其战略行为对市场具有较大的影响力，政府和消费者更倾向于关注大批量污染者的环境保护效益，所以大型企业更容易受到政府及舆论的高度关注，面对的环境压力更大。同时，为了持续巩固和提高企业形象，扩大品牌的影响力度，大型企业也更有可能并且更愿意加大环境投资，采取环境保护行为，主动承担社会责任，实行减排战略，更愿意在环保方面扮演领导者角色；继而，大型企业通过环境保护树立良好的企业形象，并从中获得市场认可，获得了长期的经济效益。而中小企业被社会、政府和消费者了解与熟悉程度较低，受舆论关注程度较低，相对来说，其面临环境保护的压力较小。同时，中小企业相对于大型企业，生存压力较大，经营者的环保意识不强，经营决策往往比较短视、功利或者偏重于企业盈利。此外，中小企业宣传手段有限，社会关注度较低，即便实施环境保护战略，也难以获得企业形象和品牌效果的提升，环保行为收益不高，所以中小企业对减排行为的作用和职责认识不足，主动性不够，缺乏动力。

企业所有制形式也会影响环境意识。与国外多数的发达国家相比，在实施环境战略过程中，我国企业的所有制结构是一个更为重要而敏感的因素。企业的所有制性质是指生产资料归谁所有，由此明确企业后续经营所得的资产增值及收益归谁所有。不同的生产资料拥有者会有不同的价值取向，会基于不同利益方考虑，在企业发展过程中对环境行为的关注程度和侧重点会有所不同，进而对外部因素作出的反应存在差异，采取不同的环境战略。具体来说，国有企业或集体企业需要着重考虑社

会福利，而私营企业更多考虑的则是企业自身收益情况，这主要是因为国有企业与政府有着千丝万缕的关系，国有企业更倾向于迎合政府的环保政策，更愿意采取环境战略。现阶段，我国的国有企业相对于私营企业而言，更倾向于选择积极的环境战略。在自由决策的条件下，私营企业并没有动力将环境外部性内部化。而且，我国中小企业中非国有企业的成分又比较高，其采取环境战略的动力自然不强（Baumol and Oates, 1975）。

（二）环境管理体系不健全，管理能力不强

企业环境管理体系是企业内部的一项管理工具，旨在帮助企业实现自身设定的环境表现水平，防止对环境的不利影响。这是企业内有计划、有协调的管理活动，包括制定、实施、评审和保持环境方针所需的组织机构、规划活动、资源等内容以及规范的动作程序、文件化的控制机制和具体的认证标准，如 ISO14000。企业环境管理体系源于欧美企业为避免触犯严格的环保法规，以一种系统的方式进行管理的做法，在欧美已有几十年的历史。在我国，大部分大型企业能运用环境管理体系进行环保战略实施，而中小企业由于资金紧张、管理不力、意识淡薄等多方面原因，能够建立实施环境管理体系的比例非常小，因此存在企业环保管理工作不规范、不系统、不完整、不合理等问题。

中小企业环境治理管理能力不足，缺少专业环境治理管理人员。环保专业人员是推动企业采取环境保护措施的重要力量（Sandesara, 1991）。大型企业组织结构完整，管理层次明晰，环境管理方面有专门的管理部门和专业的人员，给予专职化的职责安排和分工。同时，根据各种环境治理标准，大型企业各项工序都会严格符合规定检验指标。与大企业普遍建立相对完善的管理体系并将环境管理作为管理战略的组成部分不同，中小企业通常不具备完善的管理体系，管理能力欠缺。许多中小企业经营管理者的管理能力和技术能力较低。中小企业一般没有专职的环境管理人员，即使部分企业有环境管理人员，其往往同时负责企业生产经营方面的管理，对企业环境治理的推动作用有限。中小企业员工的知识技术水平较低，环境意识淡薄，而且缺少参与企业管理的途径，这使企业员工在推动企业采取环保措施方面的作用有限（Sandesara, 1991）。

（三）企业规模有限，资源匮乏

大型企业通常不仅拥有大量资源，能够使它们成功实现环境管理的经济效益，而且还拥有更多资源，供企业进行能力建设以捕捉商机。达斯古普塔等（Dasgupta，2000）和利维（Levy，1995）认为，企业规模影响企业的环境行为，越大的公司越有可能进行积极的环境努力；企业的规模是企业改善环境行为的一个决定性因素，企业规模越大，采取更多的清洁生产工艺的可能性也越大。韦尔奇等（Welch et al.，2002）通过实证研究发现企业规模同企业环境行为正相关，组织规模越大越有可能采取良好的环境行为。因此，大型企业拥有实施环境管理的资源，追求更大利润的积极性更高。勒普特和赫尼（Lepoutre，2006）认为公司规模小确实对企业环境行为有负面影响。中小企业因为规模小而受到资源约束，导致其有强烈的偷排和超标排放动机，存在较大的负外部性。同时，企业规模小又会引起融资困难，造成其环保资金的不到位。企业自有资金非常有限是企业污染防治资金短缺的首要原因，其次是融资成本高和信贷风险大，很难获得商业信贷资金（周国梅等，2005）。

雷维尔和卢瑟福（Revell and Rutherfoord，2003）认为，中小企业缺乏资金和环境技术人才，无法依靠自身资源和能力进行技术升级与设备更新，技术的垄断性又使其难以从外部机构获取技术。中小企业在选择技术时所依据的标准与大企业不同。大企业是以资源的最优配置为依据来选择技术，而中小企业选择技术时主要考虑资本、生产空间、原材料和地区的技术状况等因素，通常选择最便宜的技术，而不考虑从长期来看技术是否与其他生产要素相适应（Dasgupta，2000）。这种技术选择导致中小企业生产要素利用效率低以及污染治理能力难以提高。知识和信息的缺乏阻碍了中小企业治污能力的提高（Maldonado and Sethuraman，1992）。中小企业使用陈旧和低效率的技术，缺乏提高能源效率和无害环境技术的信息，以利润为导向，在采用和实施无害环境技术时存在技术、经济、信息、社会和体制方面的障碍，具有偷排动机（Visvanathan and Kumar，1999）。

我国中小企业技术水平低，生产工艺落后，污染物排放率高。先进的技术可以提高生产设备和原材料的利用效率，从而减少生产过程中废物的产生。我国中小企业由于本身资本、人才的不足以及管理层对企业

的考虑往往是先生存、再发展，所以在技术和生产工艺选择方面，通常选择短期成本最低的技术和生产工艺，采用的多为大企业淘汰的技术和生产工艺，从而导致中小企业普遍技术水平低，生产工艺落后。低技术水平和落后的生产工艺使中小企业污染物排放率高，而且难以通过技术进步来削减污染。研究还认为，中小企业在污染治理方面边际控制成本远低于边际破坏成本，治污缺乏效率导致其有强烈的偷排和超标排放动机（韩瑜，2007）；强负外部性和高治污成本以及中小企业的布局分散导致环境管制手段失灵，污染治理难度增加。中小企业无法适应现有环境管制政策，导致环境管制失效，并阻碍了中小企业由运用末端治理技术向采用清洁生产方式的转变（郭庆，2007）。

（四）末端治理为主，企业成本增加

中小企业平均生存期短，转产频繁，节能减排设备折旧成本高（Simpson et al.，2004）。大多数情况下，单个中小企业污染排放的规模与处理设施的经济运行规模之间存在较大的差距。中小企业缺乏规模经济，废弃物再生利用与直接排放相比，需支付更高的成本。在发展的世界中，中小企业是“边缘运营商”，缺乏对现代化设备、高质量的原料、替代有毒材料和污染控制技术的投资（Marcotte et al.，2004）。西克达尔和达斯古普塔（Sikdar and Dasgupta，1997）对印度小型铅厂的研究显示，在面临减少排放的要求时，缺少相关知识的中小企业安装了高成本、低效率而且并不适用的污染控制设备。

我国中小企业以末端治理为主，又受限于企业规模，其单位治理成本较高，从而阻碍其竞争力的提升。目前，我国绝大部分中小企业的污染治理都是以末端治理为主，即在污染物产生之后再进行处理，处理达标之后才进行排放。这种末端治理方式的污染治理设施在目前技术条件下一般投资较大，运行费用较高。如果企业不能达到一定的规模，其单位治理成本就居高不下。而我国中小企业由于规模较小，其污染物排放规模与处理设施的经济运行规模之间存在较大差距，所以单位治理成本很高。在末端治理技术条件下，污染治理投资意味着在产出和收益不变时企业的成本上升。在激烈的市场竞争中，成本上升将使中小企业陷于亏损甚至倒闭，因此中小企业经营者通常将污染治理视为非生产性活动，或者不进行污染治理投资，或者投资建成治污设施后也不运行，仅

仅把它作为应付环境监管机构检查的工具，从而阻碍了企业治污能力的提升。

二　中小企业减排的外部障碍

（一）中小企业量大面广，监管成本较高

我国排污监管机构的设置，经过了从部门分管到国家统管两个阶段，监管体系不断完善。近几年，随着国家对排污监管的重视，排污监管机构在不断扩充，建立了涵盖国家级单位、省级机构、地市级环保机构、县级环保机构、乡镇环保机构、各级环保行政机构、各级监测机构、各级监察机构、环境科研院所的环保系统。但由于我国中小企业数量多，分布区域广，监管机构和监管人员鞭长莫及。

大企业数量少，污染量大，极易受到政府和大众的关注，因此一般对大企业督管十分严格，监管措施相对有效可行且难度较低。而中小企业遍布各个乡村城镇，庞大的数量、广泛的分布使得企业和政府部门间存在严重的信息不对称问题。中小企业寿命相对较短且转产频繁，其污染物种类多，污染物排放量大及其相应的污染处理工艺不确定性强，可以说，中小企业的环境治理具有其自身的独特性。因此，政府部门要对中小企业进行有效的监管并准确地计征相应的税费会导致高昂的管理成本。有效监管的缺失使中小企业存在侥幸心理，敢于偷排和超标排放污染物以图间接提升企业的获利空间。

（二）环境管制手段有限，管制缺乏规模经济

我国环境治理的数量规制是以传统的直接方式为主，间接方法在全国范围内真正实施的只有排污收费和补贴两种。关于间接方法，我国现有的排污收费与补贴在不同程度上存在一定的缺陷，比如收费面不全、收费标准偏低等，削弱了排污收费政策实施的效果。此外，补贴政策也存在一定的不足之处：一是环保政策最基本的原则是“谁污染，谁治理”，补贴政策直接与这一大原则相冲突，污染者反而得到补贴，这显然对于不制造污染或治污效果好的企业来讲是不公平的；二是补贴诱使企业优先选择购买安装费用昂贵而操作运行费用低的工艺设备，造成浪费，因此运行和实施效果不是很理想；三是中国的排污收费本来就较低，如果政府支付的补贴超过了污染者的边际治理成本，不仅不会促使

污染者积极进行治理，反而会催生投机行为，污染者会先增加污染，然后再去申请补贴，降低污染。

中小企业环境问题的特殊性，使得针对中小企业的环境管制缺乏规模经济，效果有限。中小企业生产周期短，企业的寿命有限，转产容易，污染物种类多样，排放量存在变数，污染处理工艺也会有所不同。各级环保机构、监测站点的设立，监测设备、检验设备的购买、使用都需要政府的资金、人员和技术投入。然而，对中小企业进行污染监控的投入，一方面跟不上企业生产变化的节奏；另一方面难以实现规模经济。此外，对一定数量中小企业进行污染监测的费用，要远远高于对同样数量的大型企业进行污染监测的投入。同时，相对于监管大型企业而言，在付出同等监管成本的情况下，监控单个中小企业所获得的减排效果较低，从而造成政府监管部门在对中小企业监管时存在规模不经济问题。

第二章　网络组织与中小企业减排动力分析

减排是企业生产过程中的环境战略，“减排”是指企业在产量一定的情况下减少排放物，降低“外部性”。尽管对企业减排活动的相关研究所用名称各有不同，但企业实施环境战略一般经历了从被动的沿循法令环境战略、积极的污染消除环境战略到环境领先战略的过程（Aragon Correa，2008）。在企业环境管制中，管制对企业竞争力的影响是研究的重点。如果环境管制制约企业竞争力，则服从管制的企业会比不服从管制的企业的成本高，竞争优势降低，更容易被市场竞争淘汰，那么环境管制严厉的区域企业竞争力就会下降，严厉的环境管制会影响宏观经济发展，也导致企业减排缺乏动力；如果环境管制能激发企业创新，增强企业竞争优势，企业就会有减排动力，在宏观上就能实现环境保护与经济发展双重红利，在微观上就能保证企业环境绩效与经济绩效一致，实现双赢。

企业战略研究认为，环境战略是企业在日益严格的政府环境管制、市场压力和社会责任的承担下所做出的战略选择，是一种企业处理与自然环境之间关系的反应模式。从微观上看，企业环境战略的选择会影响企业环境绩效和经济绩效，当环境保护能提高经济利益时，致力于环境保护的企业更具有竞争优势，经济利益获得也使企业更有减排动力；从宏观上看，企业环境战略的选择会直接影响社会环境目标的实现程度和政府环境管制的难易程度，被动、消极的环境战略下外部环境管制难度大，管制成本高，因为企业将环境保护视为负担，在管制时必然会逃避与反抗。因此，如何使企业的环境绩效与经济绩效一致并实现双赢，提

高企业减排的动力，是本书的研究起点。

第一节　中小企业减排动力的理论分析

一　环境管制与竞争优势

以帕尔默和波特尼（Palmer and Portney，1995）为代表的传统学派认为：企业的竞争力和环境管制之间存在着不可兼得的冲突，私人成本和社会福利之间存在两者取其一的权衡关系。传统经济学者认为，环境管制必然会增加企业成本，从而降低其竞争优势。企业实践中，环境管制会迫使企业增加用于污染治理和预防的投入，包括缴纳环境税费、购买治理污染设备、支付操作人员和管理人员的工资等。这些投入不仅不会提高企业的生产能力，反而会挤占提高产出的生产性投入，在企业资金紧缺时，环境保护的投入造成企业生产资金缺乏，从而影响企业生存。

而波特基于不同于新古典经济学的假设，以创新补偿途径为核心，提出假说“环境质量提高与企业竞争力增强的最终双赢发展是可能的”（Porter，1995）。环境管制对竞争优势造成的阻碍不是必然的，实际上它往往能提升竞争优势。但这种双赢的实现是有条件的。环境保护与企业竞争优势的双赢实现，取决于环境政策的类型、生态创新的类型、生态创新的不同阶段和管制对象本身特性等多方面因素的影响（董颖，2013）。

双赢的实现，需要实施特定的环境政策。市场导向型的环境政策通过降低减排成本来激励创新，通过影响创新技术的供给和需求，影响企业技术创新的路径（Ambec，2010）。通过技术扩散来影响企业技术创新，而技术扩散降低了总的污染治理边际成本，使政府对污染排放的管制效果更有效率（Snyder and Stavins，2003）。严格的环保政策能促进企业对高科技设备和创新产品的投资，而这类投资有助于降低生产成本，提高生产效率（Tsai，2002）。廖进球和刘伟明（2013）认为，波特假说的适用性依赖于规制工具的选择。此外，企业国际竞争力的实现也受环境政策工具类型的影响（Aronri et al.，2012）。

双赢的实现需要采用积极的环境战略。企业实施环境战略一般经历了从被动的沿循法令环境战略、积极的污染消除环境战略到环境领先战

略的过程（Aragón-Correa，2008）。积极型环境战略（PES）是企业超出环境管制要求自愿减少废弃物排放，从源头减少污染的系统环境管理模式（Aragón-Correa and Rubio-López，2007）。超过合规性、积极主动的环境战略不仅能节省安装和运作末端处理设备的成本，而且助于提升生产效率和资源利用率（Hart，1995；Clarkson et al.，2011），可以使资源高效利用所产生的收益超过执行环境战略的成本，为企业带来净收益，对企业财务业绩有积极的正效应（Christmann，2000；Hart，1995；Marcus and Geffen，1998；Russo and Fouts，1997；Sharma and Vredenburg，1998；Wagner，2005）。而采取被动或反应型环境战略的企业只是为了避免处罚而达到当前环境法律法规的要求，虽然投资环保，但希望花费越少越好，常采用末端治理方法（Steger，1993）。采取反应型环境战略的企业需要购置污染处理设备，对已产生的废水、废气、废物进行处理以达到环保标准，这些设备投入并不能提高生产效率，且在相同产出下增加生产成本，从而降低企业产品竞争力和利润（Sharma and Vredenbury，1998）。

我国对环境保护与企业竞争优势双赢的研究相对较少，主要集中于环境管制对企业减排行为影响以及企业环境战略选择动机等方面。企业是否采用绿色技术的决策很大程度上取决于企业的环境战略导向，在环境管制趋于加强的趋势下，选择积极型环境战略的企业更倾向于改进绿色工艺或者开发绿色产品（王俊豪等，2009）。陈诗一（2010）分析了节能减排对经济影响的复杂性，认为存在通向中国未来双赢发展的节能减排路径。但是能否实现波特假说还要考虑实际执行情况（熊鹏，2005）。

二　波特假说的双赢实现路径

波特及其支持者们通过动态竞争框架提出一种可能：合理设计的环境管制可以诱发创新，而这种创新可以部分或者完全地补偿实施创新的成本。因此，严格的环境管制通过诱发创新来强化竞争优势的可能性是存在的。比较传统经济学与波特假说的假设条件和分析框架，可以发现：

（一）关于企业初始状态的假设不同

传统经济学假设完全信息，认为在环境管制之前企业清晰地已知决

策所需要的全部信息，因此企业已经处于成本最小的最优状态，而环境管制打破了这种均衡，所以降低了企业的竞争优势。波特假说认为，企业面对高度不完全和动态变化的信息环境，以及X无效率等情况的存在，都造成企业初始状态不一定是最优的，至少不是动态长期最优的。同时，初始状态的企业往往忽略了通过技术创新在污染防治的同时降低成本的可能，这样就为环境管制和企业竞争力的双赢留下了实现的空间。

（二）企业决策的分析框架不同

传统经济学采用静态分析的视角，认为企业技术、产品、流程和顾客需求都是固定不变的。静态框架下，企业原有决策已经是成本最小化的选择，因此环境管制不可避免地给企业带来成本升高和企业在全球市场上销售份额缩小的影响。

而波特假说采用动态分析的视角，认为企业存在不断挖掘潜力的空间，同时实现国际竞争力提升的企业并不是掌握最廉价生产投入或者拥有最大规模的企业，而是拥有持续改进和创新能力的企业。竞争优势并非来源于固定约束下最优化的静态效率，而来源于约束变化情况下持续改进和不断创新的动态能力。

（三）生产路径变化不同

传统经济学受其假说和分析框架的影响，生产路径受限于初始状态，短期内不能进行更多改进和优化。而波特假说基于长期和动态的视角，进行效率改善和技术创新，不再受限于初始生产模式，在多种可行性选择下生产路径可以进行大幅度变化和跳跃。

（四）一般性和特殊性的不同

传统经济学说明的是一种短期、一般性的规律，即环境管制的引入在初始的短期内不可避免地提高了企业的成本。而波特假设提供了一种基于长期动态实现双赢的思路，但并不是一种具有必然性、一般性的规律，而是一个具有特殊性、有条件的可能路径，其关键是创新补偿效应的实现，即创新技术通过生产使用和学习效应来降低成本，获得补偿收益。

（五）政府的作用不同

在传统经济学中，政府是实现社会福利目标的主体，仅发挥了将企业外部性内生化的单一功能。而波特假说中，政府不仅需要关注社会环

境问题和执行环境管制，同时还需要设计合理的环保措施来促使企业实现创新补偿，这就要求政府在执行严格环境标准的同时，促使企业了解潜在的获利机会，变革生产模式和投入组合，从长远的角度选择利润最大化的策略。

通过图2－1对波特假说进行的总结，我们发现：波特是基于动态长远的角度，对环境管制和企业竞争优势进行规范分析，考虑企业是否存在一条可行路径在环境管制下提高企业绩效。该动态框架建立于创新体系之上。波特假说关键在于环境管制对企业造成的成本节约能够大于新增成本，这需要实现两个环节：第一步是通过合适的环境管制激励企业进行创新，即环境管制与企业创新的关系；第二步是创新通过改善效率、降低成本来提升企业竞争优势，即创新与企业竞争优势的关系（董颖，2013）。

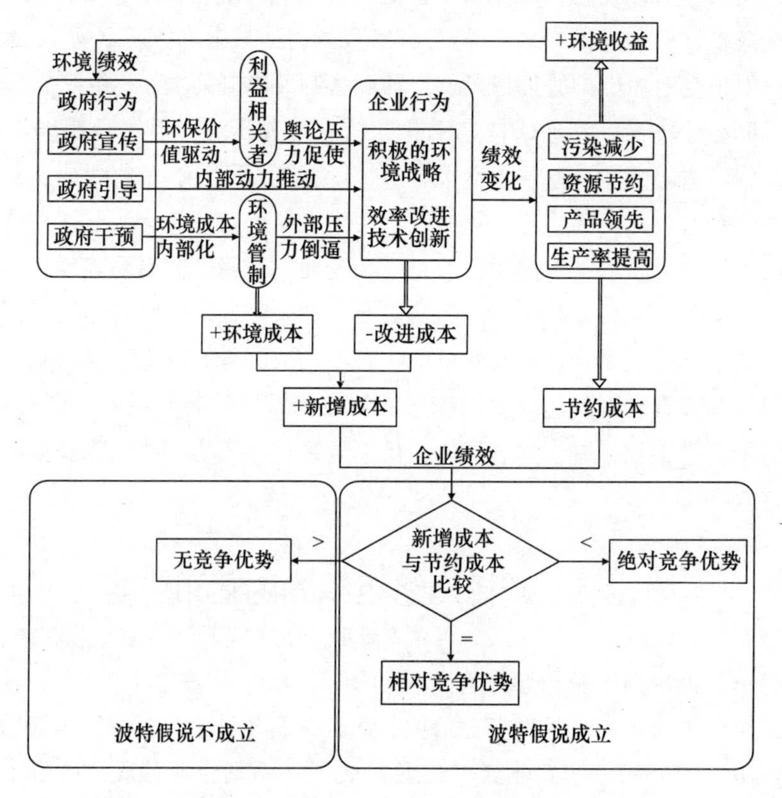

图2－1　波特假说、绿色创新和企业竞争优势的实现过程

资料来源：根据张天悦（2014）修改。

波特假说的最大争议在于是否存在成本补偿效应，即环境管制通过激发绿色创新和改进效率而降低的成本能否抵偿规制本身所带来的成本（张天悦，2014）。波特假说所指的环境管制和创新都不是普通的环境管制和创新。合理设计、有利于提高企业竞争力的环境管制必须为企业创新提供选择空间，同时要能够促进企业持续创新，促进企业重构其技术体系；而企业创新也应该是主动积极、适应动态变化的，能通过调整生产流程降低稀缺资源或有毒物质的使用并循环使用生产废物和伴生品，能促使企业创新达到资源有效、污染减少的生产模式以符合国际价值的认可；相应的企业环境战略是积极主动、强化污染预防，而不是消极应对、末端治理。只有这样的环境管制和企业创新才能最终实现波特假说的两个环节。

在第一章，我们总结了中小企业相对于大型企业具有的若干特点：数量众多，但生命周期短，进入退出频繁；区域分布面广，涉及行业多；中小企业污染排放日趋严重，环境管制又影响其生存；组织形式简单，灵活性较强；管理架构扁平化，信息传递迅速，但管理制度不规范；创新意愿强烈，但技术水平有限，创新能力不足；企业精神锐意进取，但企业内部资源匮乏。进而发现中小企业运营的初始状态并不是短期最优的均衡状态，它需要在信息复杂变化的环境中做出动态最优化的决策，同时中小企业的规模不经济具有生产效率提高的空间、经营管理水平低下具有提供管理效率的可能、资本构成偏低具有生产路径变化的空间以及具有较强的创新意愿。这些特点都符合波特假说的假设条件，我们希望借鉴和扩展资源观理论，借助外部网络资源寻找实现双赢路径的有效办法。

第二节　减排网络组织的内涵和功能

一　外部网络资源与竞争优势

企业不仅是一个经营管理单位，而且是由各种生产资源组成的集合（Penrose，1959）。当企业获得或者发展了一系列企业特质，能帮助其实现优于竞争者的表现，那么企业就获得了竞争优势（Porter，1991）。这一系列企业特质，可以包括资源、能力、知识、资本等。因此，管理

者经营企业是整合、发展内外部资源（从外部环境寻找、获得外部资源，再和企业内部资源进行重组、融合），以一种优于市场的方式进行有序的管理安排和配置，不断提升企业核心能力（Teece et al.，1997），通过成功实施和外部环境匹配的企业战略，维护和提升企业竞争优势的过程（Barney，1991）。这是一个不断联系外部环境与内部组织的过程，是一个不断整合外部资源和内部资源的过程，是一个内外匹配、动态调整、循环反复的过程（Andrews，1971；Chandler and Alfred，1962；Hofer and Schendel，1978；Penrose，1959）。

企业资源（不论是从外部环境获得的，还是企业本身内部已有的）只有符合有价值、稀缺、不可模仿、无法等价替代等若干条件，才能形成企业资本。通过综合配置、运用企业资本，才能形成界定企业核心业务的知识、技术与能力（Teece et al.，1997）。而企业战略是企业根据环境的变化、自身的资源和技术知识与能力（Barney，1986）来选择适合的经营领域和产品，形成竞争优势而采取配置资源的行动方案或从外部环境获取资源进一步维护竞争优势的决策。企业成长是应用资源追寻机会的过程（Timmons，1994）。所以，企业保持和维护竞争优势就是不断获取内外资源、整合企业资本、调整企业能力、匹配内外环境的过程。企业竞争优势来源的理论框架如图2－2所示。

总结现有研究成果，发现企业资本可以分为四类：物质资本（Willianmson，1975）、人力资本（Becker，1964；Wooten and Grane，2004）、企业家资本（Erikson，2002）、组织资本（Tomer，1987）。“组织资本”的来源包括企业内部的组织资源和企业外部网络组织提供的社会资源（Blyler and Coff，2003）。考虑到获得竞争优势的关键在于能正确利用并分享其所获得的收益，近年来通过联盟等形式从外部获取资源成为研究热点（Lavie，2006），我们着重关注外部网络组织及其提供的外部资本。

外部网络是企业与外部单位（个体或者群体）通过正式契约和非正式契约等方式，在交换资源、传递信息等活动中形成的相互联系关系的总和（Hakansson，1987）。它被看作介于市场与企业之间的另一种替代组织机制，比市场机制的协调能力更强，决策更灵活；同时比单个企业包含更丰富的资源和信息。外部网络是一个拥有潜在有用信息和资源的仓库（Uzzi，1996）。外部网络拥有区别于企业内部资源的独特、动

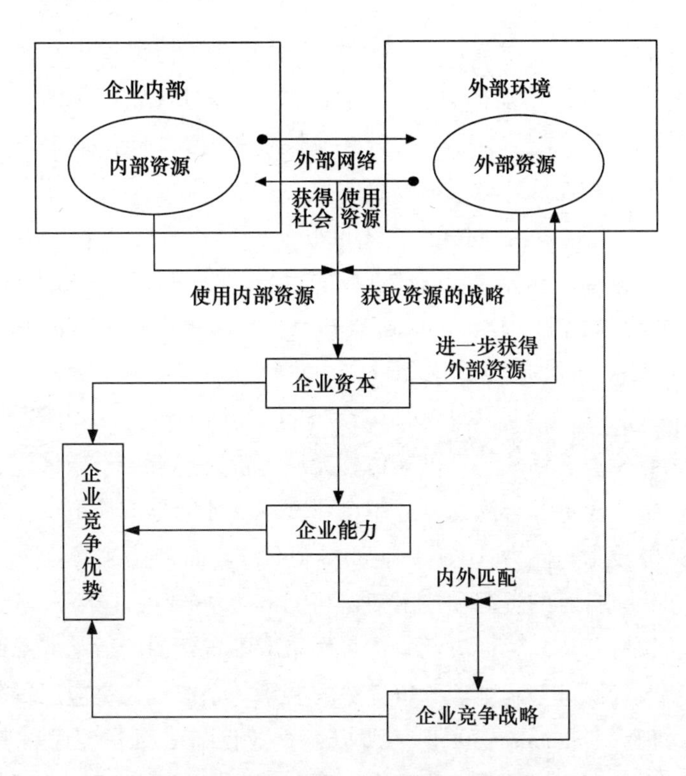

图 2－2　企业竞争优势来源的理论框架

资料来源：根据文献整理。

态、系统的外部资源，但这些资源都对企业竞争优势产生影响（胡平等，2013）。外部网络创造了一种解决社会问题的有价值的结构性资源（杨永福，2002），并向成员提供集体所有的资本。外部网络向企业提供资源形成社会资本，而社会资本具有联系企业与外部环境、从中进一步获得外部资源、再整合形成企业资本的能力，即外部网络具有不断获取、增值资源的能力（Lin，2003）。外部网络中的资源虽然不被企业或个人所直接占有，但是可以通过企业和个人直接或间接的社会关系而获得，所以外部网络为企业环境战略的实施提供了一条可行路径。

外部网络可以培育学习能力、汲取技能和知识，形成获得合法性地位的机制，提供多种经济利益，为资源依赖性的管理提供便利，提供合意的聘用机制（And and Page，1998）。由于外部网络的这种特性，通过减少资源获得和信息交换的障碍与成本，它可以为企业提供增强竞争

优势的途径。这表现在短期静态和长期动态两个方面：短期静态下，企业在外部网络下比一般单个企业在整合利用不同资源的时候适应性更强；长期发展中，网络组织里的企业信息获得更灵通，更能抓住调整资源配置的机会，更能迅速聚集新资源，更经济地实施战略。

二 减排网络组织的内涵

（一）网络组织的起源、定义

1. 网络组织的起源

对网络组织的理论研究最早源于美国的“虚拟企业”。1991 年，《21 世纪制造企业研究：工业决定未来》最早提出了虚拟企业的构想，即在企业之间以市场为导向建立动态联盟，以便能够充分利用整个社会的制造资源，在激烈的竞争中赢得竞争优势。达维多夫和马隆（Davidow and Malone，1992）出版了《虚拟企业：21 世纪企业的构建和新生》，阐述了虚拟企业。拜恩（Byrne，1993）在美国《商业周刊》发表封面文章《虚拟企业》，指出虚拟企业是在企业自身的核心能力基础上，由多个企业为迅速响应市场的变化，而快速形成的临时性网络组织。虽然这些学者使用名词的是“虚拟企业”，但其概念的实质则体现了网络组织关系的特点。

在社会生产实践中，最早的、真正意义上的企业网络组织产生于日本的“分包制”，日本分包制度往往被看成是历史和社会相互作用的复杂进化结果（欧志明、张建华，2001）。“一战”和“二战”期间，战争对日本分包制的最终形成有着重要的促进作用，正是战争使得需求急剧变动，使生产商无法在短期内依靠内部资源的组织来满足需求。因此，利用中、小企业的生产力量就成为一条捷径。大的生产商便将业务分包给中、小企业来生产。随着日本经济的腾飞，日本分包制等先进经验被广为研究，各种类似的企业间合作组织得到了重视和发展，企业网络理论也逐渐形成。

2. 网络组织的定义

对于网络组织的认识，目前尚无统一的理论，关于网络组织的概念也没有形成比较一致的定义。众多学者都提出了一些比较合理的观点（见表 2－1）。

表 2 – 1　**网络组织定义的国内外文献**

分类	序号	观点	文献
国外文献	定义 1	网络组织是企业与外部单位（个体或者群体）通过正式契约和非正式契约等方式，在交换资源、传递信息等活动中形成的相互联系关系的总和	Hakansson（1987）
	定义 2	网络组织是一个地理分散的组织，其成员通过长期共同利益或者目标联系在一起，利用信息技术作为通信和协调工作的手段	Ahuja 等（1998）
	定义 3	网络组织是由一组具有共同的目标并承诺为了共同的目标而采取合作行动的个人或者组织构成的集合	Santoro 等（2006）
	定义 4	网络组织是一个灵活的、地理上分散的、具有动态结构的实体，在这种实体当中，沟通主要或完全通过电子手段来实现，成员根据其专业化或能力被分配不同的任务	Dumitrescu（2009）
	定义 5	网络组织是一种自给自足的，临时或者永久性的，由组织、团体或者个人组成的集群，其成员之间能够跨越时间和空间障碍利用信息技术进行交流，以完成共同的目标	Rūta（2011）
	定义 6	网络组织是一种把多个参与者（通常是高度多样化的利益相关者）聚集在一起，为了使这些不同的群体之间能够在项目上进行合作而正式建立的统一组织	Abbott（2014）
国内文献	定义 1	网络组织是在现代信息通信技术的支撑下，由基于共同目标或利益的企业实体联接而成的、通过价值链的共享以实现其目标或利益的企业集合	王丰等（2000）
	定义 2	网络组织是以独立个体或群体为节点，以彼此之间复杂多样的经济联接为线路而形成的介于企业与市场之间的一种制度安排	孙国强（2001）
	定义 3	在网络组织系统中，个体或成员组织之间的互动常常是通过各种情境下的交往、沟通与合作产生的。这些互动的共同之处在于关系的建立，而这些关系又依赖于网络的连接模式和知识转移的过程	唐方成等（2006）
	定义 4	虚拟组织以市场为起点，由于市场具有不确定性，因此要求资源供应以及生产系统具有弹性，这样，资源供给及生产体系的许多部分形成了伙伴关系	冯新舟等（2010）

通过梳理不同的定义，我们可以发现网络组织的定义涵盖了以下内容：

不局限于地域范围，具有共同的目标或者共享公共的利益、组织的建立基于广泛的联系之上，各参与主体通过共享资源、技术、信息等合作方式，拓展了组织范围，克服自身的不足，实现多赢的目标。同时，成员之间共同的目标或者利益、共享的价值链、合理的制度安排、现代信息网络技术的支持等方面，都是网络组织成功运行的基础。组织间网络是各种行为者基于信任、相互认同、互惠互利等所组成的关系系统，是随着时间推移组织交易的一种手段，不是静态的，而是处于动态演变中的；组织间网络是大于个别行为者（企业）集体知识的储存器；网络组织的建立默认了一套涵盖每个成员责任与义务的规范，这些规范确保了组织间网络受到规制并能够维持下去。

（二）减排网络组织的概念

减排网络组织不是单纯的网络组织，而是具有特定功能和作用的网络组织形式。减排网络组织是按生态经济学原理和知识经济规律组织起来的，基于生态系统承载能力的具有高效的经济过程以及具有和谐的生态功能的网络化生态经济系统。减排网络组织的概念提出的时间较短，但众多学者从不同的角度对其定义进行了阐述（见表2－2）。

表2－2　**减排网络组织定义及文献**

角度	观点	阐述	文献
循环利用	减排网络组织是产业共生网络	产业共生网络指的是通过生态方式重建产业进程，以系统化的视角来最优化全部材料的循环，从原材料到成品材料，到组件，到产品，到废弃产品，到最终处置。优化能量和材料的消耗，减少废物的产生，使得一个过程的流出物成为另一个过程的原材料	Frosch 和 Gallopoulos（1989）；Graedel 和 Allenby（2010）；Chertow（2000）
可持续发展	减排网络组织是可持续供应网络	可持续供应网络，也可以称为绿色供应链管理（GSCM），旨在使供应链各个环节的运行与环境相平衡，从而达到更高的运行效率和更高的资源利用率，最终获取可持续性竞争优势	Zhu 和 Cote（2004）；Tudor 等（2007）；Bansal 和 McKnight（2009）
环境实施的难点	减排网络组织是环境问题网络	环境问题网络指的是围绕着特定议题（比如环境问题或者政策）形成的相对宽松的合作联盟。其目的在于通过参与者之间的合作行动以及政策、规范和价值观的发展，实现体制的改变	Andersson 和 Sweets（2002）；Veal 和 Mouzas（2010）；Rit-vala 和 Salmi（2010；2011）

续表

角度	观点	阐述	文献
环境困难的解决方案	减排网络组织是环境方案网络	环境方案网络指的是一种合作的方式，涉及知识、技术和其他资源跨组织结合以创建一个生态效益方案。	Baraldi 等（2011）

（1）减排网络组织是一种产业共生的网络系统。“产业共生”的概念最早出现在产业生态学的相关文献中，是模仿自然生态系统而成的一部分工业生态系统的研究成果。产业共生关注系统内的物质和能源流动，产业共生网络通过工业系统检验物质和能源的流动和循环的可持续性。减排网络组织对企业网络的资源流动进行合作管理，把传统上单独的企业以一种联合的方式将其竞争优势联合起来（Chertow，2000），使得通常独立的企业之间可以通过一种共同的方式（涉及物质、能源、水资源和副产品的物理交换和知识、专利等非物质资源的交换），来达到竞争优势（Chertow，2000；Lombardi and Laybourn，2012）。企业和产业之间的共生合作通过资源互补产生了经济和环境效益（Behera et al.，2012；Dimitrova et al.，2007；Tudor et al.，2007）。企业之间也共享工具，例如能源、水、废水处理等设备，也共享一些服务，例如交通、绿化和废弃物收集（Ashton，2008）。通过网络组织创造和共享知识能够促进现代技术的实现、鼓励生态创新以及组织文化的变革（Behera et al.，2012；Lombardi and Laybourn，2012；Mirata and Emtairah，2005）。产业共生网络组织中的企业更有企业家思想，更注重寻求新的机会以从废弃物和副产品中提取价值，网络中废弃物和副产品的再利用主要注重于从整体上减少对环境的污染。

（2）减排网络组织是一种可持续供应的网络系统。可持续供应网络，也可以被称为绿色供应链管理（GSCM），旨在使供应链各个环节的运行与环境相平衡。中小企业通过减排网络组织可以充分利用副产品和可持续利用的材料，致力于将供应链所产生的污染降到最低。可持续供应网络采取的行动遍布产品的整个生命周期，包括与供应商合作以减少废弃物，提高制造、运输的效率，发展逆向供应链以促进再循环利用，旧产品的二次利用等（Zhu and Cote，2004）。与传统的供应链管理

相比，可持续供应网络更需要广泛的合作以及参与者之间在网络层次上的环境目标共享（Seuring，2004）。

（3）减排网络组织是一种环境问题的网络系统。环境问题网络通常具有临时性质，其存续期的长短取决于焦点问题的生命周期。它们通常包括一组拥有不同能力和资源的参与者，其中包括私营企业、政府当局、非政府组织甚至一些权力或资源较多的个人（Ritvala and Salmi，2010；2011）。里特瓦拉和萨米尔（Ritvala and Salmi，2010）指出，环境问题网络是由对于处理焦点问题责任观念比较强的参与者发起的。这些参与者以动员者的身份参与行动，通过高能见度媒体和公共体制号召其他参与者也加入网络当中。这种动员行动基于社会资本和参与者之间共同的价值理念，如果参与者的合作以环境效益为目标，那么参与其中的企业同时也能够获得商业效益并改善公共形象。

（4）减排网络组织是一种环境方案的网络系统。环境方案网络指的是一种合作的方式，涉及知识、技术和其他资源跨组织结合以创建一个具有生态效益的方案。这些方案通常需要一系列来自合作供应商的产品和服务组合，通过一个扮演集成商角色的中心参与者来创造一种有市场的解决方案。技术的创新与融合带来了可供选择的新方案，这种方案与其他方案相比更具有生态效益。巴拉迪尔等（Baraldi et al.，2011）研究了“叶屋计划”以及与之相伴随的网络组织的典型例子。这项计划由80个合作伙伴组成，从标准化产品的供应商到完整的子系统供应商都包括在内。“叶屋计划”主要是以一种集成的方式为网络参与者提供福利，在履行其主要职能的同时，也服务于一些其他的目的。一些杰出的网络成员可以在“叶屋”的开发阶段将其用作测试装置以探索新的环保技术。为了成功地开发出集成方案，相关网络组织需要通过生态发展和共同技术改组等行动不断进步，从而实现新技术的推广和使用（Baraldi et al.，2011）。

总结文献观点，笔者对减排网络组织的认识是：

其一，减排网络组织是一种实现“三赢”目标的组织制度。网络组织被看作介于市场与企业之间的另一种替代组织机制，比市场机制的协调能力更强，决策更灵活，同时比单个企业包含更丰富的资源和信息。这种组织超越了传统组织的有形界限，是凌驾于企业之上形成的跨

企业的组织构架，它不仅能利用企业内部的既有资源，而且偏重于利用企业外部的共享资源，从而淡化了企业与其外部环境的界限，淡化了上下游、竞争对手及利益相关者之间的区别。因此，减排网络组织要求对企业间网络关系采取一种更为广阔的视野，这是对以往内部化理论的大超越，同时也对单个企业的环境绩效与经济绩效具有提升作用。

其二，减排网络组织涉及“关系”的总体概念，包括了基于关系而拥有的资源、利益、能力。现代通信技术赋予了减排网络组织超越地域局限的能力。它的运作不靠传统的层级控制，而是在成员角色和各自任务的基础上通过密集的多边联系、互利和交互式的合作来完成共同追求的目标（Achrol and Kotler，1999）。减排网络组织是一个拥有潜在有用信息和资源的仓库（Uzzi，1996），拥有区别于企业内部资源的独特、动态、系统的外部资源，这些资源都会对企业竞争优势产生影响（胡平等，2013）。减排网络组织创造了一种解决社会问题的有价值的结构性资源（杨永福，2002），并向成员提供集体所有的资本。减排网络组织能向企业提供资源形成的社会资本，而社会资本具有联系企业与外部环境、从中进一步获取外部资源、再整合形成企业资本的能力，即外部网络具有不断获取、增值资源的能力（Lin，2001）。减排网络组织中的资源虽然不被企业或个人所直接占有，但是可以通过企业和个人直接或间接的社会关系而获得。

其三，减排网络组织有一套协调、联系、维持的机制。对于减排网络组织中的成员来说，只有获得收益，才能有加入网络组织并维持组织存在的动机。获得收益的方式有多种，可以是来自成员内部动力，比如学习效应的成本降低，也可以是来自外部力量，比如行业协会的维持、政府行政行为的支撑。李等（Lee et al.，2001）将外部网络关系分为合作伙伴关系（partnership-based linkages）和支持关系（sponsorship-based linkages）。合作伙伴关系是企业与风险投资、供应商等营利性机构之间的双向对等、互惠互利的协作关系，成员之间获得资源的同时承担提供资源的义务才能维持关系的长期稳定。而支持关系是单边非对等的关系，资助方为企业提供单方面的支持但不索取回报。两者的差异在于是否存在资源的双边交易。政府是支持关系首要主体，正是通过这种关系政府能充分发挥引导中小企业来维持网络组织的作用。

所以，我们认为减排网络组织是一种超越传统市场与企业两分法的、复杂的社会组织形式，它以信息技术为支撑，由企业利益相关者的活性节点构成，以追求“三赢”（经济绩效、环境绩效、社会绩效的共同提升）效果为宗旨、围绕共同的利益目标来构建节点间合作机制的一种基于成员关系的动态网状结构的组织。受环境条件约束、政府协调引导和市场机制激励，各类企业（原生资源供给企业、原生资源使用企业、两类资源使用企业和静脉企业）、政府行政部门、行业协会、金融单位和科研单位等基于资源再利用、设施与信息共享、资本有效运作及人才与技术合作等，通过建立封闭的物质循环和信息管理系统，以实现各成员经济、环境和社会效益最大化为目标所形成的广泛网络组织。减排网络组织通过成为绿色能力和绿色资源管理的智能网络，匹配网络成员之间的投入和产出，从而最大化资源效能，实现在跨企业层面上的产业共生；通过物质、能源、信息和科技的密切互动，实现资源的循环和共享，以达到生产和传递绿色产品的目的。

减排网络组织的主要目标是实现“三赢”：经济绩效、环境绩效和社会绩效。环境绩效，即通过使中小企业网络组织成为绿色能力和绿色资源管理的智能网络，匹配网络成员之间的投入和产出，最大化资源效能，实现在跨企业层面上的产业共生，着眼于让整个网络系统尽可能地接近自我循环的生态系统，通过物质、能源、信息和科技的密切互动，在绿色产品制造过程中以系统化的视角最优化全部的物质循环。经济绩效，即绿色产品通过网络组织采取可持续制造和物流措施，通过引入新的网络成员提升网络能力以及时抓住绿色商业新机会，并把环境影响和资源效用考虑在内。而且，就中小企业减排网络组织对企业内部的作用来说，可以提高成员的绿色水平，即通过提供激励以实施最好的实践措施，减少自然资源的消耗，提高可持续商业运作的能力，减少原材料的消耗，降低处置成本，通过降低成本和保护环境来实现经济效益。通过环境保护和企业发展来实现社会绩效，即经济的发展不会导致环境的恶化，环境保护促进社会的和谐，整个社会资源消耗和人民生活水平提高相一致，环境保护和国民财富增长相一致，生态平衡和人口增长、社会稳定相一致，最终自然环境、人口种群、社会文明达到一种可持续的发展。

三　减排网络组织的功能

中小企业减排网络组织的功能是网络组织系统内部环境与外界环境相互影响的过程中表现出来的秩序和能力。中小企业减排网络组织主要具有以下功能：

（1）规模效应功能。由于中小企业的具体特征，单个企业实施环境战略会遇到规模不经济等障碍，而中小企业减排网络组织突破了个体资源的约束，为整个系统内的参与主体提供了可持续发展的机遇。中小企业减排网络组织通过有效整合系统内的资源，识别出绿色环保措施中具有提升企业核心竞争力的环节，通过网络组织的搭建，实现绿色企业与其他参与主体之间核心能力和核心资源的互补，以达到绿色战略的规模效应，实现经济绩效目标。

（2）资源配置功能。由于中小企业各自的技术局限性，生产资源在单个企业中生产效率偏低，而中小企业减排网络组织从更广泛的领域实现资源在整个系统环境中的封闭循环利用，通过资源重新配置，实现更高的生产效率。同时，在减排网络组织内，需要把实施相似绿色战略、技术研发和产品开发的中小企业集聚在一起，通过主体间的密切合作，以实现生产资源、环境资源、创新资源、绿色资源在系统内的合理配置。

（3）信息共享功能。中小企业减排网络组织内的参与主体间信息能够彼此共享，创新主体可以及时了解市场动态和顾客需求，还能够及时掌握系统内其他相关主体的创新和运行状况。此外，产业技术创新生态系统内的创新主体间通过交流与合作，促进了主体间相互学习，也促使了整个产业技术创新生态系统成为一个学习型组织，从而更推进了系统内的信息共享。

（4）风险规避功能。单个中小企业的减排活动承受着较高的风险，企业自身的技术水平、对绿色产品需求的预测水平、对合作伙伴的选择水平以及对绿色资源的获得能力都有可能导致环境战略的失败。中小企业减排组织的参与主体间是相互联系、共同发展的，他们的关系不再是毫无关联或者彼此对立，而是演变成了协同竞争，主体之间联系紧密，合作关系稳定。减排网络组织能够帮助企业对绿色战略成果形成一个合理的预期，帮助企业及时、准确地选择最佳的合作伙伴，并提供绿色战

略所需各种资源。整个减排网络组织能够实现参与主体之间的协同创新，共同应对外界环境的变化和技术难题，提升各参与主体的抗风险能力。

（5）动态适应功能。在日益变化的外界环境影响下，单个企业的技术创新、绿色生产面临着诸多挑战。中小企业减排网络组织具有与外部环境相协调的动力机制、传导机制、技术扩散机制、内部制度协调和保障机制，促进了系统内参与主体对环境变化的自适应、自调节和反馈能力的提升。减排网络组织能够实现系统与外界环境的动态平衡，使得其中的中小企业具有动态适应功能。

第三节　减排组织的类型与演化

一　减排组织的分类

根据不同的指标，企业减排组织可以进行不同的分类。如果从产业共生的角度，按照实现产业共生的程度进行分类，企业减排组织可以分为五种类型，即在公司或者组织内实现的减排合作组织，通过废弃物交换实现的减排合作组织，由坐落在具体明确的生态工业园区之内的众多公司共同组成的减排合作组织，由众多不限于坐落在一起的公司共同组成的减排合作组织，不限于地域、基于“虚拟”关系的众多公司共同组成的减排网络。如果从地域范围的角度，可以分为实体的生态工业园和企业减排网络组织两类。企业减排网络组织是高级阶段的减排组织，本书的目的就是促进企业减排网络组织的培育和构建。

（一）根据实现产业共生的程度进行分类

1. 在公司或者组织内实现的减排合作组织

某些种类的物质交换主要发生在一个组织的边界内，而不是同外部的多方主体都有联系。大型的组织拥有接近于产业共生的多厂商方法。可观的收益可以在一个组织内部实现，即考虑产品、进程以及服务的整个生命周期，包括了诸如购买和产品设计的上游作业。比较接近该类型的是由 Ebara 公司所发起的项目，该公司位于日本的藤泽。Ebara 公司是工业机器的领袖，其所建造的生态工业园区是基于 Ebara 公司所发展的核心技术，该核心技术适用于水净化、污水处理、垃圾焚烧、发电、余热回收。通过一个零排放方法，他们把这些技术与附近的活动加以结

合，包括围绕着该商业设施建立的700户居民。其中，Ebara公司所提倡的一种技术就是一种系统，该系统把多种废弃物和塑料商业化地运用于氨、甲烷和氢气的制造生产。

2. 通过废弃物交换实现的减排合作组织

许多企业通过第三方经纪人和经销商的形式，进行材料的回收、捐赠或者销售给其他组织。市政回收计划成为商业和居民消费者的第三方，他们提供回收材料服务，这些回收材料通过市政当局移送到诸如工厂和造纸厂之类的制造商中。这种形式的交换一般是单向的，而且通常关注产品寿命周期的末端。废弃物交换通过创造绿色商机来形成贸易机会，这些材料被某一机构弃置，但又是另一个机构所需要的。贸易的范围可以是本地的、区域的、全国的，或者是全球的；贸易种类包括高度专业化的化学品，甚至包括区域慈善机构所需要的物品列表。

3. 由坐落在具体明确的生态工业园区之内的众多公司共同组成的减排合作组织

在该类型中，企业和其他组织都坐落于一个具体明确的生态工业园区。该生态工业园区可以交换能量、水和物质，还能进一步分享诸如许可、运输和营销的信息和服务。该类型的交换主要发生于定义为生态工业园区的区域内，但是，它也有可能包括“越过边界”的其他合作伙伴。这些区域可以实现新的发展。这个类型网络组织有很多例子，比如斐济苏瓦的Monfort Boys镇完整的生态系统、英国伦敦德里新罕布什尔州曼彻斯特机场附近的生态工业园区等。

4. 由众多不限于坐落在一起的公司共同组成的减排合作组织

这种类型的交换始于在一个区域内的企业，通过连接现有的业务并发现实现新业务的机会。卡伦堡地区就是该类型的一个例子，主要的合作伙伴不在一起，而是在相距大约一二英里半径范围内。虽然该区域不像一个工业园区那样建立起来，但临近的公司允许他们利用已有的物质、水以及能源流。值得注意的是，卡伦堡案例中产业生态的实现不是静态的，而是持续地发现和满足不同类型企业之间交换的动态例子。

5. 不限于地域、基于“虚拟”关系的众多公司共同组成的减排合作组织

该类型是第四种类型的扩展，将局限于一定地理位置和范围的减排

合作组织扩展到不局限于特定地理和区域范围、通过信息系统建立虚拟关系而联系起来的众多产业生态实体之间的网络组织，类似于下文中根据地域特点进行分类的企业减排网络组织。

（二）根据地域特点进行分类

考虑到研究的方便，本书根据企业减排组织的地域特点将其分为两类：一类是参与主体都集中于某一特定地域的，即生态工业园；一类是参与主体不局限于某一特定地域的，即企业减排网络组织。

1. 生态工业园

生态工业园是依据循环经济理念、产业生态学原理和清洁生产要求而建设的一种新型工业园区。它通过模拟自然生态系统而建立的工业系统“食物链网”，即产业链网，在一定地域中，把不同工厂、企业、产业联系起来，建立“生产者—消费者—分解者”的循环方式，寻求物质闭环循环、能量多级利用、信息反馈，形成相互依存、类似自然生态系统食物链的工业生态系统，达到物质能量利用最大化和废物排放最小化的目的，实现园区经济的协调健康发展。

20 世纪 90 年代，生态工业园区理论的研究与实践在北美迅速展开，并取得了长足的进展，其中尤以美国的研究最为活跃和系统。在欧洲，生态工业园区理论的研究和实践也在奥地利、瑞典、爱尔兰、荷兰、法国、英国、意大利等国家迅速发展起来。亚洲也是对生态工业园关注较早的一个地区，包括中国、日本、印度尼西亚、菲律宾、泰国、印度等国家均在实施生态工业园区建设。

1999 年 10 月，国家环保总局和联合国环境规划署决定组织实施“中国工业园区的环境管理研究项目”，在试点工业园区开始引入生态工业理念。我国的生态工业园区建设始于 2000 年，早期的几个试点都是制糖、化工、冶炼等专业性工业园区。2001 年年底，正式确认了“广西贵港生态工业（制糖）园区”和“广东南海生态工业园区”为国家生态工业示范园区。从 2004 年开始，国家着力在经济技术开发区和高新技术产业区开始试点示范工作。截至 2015 年 4 月，由国家环保部、科技部和商务部三部委联合命名的国家生态工业示范园区有 35 家，还有 76 家得到批准创建（石磊等，2012）。

2. 企业减排网络组织

企业减排网络组织是各类企业、政府行政部门、行业协会、金融单位和科研单位等，基于资源再利用、设施与信息共享、资本有效运作及人才与技术合作等，旨在实现“三赢”（经济绩效、环境绩效、社会绩效的共同提升）目标的网络组织。它与生态工业园的最大区别就是参与主体不集中、不局限于特定的地理区域之内，其网络关系和参与主体之间的联系是通过现代通信技术和设备实现的。

考虑到移动成本以及决定公司位置的其他重要变量，在组成企业减排网络组织的过程中，企业很少会考虑重新选址和搬迁。所以，企业减排网络组织更加依赖于虚拟的联系，而不是重新进行物理定位。虚拟的减排网络组织，通过使用网络允许产业共生的益处不断扩大，“超越”以往的区域经济合作的地理局限：在该区域经济共同体中，副产品交换的潜在效益由于公司数量的扩大和地域的突破得到很大的提升。此外，虚拟的减排网络组织具有涵盖边远的农业和其他业务的潜能，像卡伦堡那样可以通过管道进行运输，或者通过卡车对更远一点的地区进行运输。如由非金属经销商、拆迁者所组成的自我管理的网络组织，通过类似逆向废弃物回收系统的特定工厂或者子系统，实现网络参与主体之间的联系和交流。

（三）生态工业园与减排网络组织之间的区别

生态工业园的产业共生模式束缚于他们的地理边界，通过不同的协作策略来提高成员的竞争力和环境绩效，这使得企业及其支持机构获得经济效益和良好的环境，也使得当地居民享受到社会福利。

随着信息和通信技术的进步以及新的环保工具和系统出现，减排网络组织模式逐渐出现在全球产业的视线中，这种模式使绿色企业跨越他们的地理边界来获取新的互补的绿色能力、资源、市场和共生机会。因此，如今产业共生系统不再被成员的地理边界所约束，成员们可以使用起媒介作用的协作业务基础设施，协作业务基础设施的中介作用可以促进企业之间的相互运作以支持他们可持续发展的协调与合作（如设计、制造、物流、仓储）。

生态工业园与企业减排网络组织都有他们各自的优点和缺点，表2－3中简要描述两者的比较。

表2－3　　　　**生态工业园与减排网络组织的比较**

生态工业园	减排网络组织
因为需要建造一个新的场地或者对原有的场地进行重新开发，所以生态工业园需要较高的初始投资而且会对环境产生较大的影响	减排网络组织不需要投入场地，但是需要对合作业务基础设施进行稳定的投资，且减排网络组织对环境影响非常小
生态工业园需要在特定的地点选择合适的成员，以便于参与到产业共生及其他的合作机会中，这将导致成本上升。同时，潜在的生态工业园成员可能会被地理位置所限制	减排网络组织不需要从相同的地点选择最合适的成员参与产业共生和其他合作机会，只需要通过计算机网络创建虚拟联系，没有任何限制绿色企业招聘员工的地理障碍
招聘新的生态工业园成员是为了提高生态工业园的性能和能力。这可能是非常困难的，因为生态工业园需要对绿色企业及其员工进行重新分配	招聘新的减排网络组织成员，是为了提高培育环境性能和能力。减排网络成员管理系统的存在使得招聘行为变得非常容易
与减排网络组织相比，生态工业园中更加可能进行物质、水、能源和其他废弃物的交换。但这种交换也和企业能力和资源共享一样，会受到地理位置的限制	在减排网络组织中，因为企业与企业之间存在距离，所以物质、水、能源和其他废物的交换可能比较少。但是更多的企业能力和资源共享可以通过大量减排网络组织成员得到转移

二　减排网络组织的演化过程与演化动力

实际上，减排网络组织的概念目前依旧是新兴的。考虑到该概念发展和衍生，减排网络组织的定义难以精准表述。减排网络组织并没有一种固定的形式，同时每个网络都需要长时间的构建、大量的资本投入、运作维护，以及在多元文化背景下多个主体、数个目标的建立和维持。因此，不少学者积极考察减排网络组织的演变规律，来探求其发展上升的变化路径，同时进一步分析不同的减排网络组织演化模型，对产业共生中的实施项目给出有益的建议。洛等（Lowe et al.，1995）认为一个减排网络组织可以呈现出至少七种类型，同时鼓励以广阔的视角来看待生态工业园区及其演变。在1997—1999年，查尔图在耶鲁学院对森林与环境研究的18个潜在的生态产业园区进行了详细研究，提议了五种不同的物质交换类型的分类（见表2－4）。戴维和阿图罗（David and Arturo，2010）提出的分类，涉及分布在同一地理位置上的传统生态工业园和企业通过创建虚拟网站而形成的虚拟生态产业集群。

表 2－4　　根据产业共生程度分类的减排网络组织

分类	描述	产业共生程度
类型 1	在公司或者组织内实现的减排合作组织	最弱
类型 2	通过废弃物交换实现的减排合作组织	较弱
类型 3	由坐落在具体明确的生态工业园区之内的众多公司共同组成的减排合作组织	中等
类型 4	由众多不限于坐落在一起的公司共同组成的减排合作组织	较强
类型 5	不限于地域、基于“虚拟”关系的众多公司共同组成的减排网络组织	最强

根据文献整理，我们归纳了两种基本的演化模式：以制度促成为主的模式和以自发组织择优为主的模式。现实实践中，纯粹的、完全的某类模式演化过程是不存在的，总是存在某种程度的混合，但是基本来说存在以上两种模式。从传统工业园到减排网络组织的演化存在地域上的跨度，主要还是在政府行政和制度安排下完成的，所以我们称之为以制度促成为主的模式。而单个企业到减排网络组织的演化，充分体现了企业作为市场选择主体的择优机制，也体现了演化路径的多样性，我们称之为以自发组织择优为主的模式。

（一）传统工业园到减排网络组织的演化——以制度促成为主的模式

传统工业园的演化沿着一条地理范围不断扩大、环境绩效不断提升的路径发展。最初的传统工业园只能协同一定地域内的企业，只能在该地域内实现资源共享、环境改善，但其并不能完全地实现资源的封闭循环，还是存在废弃物排放和资源的不能彻底利用问题。资源回收工业园更强化了静脉企业的功能，弱化了传统工业园地域局限，增强了传统工业园的环保能力，通过回收、利用、处理废弃物，提升了园区的废弃物净化能力，提高了资源利用效率，但环境绩效仅限于对资源的回收利用，还不能达到零排放的程度。零排放工业园则对此进行了进一步扩展，通过产业共生的规划设计，实现了园区内废弃物的零排放，但仍然局限于特定的地理区域。虚拟网络系统扩展了地理覆盖范围，通过通信技术在更广的领域内实现了资源回收利用和废弃物零排放的循环经济。从传统

工业园到资源回收工业园，再从零排放工业园到虚拟网络系统，是环境绩效不断提升、工业园形态从低级到高级的过程（见图2-3）。

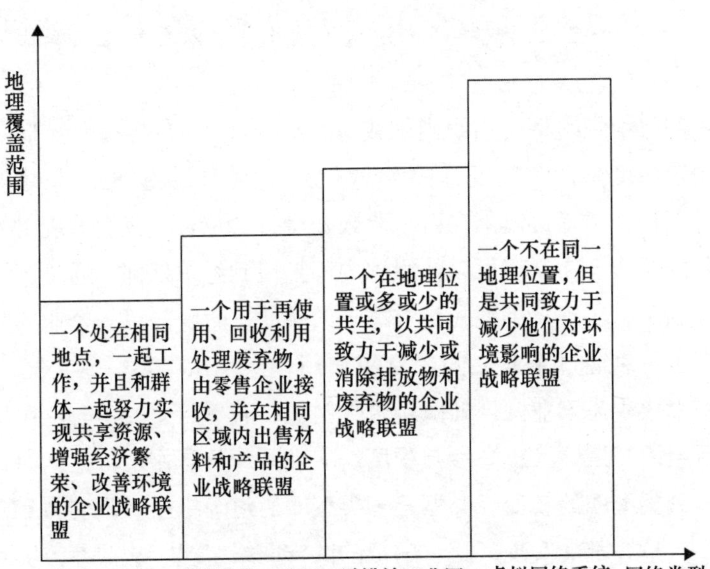

图2-3　基于地域维度的减排网络组织演化

这种演化路径是通过制度促成模式实现的，即随着以企业为基础或者是以政府为基础的减排网络组织协调机构的设立，所有的网络成员通过更密切的联系，减排网络组织的成长才更加一致、更加协调。协调机构的出现（企业组织的协调机构、政府支持的促进机构或者政府计划和政策的推动）都会使得减排网络组织自发地演化转换为同步增长，即通过帮助弱势企业有效提高他们的减排能力，从而减少各个企业之间的差异。政府的促进作用从一开始就会影响减排网络组织的发展，它的出现早于以企业为基础的促进机构（Paquin and Howard-Grenville, 2009；Costa and Ferrão，2010）。企业组织和政府协调机构有助于将减排网络组织的信息、知识与经验传播到更多的企业，创造更加合作的文化，探索更广泛的产业共生合作机会，以此吸引减排网络外部企业参与合作。在这种方式下，企业构建减排网络能力的差距会逐渐缩小或者消除，不仅是因为所创造的平等环境提供的便利（包含了通用的网络识

别、共同的产业共生目标和规范、技术与信息透明度)，还因为协调机构、强有力的政府帮助使缺乏经验的企业从经验丰富的企业受益，以构建和完善减排网络系统。

(二) 单个企业到减排网络组织的演化——以自发组织择优为主的模式

我们将组织类型(组织内部或者组织外部)、参与程度(低参与度或者高参与度)两个维度分成四个象限。上文根据实现产业共生的程度进行五种分类，可以落在四个象限及交叉的位置。我们发现封闭的单一企业的减排合作组织可以从组织内部扩展到组织外部，通过与外部静脉企业联系，实现从类型一到类型二的转变；封闭的单一企业的减排合作组织也可以通过企业之间的聚集作用，实现从类型一到类型三的转变，即形成生态工业园内的减排合作组织；若干封闭的单一企业也可以既进行组织拓展，又提高参与程度，实现开放的合作学习，从而实现从类型一到类型四的转变。类型三和类型四通过组织拓展，类型二通过合作转变，最终都能实现广泛、虚拟的减排网络组织。从低参与度到高参与度、组织内部到组织外部，是减排组织不断优化、环境绩效不断提升、最终实现减排网络组织(即右上方)的路径(见图2-4)。

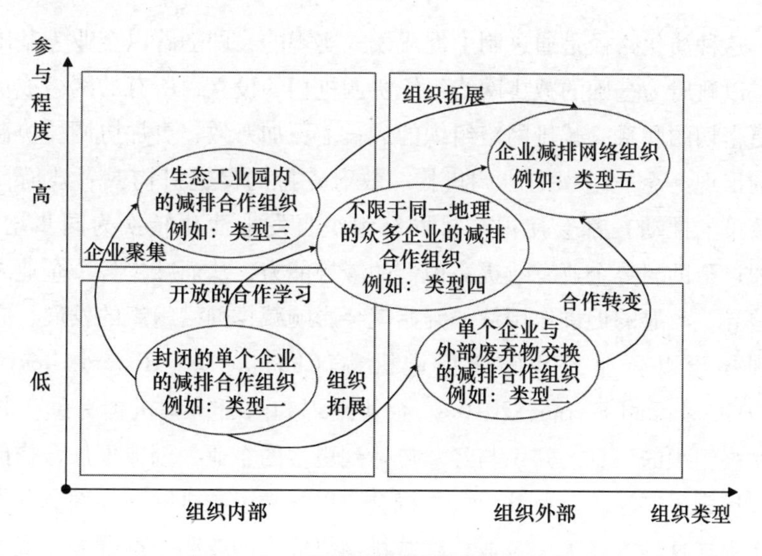

图2-4 减排网络组织的类型与演化

这种演化路径是通过自发择优模式实现的，即每一家企业发展其减排网络组织的概率是与它现有产业共生关系相配比的，企业可以不断选择最优的网络机会；减排网络组织也是在择优过程中成长起来，企业可以不断选择最合适的网络成员。这样参与现有减排网络组织的企业会比未加入的企业更有优势。这些优势包括：资源的可利用性、技术知识、关于其他企业的信息、社会关系、管理结构、决策进程和减排网络组织的管理理念。这些能力是在构建减排网络组织过程中所需要的，是在学习与实践过程中积累的，拥有能力越多的企业更具有优势。企业这种构建减排网络能力的差距，会随着减排网络组织的发展呈现不断增强的趋势。企业积累的优势和差距与“富者更富”“关联产生更多关联”的概念相一致。所以，这种减排网络组织成长机制称之为自发组织择优成长模式。

第三章　企业减排网络组织的产业共生网络分析

自然生态系统中不存在真正的废弃物，各类物质和能源在系统中都得到了循环和梯级利用。自然生态系统中存在着由生产者、消费者和分解者组成的共生体系，生产者将各种无机物进行合成生产出有机营养物质，这些有机营养物质供系统中的各类消费者使用，使其转变为机体利用的有机物，同时将一些废弃物向外排泄，这些废弃物能被系统中的分解者分解而重新转化为生态系统中生物所需的各种无机物。

工业体系中的企业之间也存在着这种互利共生关系。中小企业减排网络组织是按生态经济学原理和经济发展规律、基于生态系统承载能力组织起来的、具有高效的经济过程及和谐的组织。中小企业减排网络组织通过模仿生物群落中不同角色在自然生态系统中建立的共生机制，形成共享资源和互换副产品的产业生态，通过建立“生产者—消费者—分解者”的循环方式，寻求物质闭环循环、能量多级利用、信息反馈，形成类似自然生态系统相互依存的产业共生网络，达到物质能量利用最大化和废弃物排放最小化的目的，实现经济的协调健康发展。

第一节　对自然生态系统的理解

“生态系统”（ecosystem）由英国生态学家坦斯利（Tansley）于1935年首先提出，他认为生态系统不仅包括有机复合体，也包括形成环境的整个物理因素复合体。在自然界，任何生物群落都不是孤立存在的，它们总是通过能量和物质的交换与其生存的环境不可分割地相互联

系、相互作用着，共同形成一种统一的整体。生态系统是指在自然界一定的空间内生物和它们的非生物环境构成的统一整体，在这个统一整体中生物与非生物环境之间相互影响、相互制约所形成的一个生态学功能单位。

自然生态系统是个复杂系统，它包括了相互作用的植物、动物、微生物及其依赖的非生物环境。生态系统是一个整体的功能单元，生态系统的尺度可大可小，但总是作为一个相对独立的系统存在的，植物、动物、微生物及其依赖的非生物环境彼此紧密联系，相互依赖；生态系统不仅资源有限，同时接纳和贮存物质的能力及废弃物的循环能力等也都是有一定限度的，没有一个个体、物种或群落可以无限制地生长，生态系统中各个种群应是有节制地生长，以免造成过度的拥挤。

自然生态系统是指目前地球上保持最完整、几乎没有或很少遭受到人为干扰和破坏的生态系统。自然生态系统作为一个整体，能使废弃物降至最少。一种生物产生的废物能被另一种生物所利用。无论是死的或活的，所有生物以及它们产生的废弃物都可能为其他生物所利用，这种良性循环正是自然生态系统的特征。

一　生态系统的基本组成部分

生态系统的成分，不论是陆地还是水域，或大或小，都可概括为两大部分、四个基本成分。两大部分是生物和非生物环境，或称之为生物群落和栖息地。非生物环境（栖息地）是生态系统的物质和能量的来源，包括生物活动的空间和参与生物生理代谢的各种要素；气候因子，如光照、温度、水分、空气等；无机物质，如 C、H、O_2、N_2及矿质盐分等；有机物质，如碳水化合物、蛋白质、脂类等。它们共同组成大气、水和土壤环境，成为生物活动的场所。

生物群落是一定的自然区域内所有生物所组成的共同体，它们通过各种途径相互作用和影响，是不同种群之间通过某种关系（互利共生、竞争、寄生、捕食等）形成的有机整体。四个基本成分是指生产者、消费者、分解者和非生物环境。

生产者是生物成分中能利用太阳能等能源，将简单无机物合成为复杂有机物的自养生物，如陆生的各种植物、水生的高等植物和藻类，还

包括一些光能细菌和化学能细菌。生产者是生态系统的必要成分，它们将光能转化为化学能，是生态系统所需一切能量的基础。

消费者是不能利用无机物制造有机物的生物，它们不能自己生产食物，只能直接或间接利用生产者生产的有机物获取营养物质和能量以维持生存。

分解者属于异养生物，如细菌、真菌、放线菌、土壤原生动物和一些小型无脊椎动物。它们依靠分解动植物的排泄物和死亡的有机残体取得能量和营养物质，同时把复杂的有机物降解为简单的无机化合物或元素归还到环境中，被生产者有机体再次利用。分解者有机体广泛分布于生态系统中，一刻不停地推动自然界的物质循环。

作为一个生态系统来说，栖息地和生物群落缺一不可。如果没有栖息地，生物就没有生存的场所和空间，也就得不到能量和物质，因而也难以生存下去；仅有栖息地而没有生物群落也谈不上生态系统。

二 食物链和食物网是生态系统联系的纽带

生态系统中各种成分之间最本质的联系是通过食物营养来实现的，即通过食物链把生物与非生物、生产者与消费者、消费者与分解者连成一个整体。

食物链在自然生态系统中主要有牧食食物链和腐食食物链两大类型，而这两大类型在生态系统中往往是同时存在的。牧食食物链包括各种消费者动物，它是通过活的有机体以捕食与被捕食的关系建立的，能量沿着生产者到各级消费者的途径流动。腐食食物链是动植物死亡后被细菌和真菌所分解，能量直接自生产者或死亡的动物残体流向分解者。在热带雨林和浅水生态系统中该类食物链占有重要地位。

在生态系统中，一种生物往往同时属于数条食物链，生产者如此，消费者亦是如此，生态系统中的食物链很少是单条、孤立出现的，它们往往是交叉链索，形成复杂的网络式结构即食物网，生态系统中各生物成分间，通过食物网发生直接和间接的联系，保持着生态系统结构和功能的相对稳定性。通过食物营养，生物与生物、生物与非生物环境有机地结合成一个整体。

三　能量流动和物质循环是生态系统功能的实现方式

生态系统的基本功能是能量流动、物质循环和信息传递。生态系统的这些基本功能是相互联系、紧密结合的，由生态系统中的生命部分——生物群落来实现。

生态系统中的能量来自太阳能，它是通过绿色植物进行光合作用转化为有机物输入系统里的。当植食动物吃植物时，能量转移到第二营养级动物体中；当肉食动物吃植食动物时，能量又转移到第三营养级的动物中……以此类推，最后由腐生生物分解死亡的动植物残体，将有机物中的能量释放、逸散到环境中。与此同时，由于生物呼吸作用在各营养级都有一部分能量损失，所以，能量只能一次穿过生态系统，不能再次被生产者利用而进行循环。这一通过生态系统的能量单向流动的现象叫作能量流。

生态系统中的物质主要是指生物为维持生命所需的各种营养元素。生态系统所需要的能量只有固定和保存在由这些营养元素构成的有机物中，才能够沿着食物链从一个营养级传递到下一个营养级，以供各类生物利用。否则，能量就会自由地散失掉。生态系统中的物质在生产者、消费者、分解者和非生物环境之间传递，形成物质流。物质从大气、水域或土壤中被绿色植物吸收进入食物链，然后转移到食草动物和食肉动物体内，最后被以微生物为代表的分解者分解转化回到环境中。这些释放出的物质又再一次被植物利用，重新进入食物链，参加生态系统的物质再循环——这就是物质循环。

生态系统的物质循环可在三个不同层次上进行：一是生物个体层次，生物个体吸取营养物质建造自身，经过代谢活动又把废弃物排出体外，经过分解者的作用归还于环境；二是生态系统层次，在初级生产者的代谢基础上，通过各级消费者和分解者把营养物质归还到环境之中，故又称生物小循环或营养物质循环；三是生物圈层次，物质在整个生物圈各圈层之间的循环，称为生物地球化学循环。这三个层次的物质循环并不是孤立存在的，它们彼此联系，使生物个体与生态系统乃至生物圈统一在生物地球化学循环过程中。

第二节 企业减排网络组织的物质代谢过程分析

企业减排网络组织是一个包含自然和经济资源的产业共生网络，是以追求经济绩效、环境绩效、社会绩效的共同提升为宗旨，围绕共同的利益目标来构建节点间制度安排的一种基于成员关系的产业群落。减排网络组织从系统化的视角优化全部的材料循环，从原材料到成品材料，到组件，到产品，到废弃产品再到最终处置（Allenby and Graedel，1993），以一种联合的方式将传统概念上单独的企业竞争优势联合起来，实现包括材料、能源、水以及副产品的物质交换（Chertow，2000）。

一 企业减排网络组织的基本组成部分

自然生态系统包括生物群落和栖息地两部分，与之相对应，企业减排网络组织的生态系统也是由生物群落和生物栖息地（非生物环境）构成的。

（一）生物群落

个体是指单个的主体，如单个的企业、政府、金融机构、行业协会、高校及科研机构等，它是企业减排网络组织中最基本的单元。种群是指减排网络组织中相同个体的集合，如系统内所有的企业可以构成一个企业种群，所有的高等院校可以构成一个高等院校种群。在减排网络组织中，生物群落由企业种群、高校和科研机构种群、政府及职能部门种群（环境部门、工商部门、科技部门等）、行业协会种群、中介服务机构种群、金融机构种群、用户种群等种群构成，在既定空间环境中（产业栖息地）运行。

1. 企业种群

减排企业是企业减排网络组织中最主要的参与者。它在减排网络组织的生态系统中扮演着生产者、消费者和分解者三种角色。企业种群包括各种类型的企业，如减排企业，其上游供应商、下游客户、同行业企业、废弃物处理企业，他们之间通过基础设施资源共享、副产品交易、环保技术知识交流合作等方式实现互动。

（1）生产者。减排网络组织中的生产者可以分为两类：第一类是使用所在栖息地未经使用的或者原始（再生）的材料、水和能源，生产所需材料产品的企业。作为工业新陈代谢的结果，除了期望的产物，还会有副产物的出现。第二类生产者是生产能源（电厂）的企业，能量在工业生态系统中是具体而重要的“产品”，因此将能源生产者分类为工业生产者，而不是工业消费者。

（2）消费者。减排网络组织中的消费者是服务型企业（如商店、餐馆、旅行社、律师事务所、分析性实验室、医院等），它们使用由生产者生产的产品，包括水和能源，并且不生产任何物质产品。工业消费者在其新陈代谢中除了排泄废弃物不产生任何物质产品。

（3）分解者。减排网络组织中的分解者是致力于转化、回收废弃物的企业，这些废弃物是企业减排网络组织中生产者和消费者所产生的气体、液体和固体废物。污水处理厂、垃圾焚烧厂或垃圾回收公司都是工业分解者，工业分解者活动的主要目的是把废弃物转化为环境安全的（市场需要的，或不需要的）物质，工业分解者活动也会产生一些多余的能量。

生产者、消费者和分解者在自然生态系统和企业减排网络组织中活动的比较如图 3 – 1 所示。

2. 政府种群

在企业减排网络组织中，中央及各级地方政府虽然不是减排的直接参与者，但却是推动和协调系统内减排的关键种群。政府是减排网络组织中首要管理主体，主要通过制定一些与减排相关的政策、法律、法规等，营造有利于企业技术创新的良好外部环境，从而刺激企业进行技术创新活动。

3. 高校及科研机构种群

高校及科研机构是减排技术活动的智力资源提供者，是企业获得信息与环境技术的强力支撑，为构建减排网络组织提供专业的规划，对相关环境战略的技术和污染处理效果进行评估。通过与企业种群的合作，高校及科研机构向中小企业参与方不断提供清洁生产方面的新技术、新工艺，推动技术创新成果的转化，实现技术创新成果的商业化和产业化。

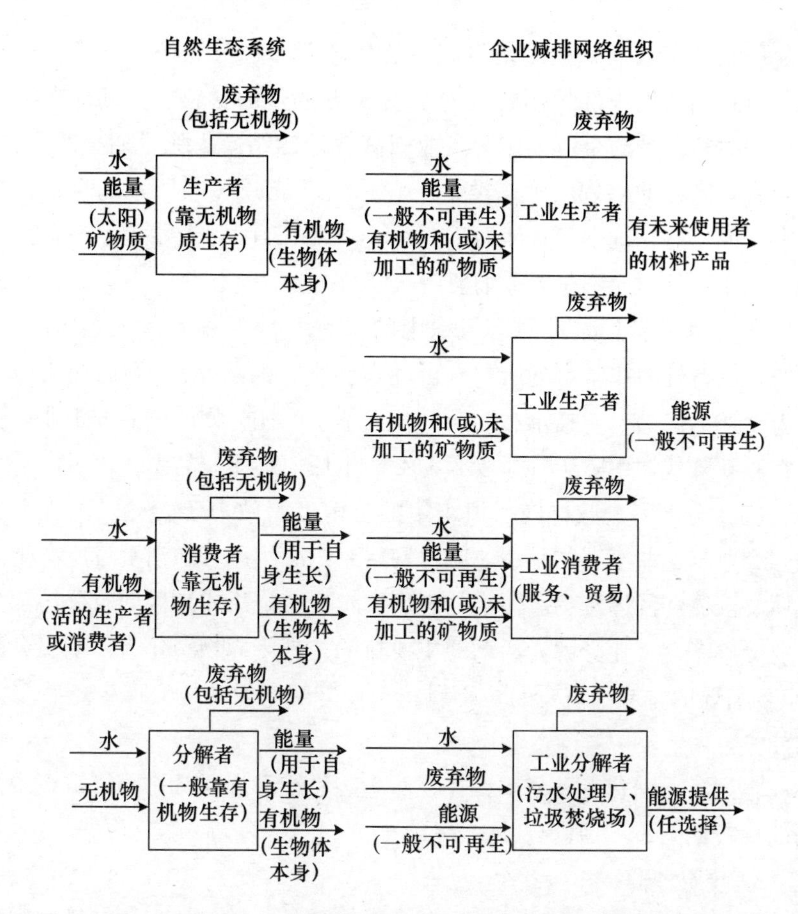

图3-1 自然生态系统和企业减排网络组织中生产者、消费者和分解者活动的比较

资料来源：Liwarska-Bizukojc, E., M. Bizukojc et al., "The Conceptual Model of an Eco-Industrial Park Based upon Ecological Relationships", *Journal of Cleaner Production*, Vol. 17, No. 8, 2009, pp. 732-741。

4. 金融机构种群

金融机构也是企业减排网络组织的辅助主体，为系统内的减排企业提供资金支持，有助于企业获得资金以购买相应的环保设备，从而推动系统的减排进程。金融机构包括一些创新基金、风险投资机构、商业银行及证券市场等，他们提供的资金直接影响减排活动的开展和落实。

5. 中介机构种群

中介机构在企业减排网络组织中起着催化剂和黏合剂的作用。中介

机构虽然不是减排的直接主体，但却是主要的减排辅助主体。中介机构为减排网络组织成员提供技术、设备、副产品等方面的信息服务，技术研发与技术检验服务以及环境技术与管理方法培训等，在促进环境技术的产生、转移、扩散和反馈过程中起着纽带和桥梁作用。

6. 行业协会种群

行业协会是一种民间社会团体，属非营利性机构，是政府与企业的桥梁和纽带。在减排网络组织中为中小企业提供信息共享、联系组织、管理协调、培训等服务。这些服务尤其是管理协调服务制度有助于将关于企业减排的信息、知识与经验传播到更大的范围，创造更有利的合作氛围，探索更广泛的产业合作机会。

（二）非生物环境

减排网络组织的非生物环境是指产业栖息地，是企业运营的外部环境，是企业赖以生存的物质和能量源泉，包括特定区域内各种各样的资源、基础设施以及其他可以影响企业减排的因素。资源不仅指有形资源，如资金、土地、人才等，也包括无形资源，如绿色环保政策及制度安排、生态技术、环保知识、消费者环保意识、信息、各类服务等。产业栖息地亦包括由中介机构提供的，自然栖息地无法直接类比的系统，如信息（电信）、运输（公路、铁路和机场）系统等基础设施。这些外部环境构成了企业减排网络组织的非生物成分。

1. 企业减排的各类外部资源

资源对减排活动的影响主要表现在资源的可获得性和可利用性。企业减排网络组织的有形资源环境是指组织成员的人才、资金、物质资源的储备情况和获取渠道，是减排活动顺利进行的保障。

资金是企业减排能否顺利进行的重要约束性资源。人力资源亦是企业减排的重要资源。企业开展减排工作，尤其是环保技术的研发和实施，离不开相关技术人员与专家。可获得性体现在专业技术人才的储备情况和流动性上，足够数量和质量的人才储备是环保技术创新活动正常进行的有力保障。

2. 绿色环保政策及制度安排

政府可以通过制定一系列法律法规（如《环境保护法》《清洁生产促进法》《循环经济促进法》等）促进企业清洁生产，最大程度地提高

资源利用效率，最大限度地减少污染排放。政府也可以通过制定一系列扶持政策（主要包括低息贷款、无息贷款、贴息贷款、财政补贴、税收优惠及其他奖励性的措施）加强对绿色经济的引导和扶持，推动各种资源转向绿色经济领域，促进企业绿色化发展。

3. 环境技术

企业减排的科技环境对企业减排网络组织发挥着引领、支撑与推动作用。企业减排活动是以环境技术为基点的，没有环境技术的支撑，企业无法有效开展减排活动。这类“环境技术”指一切保护环境的工程技术、管理技术的总和，比如替代技术、减量化技术、再利用技术、资源化技术、能源综合利用技术、绿色再制造技术、节能建筑技术等（冯之浚等，2008）。

4. 企业减排服务

企业减排服务环境主要为减排主体的减排活动提供专业化的信息咨询和其他各类服务。如行业协会、高校及科研机构提供的专业咨询、技术指导等服务，交通部门提供的运输和交通服务以及废弃物与副产品交易等信息传输系统、物资和能源的供应系统、各类废弃物处理系统、各类中介服务等。

5. 消费者的环保意识

消费者的环保意识是企业采用先进环境技术、实施减排行为的重要影响因素，决定了企业选择何种生产模式。消费者减排意识越强烈，购买生态产品的积极性就越强，即愿意为减排产品支付更高的价格，这将吸引更多的制造商转而利用环保技术进行生产，从而提升产品的竞争能力（Sharma and Ortiz，2002）。消费者对环境的关注将会影响企业的产品价格及其市场份额（Conrad，2005）。最重要的是，当消费者的消费行为在产品环境属性上表现得更加突出时，企业以追求短期经济收益为主的运营模式将发生根本的变化，逐渐转向关注环境和经济绩效协调的可持续运营模式（Jacobs et al.，2010）。

二 企业减排网络组织的层次结构

企业减排网络组织的各种群和外部环境构成了工业生态系统的三层次结构（见图 3－2），分别为：由核心企业、同行业企业、上游供应

商、下游客户、废弃物处理企业等通过技术合作、副产品交易等构成的企业减排网络组织的核心层；由政府、行业协会、金融机构、中介组织、高校和科研机构等种群构成的企业减排网络组织的辅助层；由减排政策、减排资源、减排科技、减排服务、消费者环保意识等构成减排网络组织的外层。

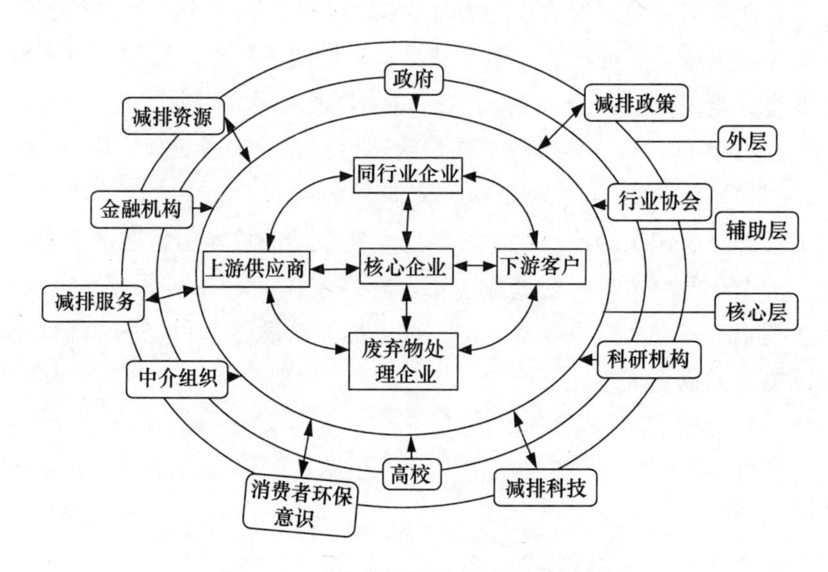

图3－2　企业减排网络组织的层次结构

（一）企业与核心层

企业是减排网络组织中最主要的参与者。它在减排网络组织中扮演着生产者、消费者和分解者三种角色。企业减排核心层包括上游供应商、下游客户、同行业企业、废弃物处理企业。企业与其上游供应商均是减排网络组织的生产者；下游客户既可以是减排网络组织的生产者也可以是消费者，废弃物处理企业是减排网络组织的分解者。在减排网络组织中，企业种群之间通常以相关核心企业为中心，展开各种合作（见图3－2）。

不同企业间基于共享资源和互换副产品而形成的企业减排网络组织的核心层，使上游生产过程产生的副产品、废弃物成为下游生产过程的原材料，实现物质闭路循环和能量梯级流动，在供应链纵向内部绿色化的基础上，通过供应链之间的废弃物再利用来达到减少或避免废弃物的

目标。相互交换副产品并不是企业间唯一的联系，企业间还可以共享设备，传递信息、知识、技术与人才等。资源共享可以减少相关企业的减排成本，节约生产成本，并通过学习效应，降低企业环境技术创新成本。大型化、专业化环保设备的合作共享，可以提高设备利用率，有利于降低企业减排成本，减少了企业重复投资，节约了生产成本，企业可以将主要财力、物力都放在核心能力的提升和满足用户需求方面。与单个企业相比，企业减排核心层使各种专业知识、技术得以聚集，组织成员间彼此信任，通过不断地吸取对方的知识与技术（尤其是默会知识），各种技术知识能够得到充分沟通交流（Koschatzky，1999），并在不同优势资源相互叠加的基础上，中小企业获得比其本身等级组织更为广阔的学习界面，使减排的技术创新在多个层面上、多个环节中产生、交流和应用。网络主体间合作共享技术资源，共担技术和专利研发风险及成本，可以提高研发能力和效率，降低企业环境技术创新成本。

（二）核心层与辅助层

政府、行业协会、金融机构、中介组织、高校和科研机构等种群构成的辅助层，引导、支持、推动企业减排网络组织核心层的形成与发展，提高核心层的运行效率。

1. 企业减排与政府

强有力的政府参与帮助缺乏经验的企业构建减排系统，并通过信息传播、经济支持等途径转变了择优连接，促使企业加入减排网络组织。如科技部门承担产学研联系，减排网络组织的规划、设计、评估工作；工商部门负责中小企业联系、协调、入网工作；环保部门承担环境效益的预估、测算、评估、反馈工作。如今很多发达国家已纷纷推出“绿色新政”：英国在政策和资金方面向低碳产业倾斜，积极支持绿色制造业，研发新的绿色技术；德国计划增加政府对环保技术创新的投资，并通过各种政策措施，鼓励私人投资，通过筹集公共和私人资金建立环保和创新基金，以此推动绿色经济的发展；日本政府还通过改革税制，鼓励企业节约，大力开发和使用节能新产品。日本川崎和中国天津产业共生生态系统这两个案例说明，没有政府的补贴和其他政策的支持，即使是有协调机构存在，工业生态园的产业共生网

络也不能得到很好的发展。日本川崎产业生态共生系统的特征是政府高额补贴新兴的投资回收设施（Berkel et al.，2009）。这种政府补贴扶持措施在中国、美国、加拿大等国家的生态工业园区发展中也得到广泛运用。

2. 企业减排与金融机构

金融机构为企业减排提供资金支持。资金是企业减排能否顺利进行的重要约束性资源。企业实现清洁生产，开展环境技术创新活动通常具有高风险、高投入的特性，这也就决定了资金在企业减排行为中的重要性。资金的可获得性和可利用性主要体现在融资渠道的数量和质量上。如果融资渠道少，融资渠道不畅，企业将难以获得减排活动所必须的资金投入，因此，多元化并畅通的融资渠道是企业进行减排活动的必备条件。

3. 企业减排与高校及科研机构

高科技的研发与应用是企业有效减排的切实保障。企业是减排网络组织的最主要参与者，开展减排活动离不开具有一定专业技能和知识基础的人员的参与。高校是减排教育、技术创新与知识传播任务的承担者，并为企业输送具有专业技能和知识的人才。高校也通过对企业人员的技术培训和管理咨询，参与到企业的日常经营和管理活动之中。减排网络组织中的企业和高校通过建立合作关系，实现人才与技术的流动。科研机构可以为企业减排提供科学、有效的方法。

4. 企业减排与中介机构

中介机构通过汇聚分散于政府、高校及科研机构、金融机构的减排政策、信息、资源，为企业减排提供服务。中介机构包括咨询公司、培训中心、信息中心、科技孵化机构、技术评估与交易机构等，为减排技术成果的研发、转化与应用提供服务。企业减排网络组织服务环境效能的有效发挥，是减排效率提升的重要途径。

（三）核心层、辅助层与外层

外层是由减排网络组织的主体种群活动所形成的企业减排环境，对于核心层中的企业活动至关重要。减排政策是由政府制定和推进的。政府、企业、高校和科研机构、金融机构等为减排网络组织提供了物质、人力、知识、技术等资源，形成了减排网络组织的资源环境。行业协

会、中介机构所提供的服务形成了减排网络组织的服务环境。消费者的减排意识形成了减排网络组织的需求环境。

企业、高校和科研机构的技术水平决定了减排网络组织的技术能力和科技环境。企业可以利用替代技术来开发新资源、新材料、新工艺、新产品，替代原来所用的资源、材料、工艺和产品，提高资源利用效率，减轻生产过程中产生的环境压力，如四氟乙烷是消耗臭氧层物质CFC—12的代用品，广泛用于汽车空调、冰箱、工商制冷等领域的制冷剂，也可用作气雾剂产品的抛射剂、清洗剂以及生产泡沫塑料的发泡剂。再比如铜替代技术，采用成熟的铜替代产品，不仅为企业节省了成本，也为国家节约了能源，同时也会为消费者从价格上带来好处。企业可以采用在生产源头节约资源和减少污染的减量技术，如温室效应气体减量技术；企业可以采用再利用技术来延长原料或产品的使用周期，通过反复使用减少资源消耗的技术，如废弃纸包装回收再利用技术、废旧塑料回收利用技术、废电池的回收利用技术等；企业可以采用资源化技术，即将生产过程中产生的废弃物变为有用的资源或产品的技术（秦书生，2009）。

三　企业减排网络组织的能量流动和物质循环

自然生态系统中的每个生物体都有自己的代谢活动，从而使机体得以维持和繁衍。企业减排网络组织代谢涉及所有过程，如物理、化学、生物和信息传递，从而达到给定的目标：产品（材料或能量）或服务。企业减排网络组织的能量流动和物质循环与自然系统不同。在自然生态系统中一些生物体，如生产者，可以利用无限的能量来源（太阳能），将其转化成有机化合物，成为消费者和分解者最终的能量来源，分解者通过对有机物的矿化手段，向生产者提供无机物。企业减排网络组织中大部分的能源必须从有限的高能材料（天然气、油、碳、核燃料）中获得，其副产品通常是固体废物、气体废物，包括危险废物和污染气体，如二氧化硫。利用可再生能源将对环境保护非常有益，但是以这种方式产生的能量非常少，在许多情况下利用得并不充分。图3－3中分别介绍和比较了自然生态系统和企业减排网络组织中生物体或企业之间物质和能量的基本流动。

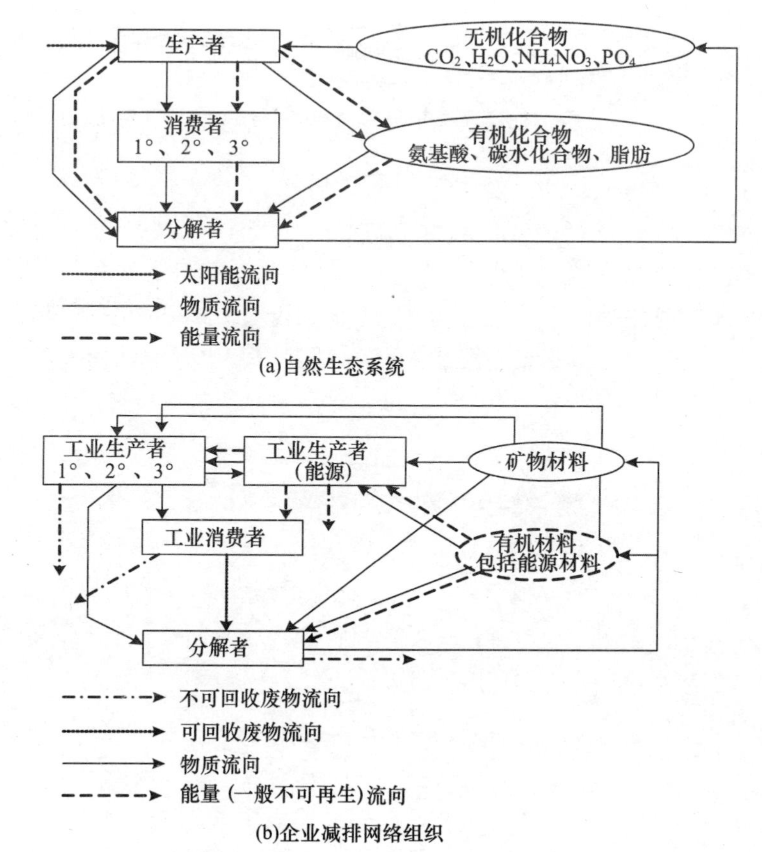

图3－3　物质与能量基本流动：（a）自然生态系统；（b）企业减排网络组织

资料来源：Liwarska-Bizukojc，E.，M. Bizukojc et al.，"The Conceptual Model of an Eco-Industrial Park Based upon Ecological Relationships"，*Journal of Cleaner Production*，Vol. 17，No. 8，2009，pp. 732－741。

图3－4介绍了生态环境中物质流动的三种类型。自然生态系统中的循环物质流动在生态学中被称为“III型”（图3－4）。由于生产者、消费者和分解者的存在，这些物质被不断的回收和再利用，从而有效地进行物质转换。这是一个企业减排网络组织应效仿的理想体系。物质的拟线性物质流动在生态学中被定义为“I型”。不幸的是，在当代产业系统中，“I型”中的资源被直接转化到废弃物；在最理想的情况下，某些物质流动按照“II型”准循环物质流动进行再循环。但即使在第二种情况下，废弃物流动仍会形成，它们最终必须被妥善处理。自然生态系统与企业减排网络组织在物质与能量流动上的比较如表3－1所示。

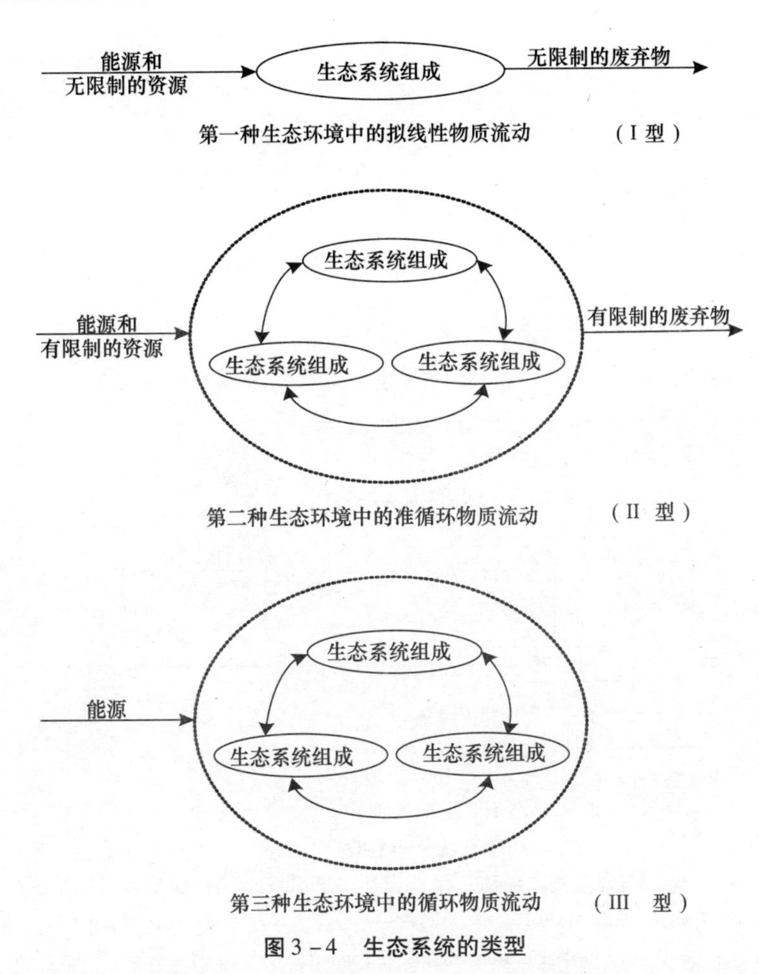

图 3－4　生态系统的类型

资料来源：Liwarska-Bizukojc，E.，M. Bizukojc et al.，"The Conceptual Model of an Eco-Industrial Park Based upon Ecological Relationships"，*Journal of Cleaner Production*，Vol. 17，No. 8，2009，pp. 732－741。

表 3－1　自然生态系统与企业减排网络组织在物质与能量流动上的比较

自然生态系统	企业减排网络组织
循环物质流动	拟线性或准循环物质流动
逐级损失的能量流动	没有逐级损失的能量流动
生产者依靠它们自身利用太阳能，消费者和分解者利用有机化合物作为能量来源	所有的参与者，如产业生产者、消费者与分解者，都需要外部的能量来源
生产者（自养生物）的能量来源是没有限制的，如太阳能	能量来源多种多样且具有限制，大部分的能源都是不可再生的

第三节　企业减排网络组织的物质循环途径与模式

自然生态系统的物质循环可以在生物个体，生态系统和生物圈三个层次上进行，中小企业减排网络组织应通过建立多层次、立体型的物质和能量利用与转换网络来促进和实现系统内的物质和能量的层级利用和流动，进而实现资源能源利用效率的最大化和污染物排放的最小化。中小企业减排网络组织也是一个具有三个层次的可持续发展的产业共生网络，即微观层次循环——绿色企业内部的物质循环；中观层次循环——绿色企业之间的物质循环；宏观层次的循环——整个中小企业减排网络组织间的物质循环。

一　微观层次循环

绿色企业是努力达到实现环境效益、经济效益、社会效益三重基准的企业，即确保在商业运作中的所有产品、进程、制造和物流活动都坚持绿色企业经营原则（见图 3－5）。

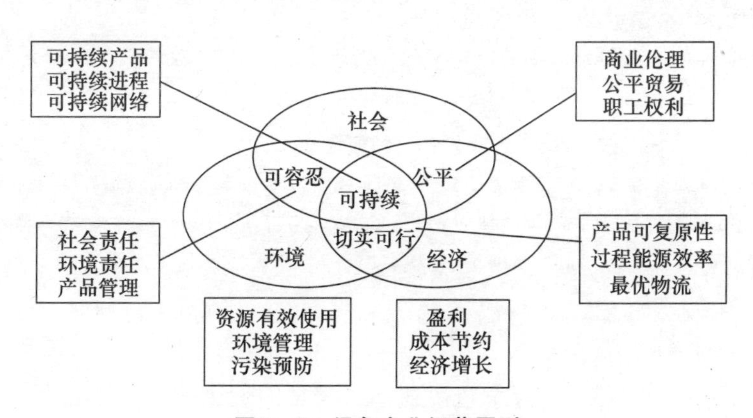

图 3－5　绿色企业经营原则

资料来源：Romero D. and Molina A.，"Green Virtual Enterprise Breeding Environments：A Sustainable Industrial Development Model for a Circular Economy"，in *Collaborative Networks in the Internet of Services*，Springer Berlin Heidelberg，2012，pp. 427－436。

现代企业应该在其日常运作中采用"绿色企业系统"（见图 3－6），以成为绿色企业。当环境变化、新的机会出现时，为了达到新的可持续

发展水平，应持续地监控、分析、重新设计和实施三重效益一体的价值创造（对于产品而言），或者三重效益一体价值供给（对于服务而言）。绿色企业致力于通过改变产品生产的方法以及服务提供的方式达到企业可持续发展的目标。

绿色文化⟹绿色运行⟹绿色目的 { 经济效益 / 环境效益 / 社会效益

绿色产品/服务——是指新产品或服务，其制造或者提供，购买和使用都允许可持续的经济发展。

绿色设计——是指产品或服务设计特别注重其产品全部生命周期的环境影响。

绿色材料——是指节约自然资源和减少环境影响的材料，包括那些处于产品寿命周期末端由回收材料所组成的材料。

绿色进程——是指是在资源投入，能源消耗，产出影响中消除环境负担的进程。

绿色生产——是指是致力于减少环境影响的生产系统，即通过节约原材料（使用循环和/或者再生的材料），减少能源使用，减少排放，废弃物。

绿色包装——是指在打包过程中，涵盖循环成分的绿色材料的使用，或者可再使用或者可降解的打包材料，实现最小化填埋废弃和减少运输成本。

绿色物流——是指环境友好战略，诸如：把产品运在一起，使用可替换能源汽车，减少全面打包，共享仓库以及集装箱等。

绿色循环——是指通过5R战略即维修、再制造、回收、再使用或者再生成，实现减少环境影响的目标。

图3－6　绿色企业系统

资料来源：Romero D. and Molina A.，“Green Virtual Enterprise Breeding Environments：A Sustainable Industrial Development Model for a Circular Economy”，in *Collaborative Networks in the Internet of Services*，Springer Berlin Heidelberg，2012，pp. 427－436。

鲍尔等（Ball et al.，2012）提出了“概念化的工厂生态系统模型”，它可以被视为改良绿色企业参考模型的备份模型，着眼于辨认具有潜在联系的资源流，即一些活动的产出可以被视为在系统中的其他投入，而不是被视为离开系统的损失或者废弃物（如企业内部的产业共生，见图3－7）。

工厂层次的其他可持续性战略包括：在来源上，诸如产品和进程的设计以及非物质作用的预防措施是为了减少在技术领域资源的投入；在制造过程中，科技和组织措施是为了增加资源的效率，资源被转换到了

经济上有用的产品中；在产品寿命周期的末端，通过再使用、再制造、回收技术领域等资源进行了闭路循环（见图3－8）。

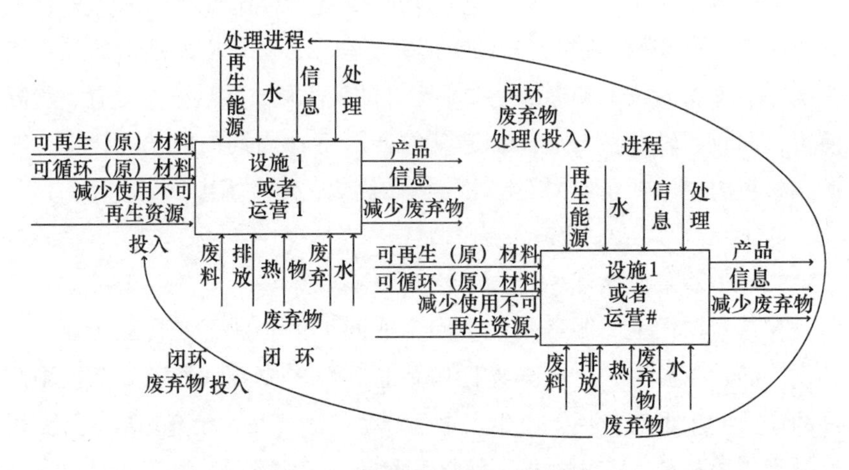

图3－7　企业内部生态系统模型

资料来源：Romero D. and Molina A.，“Green Virtual Enterprise Breeding Environments：A Sustainable Industrial Development Model for a Circular Economy”，in *Collaborative Networks in the Internet of Services*，Springer Berlin Heidelberg，2012，pp. 427－436。

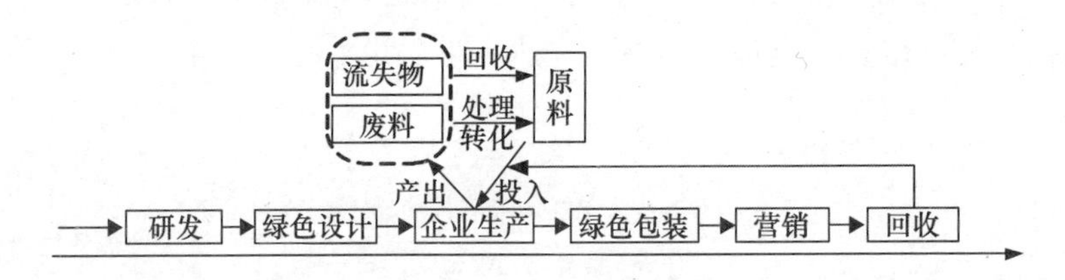

图3－8　企业内部循环

在循环经济的微观层次，绿色企业通过更加清洁的生产来寻求更高的效率；减少资源的消耗、污染物和废弃物的排放；重复使用资源；回收副产品。在企业减排网络组织内，绿色企业作为其成员，能够开发“协作型”新型绿色能力和重新设计“个人”的生产和分配过程的能力，进而能够排除或回收废弃物，以最大化每单位资源消耗的回报，共享或减少有限自然资源的成本（比如，原材料），支持基础设施（比如物流）以及通过建立长期和短期的战略联盟来挖掘绿色商机和提高盈

利水平，避免损害企业的长期资源获取能力，目的就是为了发展新的竞争优势（比如，绿色产品、服务以及进程）。

企业减排网络组织可以为它的成员提供“合作机会”来分享学习到的课程（知识），提供其他的有形资产和无形资产以发展新的技术和标准，这些新的技术和标准是关乎污染的最小化，实现安全处置、重复使用、回收、转化废弃物，构建新的产品寿命周期的框架。让水、能源、材料的使用在企业内部层次得以最优化，对环境影响最小化。

二　中观层次循环

在这一层面上的循环是指不同企业间（如企业、同行业企业、上游供应商、下游客户、废弃物处理企业等）形成共享资源和互换副产品的产业共生形态，使上游生产过程产生的副产品、废弃物成为下游生产过程的原材料，实现物质闭路循环和能量梯级流动，在供应链纵向内部绿色化的基础上，通过供应链之间的废弃物再利用来达到减少或避免废弃物的目标。横向绿色供应链管理是绿色供应链管理的延伸和发展，它以横向的视角，通过供应链之间的协作来进一步解决供应链外部绿色化问题（孙功苗等，2009）。这样，企业通过纵向和横向的链接，就形成一个相互依存、类似于生态系统的代谢与共生的“共生系统”（见图3－9）。

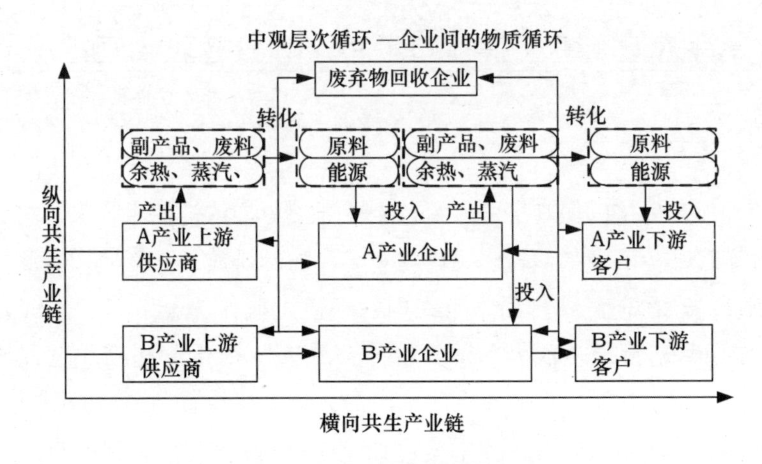

图3－9　企业间的物质循环

处于产业共生网络中的企业，相互交换副产品并不是唯一的联系，企业间可以传递信息、知识、技术与人才等。未来的产业共生依赖于企业在共生系统里学习所获得的知识以及实现潜能的过程（Boons，Spekkink and Mouzakitis，2011）。在扩张发展阶段，共同解决问题的合作增加了潜在交流的可能性（Doménech and Davies，2011）。产业共生，还可以降低交易成本（Chertow and Ehrenfeld，2012）。参与现有产业共生网络的企业比未加入的企业更有优势。这些优势包括：资源的可利用性、技术知识、关于其他企业的信息、社会关系、管理结构、决策进程和 IS 的管理理念等（Chertow，2000）。

三　宏观层次循环

在循环经济的宏观层面，企业减排网络组织的主要目标是成为能源和资源管理的智能网络，致力于匹配企业间的投入和产出，实现跨企业层面上的产业协同（见图 3－10），通过材料、能源、信息和科技的密切互动实现资源的循环和共享，减少原材料的消耗，以实现资源效能最大化，减少处置成本，改进可持续商业运作的方法，生产和传递绿色产品，让其生态系统尽可能地接近于一个闭环的系统。

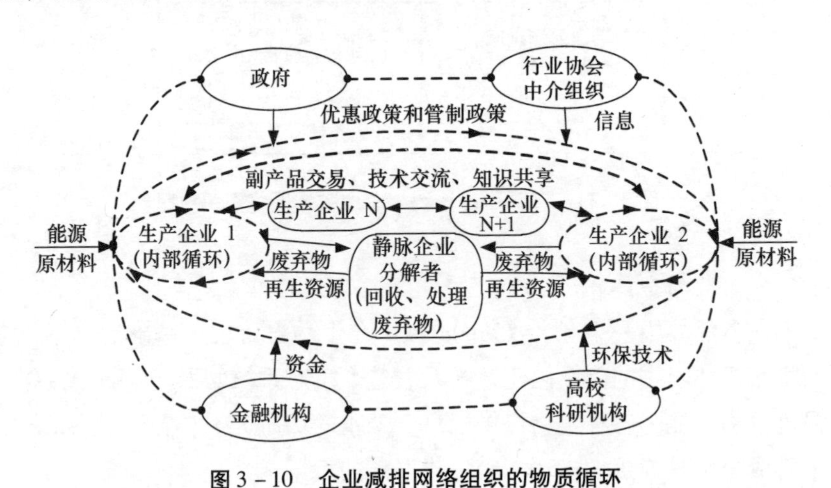

图 3－10　企业减排网络组织的物质循环

首先，企业在内部开展循环经济，产生自身无法消化的废弃物后，有两种选择途径：一是寻找网络中合适的其他生产性企业，直接开展副

产品交易等；二是途径是寻找网络中的分解者——静脉企业，由其进行回收、处理废弃物，形成企业可以再次使用的再生资源。其次，中小企业可以通过使用来自网络中的服务性成员如政府、行业协会、中介机构、金融机构、高校及科研机构提供的优惠政策、信息、资金、环保技术，更好地开展内部层面和整个网络层面的循环经济。

第四节　企业减排网络组织运行的必要条件和关键环节

中小企业减排网络组织与自然生态系统一样，都需要输入水、能源等物质，一定的参与主体，相应的栖息地（见图3－11）以完成产业共生网络的新陈代谢。

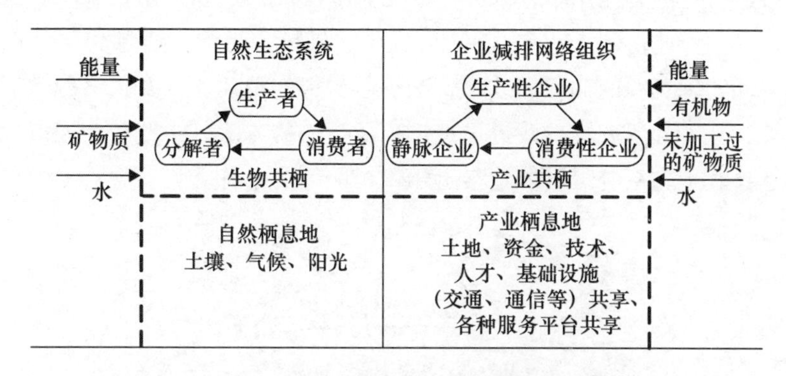

图3－11　自然生态系统与企业减排网络组织对照

一　参与主体

在自然界中，生产者（producer）在生物群落中起基础性作用，它们将无机环境中的能量同化，维系着整个生态系统的稳定。其中，各种绿色植物还能为各种生物提供栖息、繁殖的场所。生产者是生态系统的主要成分，是连接无机环境和生物群落的桥梁。

分解者（decomposer）可以将生态系统中的各种无生命的复杂有机物分解成水、二氧化碳、铵盐等可以被生产者重新利用的物质，完成物质的循环，因此分解者、生产者与无机环境就可以构成一个简单的生态

系统。分解者是生态系统的必要成分，也是连接生物群落和无机环境的桥梁。

消费者（consumer）指以动植物为食的异养生物，消费者的范围非常广，包括了几乎所有动物和部分微生物（主要有真细菌），它们通过捕食和寄生关系在生态系统中传递能量，一个自然生态系统只需生产者和分解者就可以维持运作，数量众多的消费者在其中起加快能量流动和物质循环的作用，可以看成是一种“催化剂”。

在中小企业减排网络组织中，生产型的企业和能源型的企业都属于生产者，它们是产业共生网络中必不可少的成员，存在着产业共生的三种现象：专性共生（产业关联度极强）、兼性共生（产业关联度较弱）和产业共栖（企业间没有新陈代谢的耦合，共享相同的基础设施或相关的服务）。

静脉企业是分解者，可以将回收的废弃物进行加工、处理，使其成为生产性企业可再次利用的再生资源。静脉企业在产业关联度极强的产业共生网络中也许不存在，却是产业关联度较弱的产业共生网络中必不可少的成员。

众多消费者如商业和服务企业是产业共生网络的推动者。

二　产业栖息地

如同自然界栖息地的土壤、气候、阳光等对于自然生态系统良好运行的影响一样，产业栖息地（中小企业所处特定区域的基础设施和外部网络资源）的状况对于中小企业减排网络组织的建立、运行、维持也有着重大影响。

中小企业内部资源贫乏，产业栖息地对中小企业在与大规模企业市场竞争中的生存发展至关重要。中小企业缺乏资金和环境技术人才，无法依靠自身资源和能力进行技术升级与设备更新，技术的垄断性又使中小企业难以从外部机构获取技术资源，中小企业的污染排放的规模与处理设施的经济运行规模之间存在较大的差距，中小企业缺乏规模经济，废弃物再生利用与直接排放相比，需要支付更高的成本。中小企业可以通过产业共栖平台，从政府、金融机构、行业协会、科研机构等获取价值链不发达环节的互补性资源，获得相应的优惠政策、资金、技术、专

业信息，共栖在基础设施之上，实现资源共享，获得规模经济，通过知识共享提高市场开拓能力和技术创新能力，降低企业减排成本，提高中小企业减排网络组织的生命力。

三　关键环节

产业生态链的优化、资源能源共享与废弃物处置是企业减排网络组织有效运行的核心环节，使企业在获得经济收益的同时，推动生态系统的恢复和良性循环。

产业生态链以技术创新为基础，以生态经济为约束，通过探索各产业链之间的链接结构、运行模式、管理控制和制度创新等，找到产业链上生态经济形成的产业化机理和运行规律，并以此调整链上诸产业的“序”与“流”，使上游生产过程产生的副产品、废弃物成为下游生产过程的原材料，实现物质闭路循环和能量梯级流动，建立其“产业链层面”的生态经济系统，同时生态产业链兼具社会性，它在生产、交换、流通和消费过程中所建立的秩序可以使商家及产业链上各方获取利润，并与自然生态系统保持着长期的协调性。

资源能源共享实际上是一个实现企业价值增值以及有效减排的体系。共享关系的建立使各个减排企业的大型化、专业化环保设备共用，相关信息、科学知识、先进的环保技术与专业技术人才等各种各样的资源得以汇集、交流与共享，产生共享经济效用。如企业间共享技术资源、共担技术和专利研发风险和成本，可以提高研发能力和效率，降低企业环境技术创新成本。企业间副产品共享可以减少污染物排放，减少原生资源作用量，提高资源使用率，降低企业成本。

废弃物处置通过构建专业的再利用、再生利用、再循环、无害化处理的网络体系，提高回收效率，实现资源最大化利用及废弃物排放最小化。通过对企业废弃物进行分门别类的系统化处理回收、处理与再利用，同时通过回收处理的信息化、网络化，实现废弃物的供给与减排企业的需求最优匹配，最终促使企业减排网络组织中各种资源化的废弃物合理优化配置、各种资源得以充分使用，同时也降低了企业的减排成本。

第四章　我国中小企业减排现状调查与存在问题分析

在企业减排网络组织中，不同企业间基于共享资源和副产品交易而形成的核心企业减排层使上游生产过程产生的副产品、废弃物成为下游生产过程的原材料，实现物质闭路循环和能量梯级多次利用；同时，企业间共享设备、信息、知识、技术与人才等资源，可以减少相关企业的减排成本，节约其生产成本，并通过学习效应，降低企业环境技术创新成本。政府、行业协会、金融机构、中介组织、高校和科研机构等种群构成的辅助减排层，为企业减排提供必要的优惠政策、补贴、信息、资金、生态技术等，可以为企业营造良好的减排环境。

本章以企业减排网络组织中的生产者——制造业中小企业为调查对象，设计调查问卷（见附录），调查我国中小企业减排的利益相关者压力、外部支持、企业间资源共享等方面情况，调查企业的减排意愿、环境保护行为、经济绩效与环境绩效，了解当前我国中小企业减排面临的外部压力、内部动力以及外部网络关系中的支持关系对于企业减排的影响程度，分析我国中小企业减排中存在的主要问题。

第一节　问卷的设计与调查过程

一　问卷形成过程

以企业为样本的问卷调查，涉及面广且不可重复，问卷设计质量是完成课题的关键。问卷设计质量的实现，需要做好以下环节：一是确定调查对象，调查问卷需要依据调查对象和所要调查的问题，设计问卷结

构、变量和指标；二是填表人对问题的理解，填表人对调查问题的了解程度取决于填表人的工作性质和问卷的表述。因此，本书侧重于正式调查前进行专家咨询和试调查完善问卷设计，通过与专家、被测试者的交流讨论，最终确定问卷、调查对象和填表人（见表4－1）。

（一）问卷初步设计阶段

依据中小企业减排网络组织的构成、各网络主体的作用机制和运行绩效，研究以网络核心企业（生态系统中的生产者）为调查对象，从生产者的网络关系视角来调查分析减排网络组织对中小企业减排动力的影响。在理论研究的基础上设计了问卷，向有关专家（企业管理人员和环保局工作人员）进行了咨询。初始问卷存在以下三个方面的问题：一是部分题项表达方式过于专业，填表人难以理解调查问题；二是问题项过多，开放式问题较少；三是部分题项在理解上存在多重性。

（二）初步调查阶段

在与企业管理人员、政府环境管理人员多次讨论的基础上，对问卷调查初稿进行了多次修改，选择了26家企业对所设计的问卷进行了试调查。被测试者意见主要集中在以下三个方面：一是部分题项阐述问题过长、烦琐，填表人难以在短时间内理解并完成填表；二是题项过多，问卷太长，填表人完成填表时间过长；三是专业术语较多，有些问题难以理解。除此之外，对试调查问卷计算分析发现，产业性质、企业规模和对问题理解等方面的问题导致问卷中部分题目答案一致性高，问卷较长但反映问题有限。在总结分析的基础上对问卷题目进行归并，对选项表达方式进行了修改；修改好的问卷以电子邮件的方式向专家进行了再次咨询，修改后定稿。

（三）问卷调查阶段

依据调查内容，确定问卷调查对象为制造业中小企业，填表人是企业分管环保主管、企业环保管理部门负责人、环保专业技术人员和企业环境监督员；由于能力所限，调查对象主要是江苏省中小制造企业，主要集中在南京、南通和镇江地区，所属产业主要为机械制造、电子元件、纺织服装、医药化工和金属冶炼等。收回问卷370份，有效问卷321份，问卷有效回收率为86.76%。问卷无效的原因主要有以下几点：一是不符合中小企业的范畴，即营业收入超过4亿元，或者企业从业人

数大于1000人；二是不属于制造业类型，如贸易公司、建筑公司等；三是信息不完整，部分选项漏填；四是每个问题出现答案一致性太强的情况。

表4－1　　调查情况说明

项目	说明
调查对象	制造业中小企业（生态系统中的生产者）
填表人（受访者）	企业分管环保主管、企业环保管理部门负责人、环保专业技术人员和企业环境监督员
问题类型	单项选择题和程度性问题
提问方式	封闭式提问

二　问卷设计

中小企业减排网络组织的参与主体（生物体）是指单个的企业、政府、金融机构等，它们是减排活动最基本的单元。问卷的被调查企业是减排网络组织中的生产者，上游供应商在减排网络组织中扮演生产者的角色；下游客户可以是减排网络组织中的生产者也可以是消费者，废弃物处理企业是减排网络组织中的分解者。问卷调查中高校及科研机构、政府及行业协会、金融机构、消费者对应为减排网络组织中的高校及科研机构种群、政府及行业协会种群、金融机构种群、用户种群；减排网络组织的非生物环境则为税收补贴政策、奖励措施、消费者环境意识、环境技术。具体说明见表4－2。

表4－2　　调查问卷涉及主体的对应企业减排网络组织成分说明

级别	调查变量	企业减排网络组织的成分
1	被调查企业	生产者
2	上游供应商、下游客户、同行业企业、废弃物处理企业	生产者、消费者和分解者
3	高校及科研机构、政府及行业协会、金融机构、消费者	高校及科研机构种群、政府及行业协会种群、金融机构种群、用户种群
4	税收补贴政策、奖励措施、消费者环境意识、环境技术	非生物环境

由于调查对象是中小企业减排网络组织中的生产者，问卷设计通过调查受访者与同行业企业、上游供应商、下游客户、废弃物处理企业的技术合作、产品交易等题项，调查核心企业层企业间的网络关系；通过减排驱动力的影响因素调查题项，调查政府、当地社区、消费者、供应商、投资者、行业协会、媒体新闻等对企业减排行为的影响，如政府通过环境法规、条例等对企业进行环境管制，政府管制力度越大，中小企业可能越重视减排工作，减排意愿也就相应地增加，反之，减少；媒体新闻和行业协会组织经常宣传和普及减排与环境资源方面的法律知识，加上对企业环境污染事件的曝光，使得社会公众认识到减排是社会责任，进而对企业造成一定的舆论压力，带动绿色消费市场的发展；通过调查受访者与企业、科研机构、环境组织或协会、技术信息网络平台等机构的技术交流合作题项，调查企业与各种群间的技术交流合作；通过调查受访者与政府、金融机构相关资金流动题项，调查企业在减排网络组织中的资金流动。以从事行业、所有制、成立年限、年营业收入、职员人数等反映被调查企业的特征，以设备工艺改进、采购绿色原材料、环保投资、再生利用等方面题项来反映企业环境保护行为；以企业销售收入变化、企业市场份额变化程度、毛利润变化指标反映企业经济绩效；以废弃物排放变化、万元产值耗电量变化反映企业的环境绩效。

问卷内容分为两个部分：第一部分为被调查企业的基本信息，包括企业名称、从事行业、所有制性质、成立年限、年营业收入、职员人数等；第二部分为测量量表。测量量表包括两部分内容：一是中小企业减排的动力、行为与绩效，减排动力源于社会对企业环境保护行为的认可，从而提高企业的经济绩效和可持续发展能力。问卷题项主要是针对政府、当地社区、消费者、供应商、投资者、行业协会、媒体新闻等对企业减排的压力设计问题；企业的减排行为问卷题项主要是从改进设备工艺、采购绿色原材料、环保投资、再生利用、宣传与培训、环保技术人员、员工和管理者态度、环保志愿活动等方面设计问题；企业环境绩效通过近三年废弃物排放变化、万元产值耗电量变化指标反映，企业经济绩效由近三年企业销售收入变化、企业市场份额变化程度、毛利润变化指标反映。二是企业减排的外部支持与合作，包括减排技术支持与合作、资金支持和参与网络合作意愿等方面。调查问卷的主要变量分组及

其指标见表4－3。

表4－3　调查问卷的主要变量分组及其指标

级别	变量分组	主要指标
1	被调查企业的特征	企业名称、从事行业、所有制性质、成立年限、年营业收入、职员人数等
2	减排动力	政府、当地社区、消费者、供应商、投资者、行业协会、媒体新闻等给企业减排的压力
3	减排行为	改进设备工艺、采购绿色原材料、环保投资、再生利用、宣传与培训、环保技术人员、员工和管理者态度、环保志愿活动等
4	环境绩效	近三年废弃物排放变化、万元产值耗电量变化
5	经济绩效	近三年企业销售收入变化、企业市场份额变化程度、毛利润变化
6	技术支持与合作	企业间的交流和合作、与科研机构合作、环境组织或协会交流合作、技术信息网络平台、减排设备购买
7	资金支持与合作	政府补贴、金融机构

问卷问题的核心部分主要采用改进后李克特五点评分方法（likert－5），由受访者根据企业自身情况对其所在企业所受驱动力以及带来的减排行为绩效等在列的五个选项中进行选择。为了达到最佳的调查效果，调查问卷没有局限于简单地打分，而是将每道问题的五个选项具体化，以便受访者理解，选出最佳的答案。

第二节　调查企业的基本情况

本书调查问卷对象主要是江苏省中小制造企业，主要集中于如皋、句容、南通、南京、江阴及省内其他地区。其中，南京市的企业，如江苏广丰羽毛制品有限公司、南京多轮得机械制造有限公司、南京双马混凝土制品有限公司等；南通市的企业，如江苏意瑞达纺织有限公司、南通市明琦工贸有限公司、南通市灵敏除尘设备厂、南通市东群彩印包装有限公司等；无锡市的企业，如江阴市鹏泰金属制品有限公司、无锡电缆厂有限公司等。调查企业的地域分布情况见图4－1：

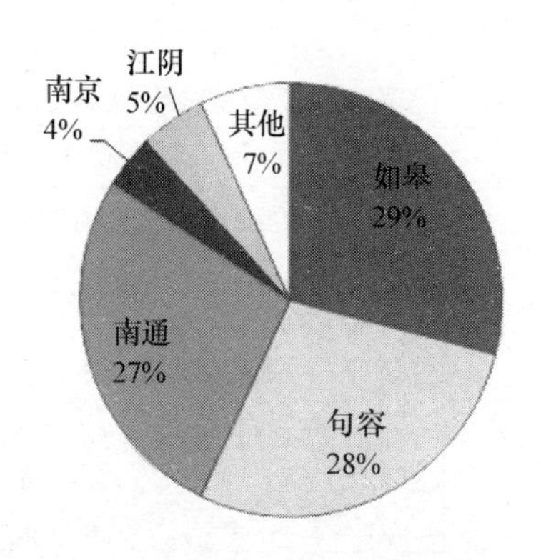

图 4－1　调查企业的地域分布

在所调查的样本企业中（样本企业特征见表 4－4），农副食品企业仅有 9 家，占 2.80%，而机械制造（30.53%）、医药化工（8.10%）、电子元件（11.84%）企业占比较大，而且这些企业大部分都是高能耗、高污染企业，选取这些企业为样本来研究企业减排活动具有较大的代表意义。

表 4－4　　**样本企业特征分布**（N＝321）

个体特征	分组标志	数量（家）	比重（%）	个体特征	分组标志	数量（家）	比重（%）
所属行业	农副食品	9	2.80	所有制性质	国有企业	18	5.61
	医药化工	26	8.10		国有独资企业	7	2.18
	纺织服装	36	11.21		股份制企业	148	46.11
	印染造纸皮革	11	3.43		民营企业	85	26.48
	机械制造	98	30.53		合资企业	24	7.48
	金属冶炼	21	6.54		其他	39	12.15
	五金加工	18	5.61	成立年限	3 年以下	53	16.51
	建材水泥	3	0.93		4—5 年	58	18.07
	电子元件	38	11.84		6—10 年	88	27.41
	炼油炼焦	15	4.67		10—20 年	84	26.17
	其他	46	14.33		20 年以上	38	11.84

续表

个体特征	分组标志	数量（家）	比重（%）	个体特征	分组标志	数量（家）	比重（%）
从业人数	20人以下	28	8.72	营业收入	低于300万	36	11.21
	20人—50人	93	28.97		300万—500万	88	27.41
	50人—100人	90	28.04		500万—1000万	79	24.61
	100人—300人	83	25.86		1000万—2000万	67	20.87
	300人—500人	27	8.41		2000万—1亿	51	15.89

从企业营业收入和雇佣人员数量方面来看，有效样本是中小企业，样本符合本书研究要求。在企业成立年限方面，各成立年限阶段企业占比比较平均，符合样本分层抽样的特点，所调查企业更能代表企业运行状况。

第三节　调查企业减排的外部压力和内部动力

一　外部压力

企业并非孤立存在的个体，在竞争激烈的企业运作环境中，众多个人和群体都是企业的利益相关者。企业为了更好地生存和获利，必须最大限度地满足其利益相关者的利益需求，处理好与利益相关者的关系。尤其是中小企业，其生存发展很大程度上受到外部利益相关者的影响。外部压力越大，越有可能促使中小企业实施减排行为；反之，外部压力越小，中小企业实施减排行为就越缺乏动力。

外部压力包括来自政府管制和利益相关者的压力。政府管制力度越大，中小企业可能越重视减排工作，减排意愿也就相应地增加；反之则减少。与此相类似，企业为获得利润不得不满足消费者的“绿色需求”并改变或改善生产方式；目前媒体新闻和行业协会组织经常宣传和普及减排与环境资源方面的法律知识，加上对企业环境污染事件的曝光，使得社会公众认识到减排是企业应承担的社会责任，带动了绿色消费市场的发展；当地社区的影响主要表现在企业的声誉和创新动力上，当地社区对企业的评价会影响企业的社会形象，企业为了追求良好的社会形象

将进行创新，这为融资等提供良好的外在信誉形象；供应商是为企业提供生产设备的，当为一个有着不好环境信誉的企业提供生产设备时，往往也会影响供应商企业的社会形象，这对中小企业进行减排造成一定的压力；企业投资者可以通过金融市场对企业投资融资来对企业实施财政压力，进而影响企业减排行为。

因此，本次调查拟从政府、消费者、供应商、媒体新闻、行业协会、投资者、当地社区七个主要外在压力因素来分别考察外部因素对企业减排的影响程度。

问卷要求被调查企业基于李克特五点评分方法，对所受到的外在压力（5 为很大、4 为较大、3 为一般、2 为较小、1 为很小）进行评价。图 4-2 为样本企业减排受外在压力的影响情况，具体调查问卷见附录。

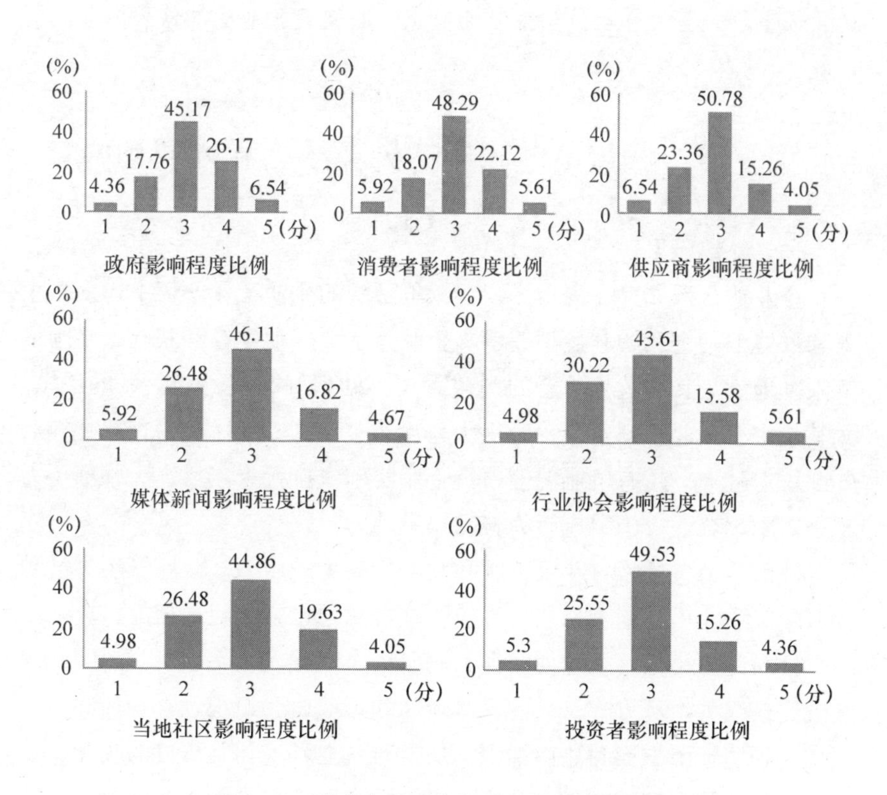

图 4-2　样本企业受外部压力影响程度分布

（1）政府影响程度。调查发现，受政府管制影响很小和较小的企

业有 71 家，占样本总数的 22.12%；45.17% 的受调查企业认为政府管制对企业实施节能减排有影响，但影响力一般；认为受政府管制影响较大和很大的企业有 105 家，占样本总数的 32.71%，其中只有 6.54% 的被调查企业认为受政府影响很大。这表明，从整体上来说，政府对于企业实施节能减排行为的压力不大。

（2）消费者影响程度。调查发现，受消费者影响很小和较小的企业有 77 家，占样本总数的 23.99%；48.29% 的受调查企业认为，消费者对其节能减排影响力一般；认为受消费者影响较大和很大的企业有 89 家，占样本总数的 27.73%，其中只有 5.61% 的被调查企业认为受消费者的影响较大。然而，在经济全球化的时代，消费者的“绿色需求”和“绿色消费”意识逐渐增强时，消费者不再被动消费，企业受消费者影响的程度也随之增大。中小企业为了生存下去必须满足消费者的需求，否则企业将逐渐被市场淘汰，直至倒闭。这在一定程度上说明中国消费者的“绿色需求”和“绿色消费”意识不强，没有对企业的减排行为形成“高压”。

（3）供应商影响程度。调查发现，认为受供应商影响程度较大和很大的企业有 62 家，占样本总数的 19.31%；50.78% 的受调查企业认为，供应商对其减排影响力一般；认为受供应商影响程度不大的企业有 96 家，占样本总数的 29.91%，其中仅有 4.05% 的被调查企业认为受供应商的影响较大。这表明从产业链的角度考虑，供应商在选择下游购买方时基本上不考虑购买方的情况，供应商对于企业采取减排行为没有形成很大的压力。鉴于产业结构调整和升级，若要提高整个产业的减排能力，产业链的上下游企业均需加强环保意识。只有加强上下游企业的交流合作，才能提高整个产业的减排能力，达到节能降耗的目的。

（4）媒体新闻影响程度。调查发现，认为受媒体新闻影响很小和较小的企业有 104 家，占样本总数的 32.40%；46.11% 的受调查企业认为，供应商对其减排影响力一般；受媒体新闻影响较大和很大的企业有 69 家，占样本总数的 21.49%，其中只有 4.67% 的受调查企业认为受媒体新闻影响很大。这表明随着网络的普及，媒体对企业污染状况的曝光在一定程度上会影响中小企业，但中国媒体新闻在污染问题上报道

的威慑力有限，中小企业采取减排行为时，受到社会各界的舆论压力较小。

（5）行业协会影响程度。调查发现，受行业协会影响很小和较小的企业有113家，占样本总数的35.20%；43.61%的受调查企业认为，行业协会对其减排影响力一般；认为受行业协会影响较大、很大的企业合计有68家，占样本总数的21.18%，其中仅有5.61%的受调查企业认为受行业协会影响很大。这说明大多数企业认为行业协会对其的影响程度不高。

（6）当地社区影响程度。调查发现，受当地社区影响很小和较小的企业有101家，占样本总数的31.46%；44.86%的受调查企业认为，当地社区对其减排影响力一般；受当地社区影响较大和很大的企业有76家，占样本总数的23.68%，其中仅有4.05%的企业认为受投资者的影响程度很大，这说明当地社区对企业污染排放行为的关注程度低，没有给企业形成外部压力。

（7）投资者影响程度。调查发现，受投资者影响程度很小和较小的企业有99家，占样本总数的30.84%；49.53%的受调查企业认为，投资者对其减排影响力一般；认为影响程度较大和很大的企业有63家，占样本总数的19.63%。其中，仅有4.36%的企业认为受投资者的影响程度很大，这在一定程度上说明，在中国，投资者对中小企业的减排行为影响程度不大。

此外，我们进一步分析发现，在影响企业减排的七大外在影响因素中，每个影响因素的得分均值从高到低，分别是政府（3.13）、消费者（3.03）、当地社区（2.91）、媒体新闻（2.88）和投资者（2.88）、供应商（2.87）和行业协会（2.87）；被调查企业在测评“感到受外在压力影响较大和很大”这一合计指标上，所占比例最高的分别是政府（32.71%）、消费者（27.73%）、当地社区（23.38%）；比例居中的是媒体新闻（21.49%）、行业协会（21.19%）；比例最低的是供应商（19.31%）和投资者（19.62%）。因此，从均值和合计值这两个方面来看，上述指标主要反映两个方面的问题：其一是均值不高，均在3分左右，小于4分，这说明七大外在因素对于企业减排行为产生了一定程度的影响，但影响力一般，企

业实施减排的外在压力依然不强；其二是在我国，目前政府管制是影响企业减排的首要影响因素，消费者、当地社区对于企业实施减排亦有一定的影响。媒体、行业协会、供应商和投资者相对于其他三个因素，影响偏低。

二　内部动力

当一个组织的集体成员具有与目标任务相关的信仰和价值观时，企业就会存在共同意愿的组织能力。企业环境保护的共同意愿并不仅仅意味着企业员工知道管理者的目标，还意味着一个共同的认知：企业的目标是重要的、合适的，所有员工都应该致力于形成共同意愿。一般而言，企业环境保护共同意愿的组织能力越强，越有可能实施积极的环境战略，采取一定的减排行为。

本书认为共同意愿主要由企业管理者、股东、员工等内部利益相关者的诉求所体现。因此，本次调查拟以员工、股东和管理者的环保意识强弱程度作为样本企业对于减排的共同意愿的度量，其中“管理者”衡量题项为“企业管理者重视减排工作”；“股东”衡量题项为“企业股东具有对减排进行投资的意识”；“员工”衡量题项为“员工认为企业应该承担环境责任，更愿意在有环境意识的企业工作”，来考察企业减排的内在动力因素情况。

要求被调查企业基于李克特五点评分方法，对企业员工、股东、管理者环保意识强弱程度（5 为很强、4 为较强、3 为一般、2 为较弱、1 为很弱）方面进行评价。图 4 – 3 为样本企业员工、股东、管理者环保意识强弱程度分布情况。

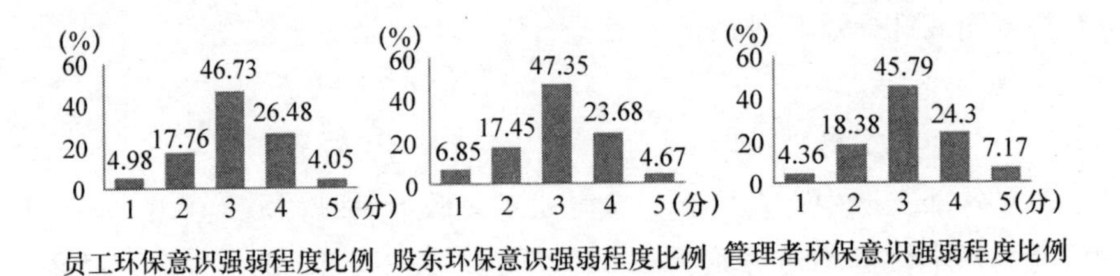

图 4 – 3　样本企业员工、股东、管理者环保意识强弱程度分布

（1）员工环保意识。在“企业员工环保意识强弱程度”这项得分均值为3.07，说明从总体上来看，员工具备一定的环保意识，但是整体水平不高。员工环保意识较强和很强的企业占被调查企业总数的30.53%，不及1/3，其中，仅有4.05%的被调查企业认为企业员工应该承担环境责任，更愿意在有环境意识的企业工作。

（2）股东环保意识。在“企业股东环保意识强弱程度”这项得分均值为3.02，这同样说明从总体上来说，股东具备一定的环保意识，但是整体水平有待提高。在被调查企业中28.35%的企业认为股东环保意识较强和很强，其中仅有4.67%的企业认为股东具有对减排进行投资的强烈意识。

（3）管理者环保意识。在“企业管理者环保意识强弱程度”这项得分均值为3.12，表明总体上来说，管理者也具备了一定的环保意识，但是总体水平有待提高。在被调查企业中31.47%的企业认为管理者环保意识较强和很强，其中仅有7.17%的企业认为管理者非常重视减排工作。

综合以上三点，我们不难发现，企业的员工、股东、管理者具备一定的环保意识，但总体水平不高，管理者比员工、股东的环保意识略高。这说明内部员工、股东及管理者减排意识不强，被调查企业减排的内在动力不强。

第四节　调查企业的外部支持与企业间合作

本节从外部支持关系（企业与政府、行业协会等）、外部合作关系（企业间交流和合作）等两个方面来分析被调查的中小企业外部网络关系与节能减排绩效的现状。

一　外部支持

在外部支持中行业协会、金融机构、政府补贴、政府采购的支持力度的样本数据均值分别为2.05、2.03、1.67、1.75分（5为很高、4为较高、3为一般、2为较少、1为很少），这表明从总体上说，中小企业的外部支持对于企业减排的支持力度很弱，而其中金融机构融

资支持力度均值最低，只有 1.67 分，金融支持中小企业的力度最弱。在调查中，我们发现，被调查企业认为从政府补贴、政府采购上获得较高支持的比率分别只有 8.6% 和 11.2%，仅有 4.8% 的企业认为从行业协会在减排项目上获得较高支持，仅有 5.4% 的企业认为从金融机构在减排项目上获得很高支持，同样，有高达 68.1%、71.0%、79.9% 和 76.3% 的企业分别表示曾获得极少或者较少获得政府补贴、政府采购、金融机构和行业协会的支持（见图 4-4）。

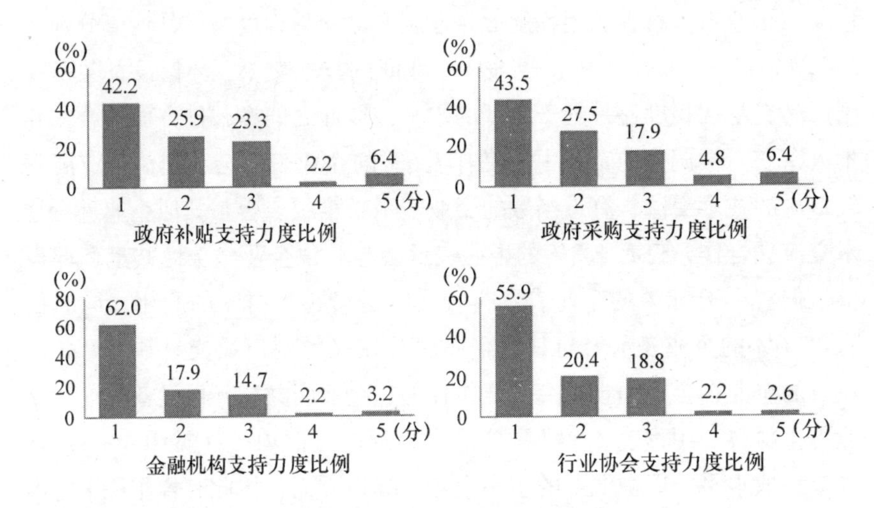

图 4-4　企业外部支持力度分布

在企业对外关系中，与科研机构合作，获得进步程度的样本数据均值仅为 2.10 分。在问卷调查中有高达 75.6% 的企业没有与科研机构就减排项目进行合作，24.4% 的企业与科研机构就减排项目进行合作，其中与科研机构的合作使企业在减排绩效上取得了很大进步的仅为 2.44%，较大进步的仅为 7.32%，不确定的为 17.07%，进步不大的为 43.90%，没有进步的为 29.27%（见图 4-5）。这表明被调查中小企业与科研机构环境技术合作少，有合作的企业大多认为与科研机构合作对提高企业减排能力作用不大。

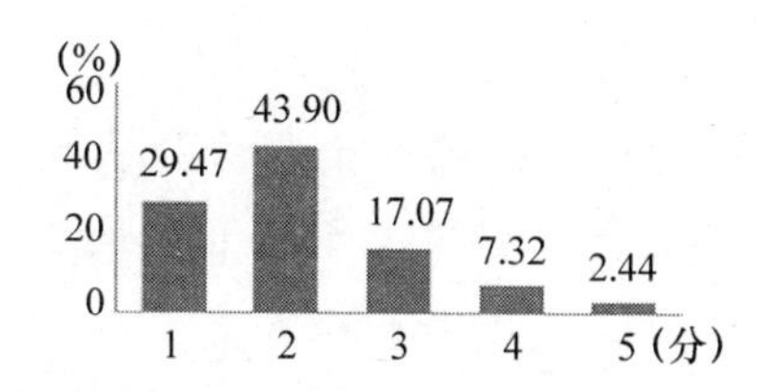

图4-5　与科研机构合作对企业减排绩效影响程度的分布

二　企业间合作

在企业间合作中，企业间技术交流合作程度、企业间共享环保设备程度、企业再生材料利用程度、企业副产品交易程度的得分均值分别为2.42、2.48、3.01、2.94。这表明企业间的技术交流、环保设备共享及副产品交易的程度还是处于较低的水平，彼此之间在减排方面的合作并不太密切。被调查的企业中，仅有7.6%的企业表示会和其他企业展开较多次的技术交流，有近半数的企业表示较少或未曾与其他企业进行技术交流和合作，仅有4.2%的企业表示会与其他企业多次地共享环保设备，仅有小于30%的企业表示会较多的进行再生材料的利用，同时仅有25.6%的企业表示会与其他企业展开较多的副产品交易活动。40%左右的企业在企业间技术交流合作程度、企业间共享环保设备程度、企业再生材料利用程度、企业副产品交易程度这四项中（见图4-6）均选择一般水平，即被调查的中小企业在减排方面，彼此有合作往来，但次数不多。

通过仔细对比企业外部支持和外部合作的调查结果，我们可以发现，从基于企业间利益出发的合作关系中获得的支持大于从政府、行业协会和金融机构支持关系中获得的支持；在合作关系中材料和副产品再利用程度高于设备和技术合作的程度：在外部支持中金融机构融资支持均值最低，金融支持的力度最弱。

企业间合作与外部支持最大的差异是，在外部支持中，企业是单方面从支持关系中获取资源，双方没有涉及报酬和利益往来；而合作关系是企业间的合作联盟，是企业与供应商、与下游客户和同行基于资源互补、信息共享下形成的利益联盟（Lee et al.，2001），合作者之间有报酬和利益往来。企业从外部支持中获取资源的多少，取决于企业资源获

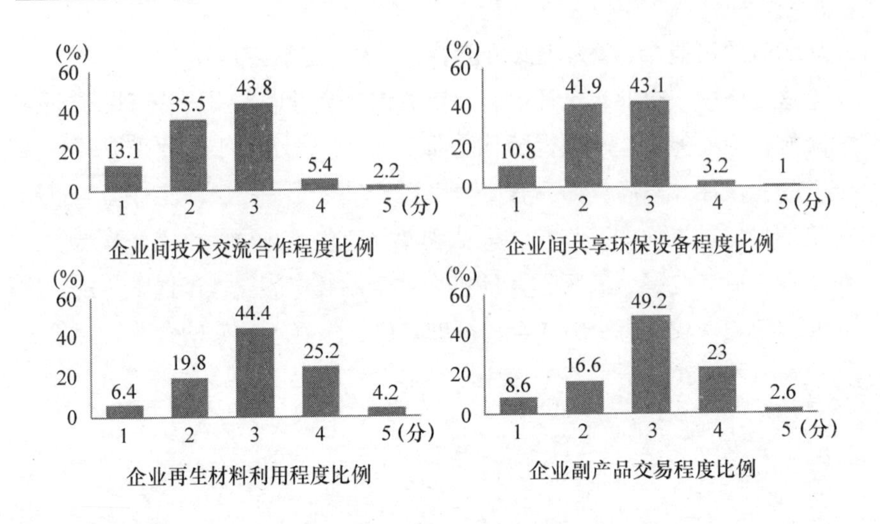

图 4－6　企业间合作程度的分布

取能力，更取决于政府和社会的环境保护意识、政府的环境保护政策和实施策略导向。如果政府采取的是经济激励型环境政策而不是命令控制型政策，企业能从外部支持中获取更多资源，如源于政府的环保补贴，源于银行的环境保护项目低息贷款和其他资金优惠，源于行业协会的技术支持，这些都有助于企业降低减排成本。

第五节　调查企业的环境保护行为与绩效

以下拟从企业自身环保行为、中小企业的经济和环境绩效等两个方面来分析被调查的中小企业外部网络关系与节能减排绩效的现状。

一　环境保护行为

在对环境保护行为进行评价时，被调查企业在这 5 个题项（是否会对全体员工进行有关环境保护方面的宣传与培训活动、在产品设计过程中会优先考虑使用环境危害小但成本稍高的材料、在决策过程中经常征询并采纳环保技术人员的建议、注重生产流程的改进来降低生产对环境造成的危害、企业决策者非常关心企业环保问题）中的得分均值分别是 3. 47、3. 53、3. 68、3. 64 、3. 16（5 为一定会、4 为较高可能会、

3 为 50% 的可能会、2 为较低可能会、1 为一定不会)。

这表明中小企业对于环保有一定意识，会考虑采用一些有助于环保的减排行为，但是这 5 项得分均值都低于 4，表明中小企业采取环保措施中的积极性并不高。如只有 18. 8% 的企业表示一定会对全体员工进行有关环境保护方面的宣传与培训活动及注重生产流程的改进来降低生产对环境造成的危害，仅有 23. 0% 的企业表示在产品设计过程中一定会优先考虑使用环境危害小但成本稍高的材料，仅有 23. 0% 的企业肯定表示在决策过程中经常征询并采纳环保技术人员的建议（见图 4 – 7）。

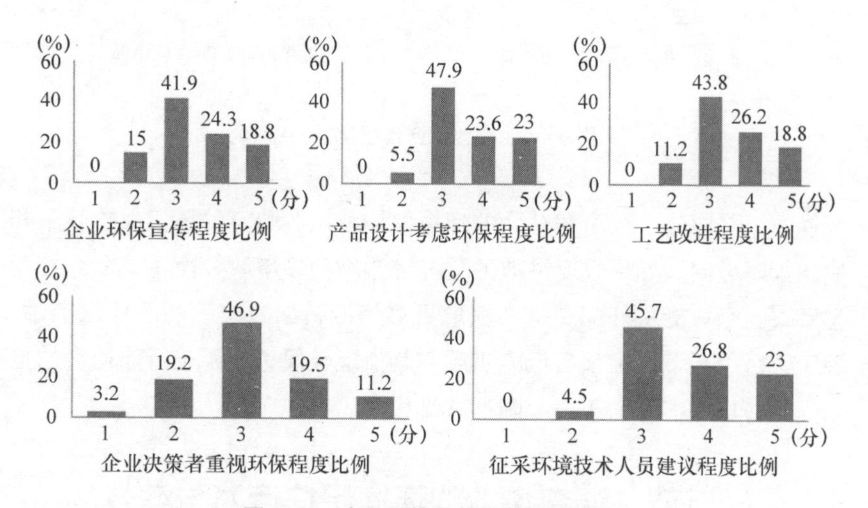

图 4 – 7　企业环境保护重视程度分布

二　环境绩效与经济绩效

要求被调查企业基于李克特五点评分方法，就过去三年中，企业在环境（5 为大幅下降、4 为略有下降、3 为基本不变、2 为略有上升、1 为大幅上升）和经济（5 为大幅上升、4 为略有上升、3 为基本不变、2 为略有下降、1 为大幅下降）方面所取得的成效进行评价。由于被调查企业对于环境问题较为敏感，有 8 家企业数据缺失。被调查企业在近三年废弃物排放量变化程度、近三年企业万元产值耗电量变化程度的得分均值为 3. 34 和 3. 17，均小于 4。这表明中小企业在减排中所取得的成效不容乐观，污染和耗能严重的问题依然没有显著的改善。

有 56. 2% 的中小企业表示废弃物排放量与三年前相比不变或增加

了，65.8%的企业表示耗电量不变或者增加。仅有12.5%的企业表示废弃物排放量与三年前相比大幅下降，仅有8%的企业表示耗电量与三年前相比大幅下降（见图4－8）。

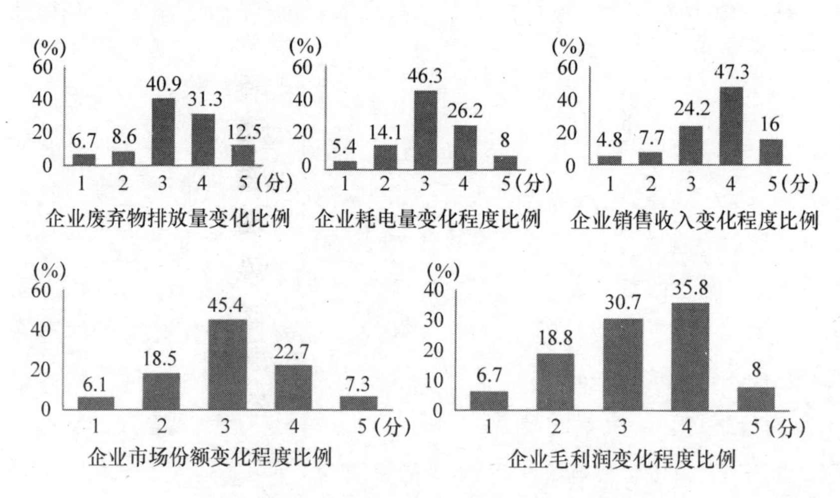

图4－8　企业的环境绩效与经济绩效分布

在经济绩效方面，被调查企业在企业销售收入变化程度、企业市场份额变化程度与毛利润变化程度上的得分均值分别是3.62、3.07和3.19，均小于4。表明被调查的中小企业近三年来在销售收入、所占市场份额、毛利润这三个方面变化不大，经济状况相对稳定。但是值得注意的是，有63.3%的企业反映销售收入有不同程度的上升，但只有43.8%的企业反映企业毛利润有不同程度的上升，并且只有30.0%的企业反映市场份额有不同程度的上升。这说明随着市场整体需求的上升，中小企业所占的市场份额变化不大，销售收入有了一定程度的上升，但是企业的毛利润却没有相应的增长。这意味着在某种程度上，中小企业所面临的市场竞争进一步加剧，使得中小企业的盈利空间进一步萎缩，同时，这使得中小企业在采取减排行为时的经济约束进一步加重。

第六节　中小企业减排的主要问题

经过历时近一年的调查，通过对获取的数据进行分析后，我们发

现，在中小企业的外部网络关系和企业的节能减排中主要存在着以下一些问题。

一　中小企业污染物排放严重及能源消耗过高的问题依然没有得到缓解

近三年来，被调查的中小企业的废弃物（废水、废气和废渣等）排放量没有显著减少，约43.8%的被调查企业表示废弃物排放量有所下降，40.9%的企业表示没有变化，8.6%的企业表示略有上升，甚至有6.7%的企业表示废弃物排放量有大幅上升。对于企业的万元产值耗电量相比前三年情况变化，只有34.2%的被调查企业表示有所下降，46.3%的企业表示没有变化，14.1%的企业表示略有上升，甚至有5.4%的企业表示耗电量有大幅上升。过去，中央和地方政府是以大型企业为着眼点，将大量的精力、物力与财力用于整治大型企业的减排问题，而中小企业由于单个个体废弃物排放量较少，单个治理效果不显著，再加上中小企业分布零散，全部统一监管成本过高，中小企业的减排问题是我国工业污染治理中的薄弱环节。

二　外在减排压力不大，中小企业实施减排缺乏外部动力

调查结果显示，受政府、消费者、供应商、媒体新闻、行业协会、投资者、当地社区等影响较大和很大的企业只占被调查企业总数的20%－30%。这在一定程度上说明存在政府监管力度不高，执法不严，企业违法成本低，消费者绿色消费意识不强，媒体新闻曝光及行业协会监管力度有限，供应商及投资者对于绿色产品和绿色服务关注度偏低，当地社区对于企业是否采取减排行为的监管意愿、能力及力度有限等现象。这些现象无法真正释放出减排的市场需求，较低的市场需求使得中小企业缺乏实施减排的外在压力及动力。

三　内部员工、股东及管理者减排意识不强，中小企业实施减排缺乏内部动力

调查结果显示，仅有4.05%的员工强烈认为企业应该承担环境责任，更愿意在有环境意识的企业工作；仅有4.67%的企业股东具有对

节能减排进行投资的强烈意识；仅有7.17%的企业管理者非常重视节能减排工作。从社会责任及社会道德角度来说，这表明社会、企业没有形成良好的减排风气和强烈的社会责任感；从经济利益角度来说，这说明我国目前没有形成支持绿色发展、循环发展、低碳发展的利益导向机制，使得股东及管理者缺乏减排的动力。

四　政府、金融机构和行业协会对中小企业减排的支持力度小

调查结果显示，有高达68.1%、71.0%、79.9%和76.3%的企业分别表示极少或者较少获得政府财税补贴、政府采购、金融机构和行业协会的支持。其中金融机构对于中小企业的支持力度最弱。有17.9%的企业表示较少获得金融机构支持，并且有高达62%的企业给出了1分，这表明这些中小企业在减排的活动中，极少获得金融机构的支持。金融机构是中小企业减排网络组织中不可或缺的重要成员，但是并没有发挥相应的重要作用，而是沦为减排网络组织中装饰门面的道具。近几年，我国政府已经逐渐意识到中小企业减排的重要性，也制定了相应的激励政策与措施，但是被调查的中小企业并没有感受到来自相应政策的扶持与纾困，意味着相关政策与措施，并没有得到切实地贯彻履行与落实。

五　企业间技术交流合作与企业间共享环保设备程度尚处于较低的水平

调查结果显示，被调查的企业中，仅有7.6%的企业表示会和其他企业展开较多次的技术交流，仅有4.2%的企业表示较多次进行企业间环保设备的共享。绝大多数的中小企业在减排时，只是依靠企业自身的环保设施及内部的技术人员及技术，结果导致企业相关环保设备利用率低下，企业间不能共享技术资源、共担技术和专利研发的风险和成本，这势必会降低研发能力和效率，提高企业环境技术创新成本，最终增加了中小企业的减排成本。企业间较低水平的技术交流合作与环保设备共享，也表明促进企业间交流和合作的平台尚没有得以搭建或搭建的并不健全、完善。

六　企业再生材料利用与企业间副产品交易的程度较低，资源循环利用产业体系尚未完全形成

仅有小于30%的企业表示会较多地进行再生材料的利用，同时仅有25.6%的企业表示会和其他企业展开较多的副产品交易活动，这表明基于循环经济的产业体系尚不完善。只有推进企业间、相关产业间的共生耦合，提高企业对再生材料的利用率，在企业间广泛开展副产品交易活动，促使废弃物资源化，实现企业循环式生产，园区循环式发展，产业循环式组合，才能使资源得到循环、高效、永续的利用，从源头上预防环境污染，有效化解环境风险。同时由于资源投入成本减少，资源利用率提高，企业经济效益才得以提升。

七　坚定地实施环保行为的企业较少，环保积极性不高

被调查企业在五项可促进环保行为（对全体员工进行有关环境保护方面的宣传与培训活动、在产品设计过程中会优先考虑使用环境危害小但成本稍高的材料、在决策过程中经常征询并采纳环保技术人员的建议、注重生产流程的改进来降低生产对环境造成的危害和企业决策者非常关心企业环保问题）中的得分均值都大于3且小于4，说明中小企业的环保行为仍处于较低水准。

八　中小企业的毛利润率下降，导致企业实施减排行为的经济桎梏加重

调查发现，中小企业的市场份额没有发生多大变化，但是由于中国于2008年采取了一系列刺激经济的政策及措施，市场需求增加，中小企业的销售收入增加，但是毛利润却没有成比例的增长，这意味着中小企业面临的竞争加剧，中小企业的盈利空间缩小，企业采取减排的相关措施的动力小。

总而言之，调查中发现我国的中小企业在减排过程中，在一定程度上存在着主观上无心、客观上无力的局面。建立、健全及加强中小企业赖以依靠的外部网络关系，来帮助中小企业走出困境，是改变这一局面的现实途径。

第五章　中小企业减排动力来源的实证分析

中小企业减排现状问卷调查分析结果显示，中小企业减排中存在管理者环境保护意识不强，环保积极性不高；企业间环境技术交流少，废弃物循环利用程度低；减排缺乏外部动力等方面的问题。本章第一节试图分析减排外部压力、政府支持和企业减排意愿对企业环保行为的影响，利用调查问卷，通过结构方程模型，研究企业减排外部压力与内部动力的作用机制，厘清外部环境因素、企业减排意愿与减排行为之间的关系。

企业是一个理性的经济组织，总是倾向于用比较小的生产成本获得较大的利益，企业减排动力源于环境保护的收益。减排网络组织使中小企业能够从外部环境中获得资源，通过共享资源、技术、信息，利用企业间资源环境等方式，克服中小企业的技术、资源等方面的不足，降低减排成本。因此，本章第二节利用调查问卷，按照外部网络关系、企业环境行为、环境与经济绩效框架，构建结构方程，分析企业间副产品共享、设备技术合作，政府、金融机构和行业协会支持对企业减排行为的影响，进一步寻找中小企业减排的动因。

第一节　企业减排动力、环境保护行为与绩效的关系

减排是企业履行环境责任的体现，不仅受企业自身环境保护意识及行为的影响，还受到企业外部压力的影响。梳理现有的文献（Ditlev-Simonsen and Midttun，2011；Sakr et al.，2010；Albornoz et al.，2009；

Bansa et al. , 2000），发现影响企业减排外在压力的主要因素是政府、消费者、供应商、媒体新闻、行业协会、投资者、当地社区等，影响企业减排的内在动力因素主要是企业内部的员工、管理者、股东等的环境意识以及对待环境管理的态度等。企业的减排动力会影响企业的减排行为，进而影响企业绩效。不同动力来源对于企业不同的减排行为影响是不同的。同时，不同减排行为对于企业绩效的影响也是不同的。

一　结构方程模型建构

（一）理论基础与假设

1. 政府管制与支持

政府对中小企业减排行为的影响主要体现两个方面，一是通过政府制定环境管制制度，对企业环境污染行为进行处罚，形成企业减排的压力；二是政府对企业环境保护行为的奖励和补贴，形成企业减排的动力。

政府管制是指企业因违反法律法规或者未按环境法规完成规定目标而受到的排污收费、处罚等处置。庇古和科斯理论认为政府是环境保护的责任主体，应该由政府通过环境管制来改变企业的环境行为，从而达到环境保护的目的（Pigou，1952；Coase，1960）。企业被视为被动的经济主体，其环境行为主要是为了满足政府的环境管制要求，否则就要遭受环境处罚。由于违规成本过高，很多中小企业往往为了避免环境处罚、环境罚金和违规成本而不得不服从政府环境管制（Cordano，1993；Dillon et al. , 1992）。越来越严格的强制规则是激励中小企业主动承担环境责任，进行环境管理的首要动机（Spedding，1996）。

政府支持是指行政主体基于改善环境、保护生态的目的而对企业给予的各种优惠和奖励，如减排补贴是政府的一种支持方式，政府根据企业排污量的减少程度或控制污染的设备费用给予补贴，以促进企业减少排污量、加强对污染技术和设备的投入，达到减少环境污染的目标。德雷兹内（Drezner ，1999）对一些已经实施能源政策的国家，从直接管制、经济激励等政策措施的实施效果方面进行评价和分析，结果表明经济激励政策取得了相对较好的效果，并一致认为税收优惠将是未来能源政策的发展方向。

2. 利益相关者的压力

利益相关者是“那些能够影响企业目标实现，或能被企业所影响的任何个人和群体”（Freeman，2010）。在环境管制领域，金融机构、供应商、行业协会、消费者、社区居民、员工、股东、媒体等都是企业的利益相关者。利益相关者分为主要利益相关者和次要利益相关者，主要利益相关者是指企业没有他们的参与和支持就不能存活的那些利益相关者，如客户、供应商、监管机构等，而次要利益相关者是指那些影响组织和被组织影响但没有和它进行交易，对其生存来说不是必需的，如媒体、非政府组织等（Clarkson，1995）。

企业环境保护的积极性和利益相关者的压力有关。企业实施环保行为预示着来自环境的风险相对较低，因此更容易得到保险和商业贷款的青睐（Khanna et al.，1998），而企业对环境造成较大危害或者企业表现出薄弱的环境意识等都会给投资者传递生产效率不高的信息，投资者会权衡由于污染处罚和污染责任赔偿所带来的潜在风险与损失（Braungart et al.，2007）。随着消费者环保意识的日渐增强，优先考虑环境保护的消费者日益增多，消费者更倾向于购买环境友好型商品，绿色产品的需求增加激励了企业采取环保行为（Drobny，1994）。媒体有关企业环境表现报道所形成的舆论压力有助于督促企业改善其环境表现（沈洪涛等，2012），雷维特（Reverte，2009）实证分析了影响西班牙公司环保行为的因素，对影响环境行为的因素进行了排序，媒体曝光率是影响公司环境行为的最重要因素。

3. 企业减排意愿

如果企业以充分高效利用资源、减少污染排放、实现可持续发展为共同愿景，则企业就有很强的减排意愿，减排意愿是企业减排的内部驱动力。共同愿景是指组织中所有成员共同的、发自内心的意愿，这种意愿不是一种抽象的东西，而是具体的能够激发所有成员为组织的这一愿景而奉献的任务、事业或使命，它能够创造巨大的凝聚力。当减排成为企业的共同愿景时，全体员工会把减排当作自己努力的方向，保护环境将成为自己发自内心的行动。哈特（Hart，1995）指出，一个有构建减排共同意愿能力的企业比没有这种能力的企业更早地获得实施积极的环境战略所必须的技能，因为实施积极环境需要全体员工参与，需要从设

计、生产等环节培训和开发员工充分利用资源的技能。

4. 污染预防、污染控制与经济绩效

企业减少污染主要有两种方式：污染预防和污染控制。污染控制指企业只是按照规制要求，进行常规方法减排，如采用传统的末端治理技术。而污染预防是指企业超出政府规制的要求，从源头入手对环保问题进行预防，如企业在产品设计过程中优先考虑材料的节约或能源消耗的降低、零部件的再利用或减少对环境有害的材料的使用、新环保技术的采用、环境理念的加强、企业对全体员工进行有关环保方面的宣传与培训活动等。

污染预防不仅能节省安装和运作末端处理设备的成本，而且有助于提升生产效率和资源利用率（Hart，1995；Clarkson et al.，2011）。环境保护上的成效可以避免环保纠纷和顾客抵制的损失，同时可以增加利益相关者的满意程度，树立良好的企业形象，并吸引更多绿色消费者，提高企业的声誉和市场知名度，从而提高企业的竞争优势（Clarkson et al.，2011；Menguc et al.，2010），研究者考察了生态环境绿色产品、工艺创新、管理创新与竞争优势的关系，结果均显著正相关（Chiou et al.，2011）。污染控制企业需要购入污染处理设备，对已产生的废水、废气、废物进行处理，以达到环保标准，这些投入并不能提高生产效率，且在相同产出下生产成本增加，从而降低企业产品竞争力和利润（Slater and Angel，2000）。

企业环保行为的结果会影响企业的减排意愿。若企业环保举措能增加企业收入，降低成本，提高企业经济绩效，企业就越有积极性，企业员工、股东及管理者的环保意识会加强，反之亦然。

现根据以上理论，提出以下研究假设（如图5－1所示）。

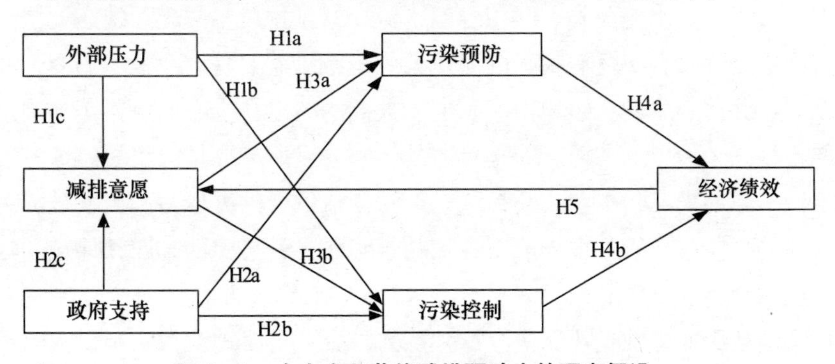

图5－1　中小企业节能减排驱动力的研究假设

H1a：外部压力对企业实施污染预防有促进作用。

H1b：外部压力对企业实施污染控制有促进作用。

H1c：外部压力对企业的减排意愿有促进作用。

H2a：政府支持对企业实施污染预防有促进作用。

H2b：政府支持对企业实施污染控制有促进作用。

H2c：政府支持能提高企业的减排意愿。

H3a：企业减排意愿与企业实施污染预防正相关。

H3b：企业减排意愿对企业实施污染控制的影响显著。

H4a：中小企业污染预防对企业经济绩效的影响显著。

H4b：中小企业污染控制对企业经济绩效的影响显著。

H5：企业经济绩效对企业减排意愿的影响显著。

二　结构方程模型的修正及实证检验

（一）变量度量及信度、效度检验

为确保测量工具的效度及信度，结合研究需要，尽量采用现有文献已使用过的量表，在问卷正式定稿与调查之前，先对调查企业进行了问卷的预调查，并根据预试者提供的意见对问卷进行了修订，由被调查者基于李克特五点评分方法进行评价。中小企业减排驱动力主要分成外动力（外部压力与政府支持）与内动力（共同减排愿景）。企业污染控制是反应式环境战略，目的在于达到规制要求，常用传统的末端治理技术降低企业污染排放量。污染预防是积极主动的环境战略，企业将环境问题整合到企业战略中，超出政府规制的要求，从源头入手对环保问题进行主动预防，如更好的管理、原料替代、产品创新、工艺创新、创造性解决问题、新技术的采用等。本书使用污染控制和污染预防两个指标对中小企业减排行为进行测量。中小企业经济绩效的衡量指标主要为销售收入、毛利率、销售区域和市场占有率。因此，结构方程模型中包含了六个潜变量[①]：外部压力、政府支持、减排意愿、污染预防、污染控制和经济绩效。每个潜变量度量的具体情况见表5-1。

① 潜变量：无法直接观测到，但可以通过外显的、可观测的指标去间接测量的变量。

表5-1　　结构方程模型变量说明及均值（N=321）

	潜在变量（信度系数）	观测变量	题项	均值
外动力	外部压力（Cronbach α = 0.931）均值=2.91	政府管制（STA1）	政府监管对企业实施减排影响程度	3.13
		消费者（STA2）	消费者对企业实施减排影响程度	3.03
		供应商（STA3）	供应商对企业实施减排影响程度	2.87
		媒体新闻（STA4）	媒体新闻对企业实施减排影响程度	2.88
		行业协会（STA5）	行业协会对企业实施减排影响程度	2.87
		投资者（STA6）	投资者对企业减排影响程度	2.88
		社区（STA7）	社区对企业实施减排影响程度	2.91
	政府支持（Cronbach α = 0.942）均值=3.70	财政补贴（GOV1）	过去三年，政府相关部门根据企业实施减排的水平给予相应的政府补贴	3.76
		政府奖励（GOV2）	过去三年，政府对企业减排成果给予适当奖励	3.76
		税收优惠（GOV3）	过去三年，政府相关部门根据企业实施减排的水平适当减免税收	3.65
		融资支持（GOV4）	过去三年，企业受到过政府有关部门环保方面项目融资的帮助	3.66
		技术支持（GOV5）	过去三年，企业受到过政府有关部门环保方面技术、信息等帮助	3.65
内动力	减排意愿（Cronbach α = 0.879）均值=3.07	员工（SV1）	员工认为企业应该承担环境责任，更愿意在有环境意识的企业工作	3.07
		股东（SV2）	股东具有对减排进行投资意识	3.02
		管理者（SV3）	企业管理者重视减排工作	3.12
环保行为	污染预防（Cronbach α = 0.879）均值=3.41	环保理念（IPP1）	资源节约、环境友好理念在企业价值观中显著程度	3.68
		决策过程（IPP2）	企业在决策过程中征询并采纳环保技术人员的建议程度	3.39
		产品设计（IPP3）	企业在产品设计过程中优先考虑材料的节约或能源消耗的降低、零部件的再利用或减少使用对环境有害的材料	3.45
		合作加强（IPP4）	各部门环保工作方面的合作程度	3.32
		培训（IPP5）	企业对全体员工进行有关环保方面的宣传与培训活动情况	3.23

续表

	潜在变量（信度系数）	观测变量	题项	均值
环保行为	污染控制（Cronbach α = 0.829）均值 = 2.62	设备（ECOP1）	企业总是关掉不需要的照明设备和生产机器设备程度	2.77
		废弃物分离（ECOP2）	企业总是系统地将污染废弃物与其他废弃物分开并单独存放	2.49
		标准排放（ECOP3）	企业根据废弃物排放标准排放污水等以避免可能产生的罚款	2.50
		原材料（ECOP4）	原料采购中考虑再生资源程度	2.72
绩效	经济绩效（Cronbach α = 0.846）均值 = 2.95	市场占有率（PF1）	市场占有率变化情况	2.64
		销售收入（PF2）	过去三年企业销售收入变化情况	3.16
		毛利率（PF3）	过去三年企业毛利率变化情况	2.78
		销售区域（PF4）	企业实际的销售区域变化情况	3.22

采用 Cronbach α 作为测试信度的标准，Cronbach α 值≥0.7，属于高信度。问卷整体可靠性系数 Cronbach α = 0.957 > 0.7，说明样本企业数据稳定性较高。外部压力量表的信度系数 Cronbach α = 0.931。政府支持量表的信度系数 Cronbach α = 0.942。减排意愿量表的信度系数 Cronbach α = 0.879。污染预防量表的信度系数 Cronbach α = 0.879。污染控制量表的信度系数 Cronbach α = 0.829。经济绩效量表的信度系数 Cronbach α = 0.846。这说明以上量表具有良好的信度。

采用因素分析的负荷量来判断变量的收敛效度与区别效度。六个潜变量由 28 个题项构成，其 KMO = 0.95 > 0.7，Bartlett 统计指标显著性小于 0.01，适合进行因子分析。通过主成分分析，使用最大方差法对因子载荷进行正交旋转处理。结果显示：28 个测量题项都能较好地分布在六个潜在的公共因子上，且相关测量题项在各自变量的潜变量上的因子载荷均大于 0.5，表明问卷数据具有较好的收敛效度；各测量题项在其他潜变量上的因子载荷均小于 0.5，说明也具有较好的区别效度。因此，各潜变量的收敛效度和区别效度均得到较好验证。

（二）模型修正及实证分析结果

在评价模型拟合度之前，必须先检查“违反估计”（offending estimates）问题，以检验模型所输出的标准化路径系数和测量误差是否超

过可接受的范围。模型中测量误差方差都在 0.13—0.59，并无负的误差方差存在，观测变量[①]和潜变量之间的标准化路径系数的估计值都在 0.67—0.92，均没有超过 0.95，表明该模型并没有出现“违反估计”问题，可以进行整体模型拟合度检验。

从表 5－2 可以看出，整体模型增值拟合度都大于 0.9，各项拟合指标均满足检验指标，最终模型的拟合度较好。结构方程最终影响路径图即各潜变量路径系数、各可测变量的载荷系数如图 5－2 所示[②]。

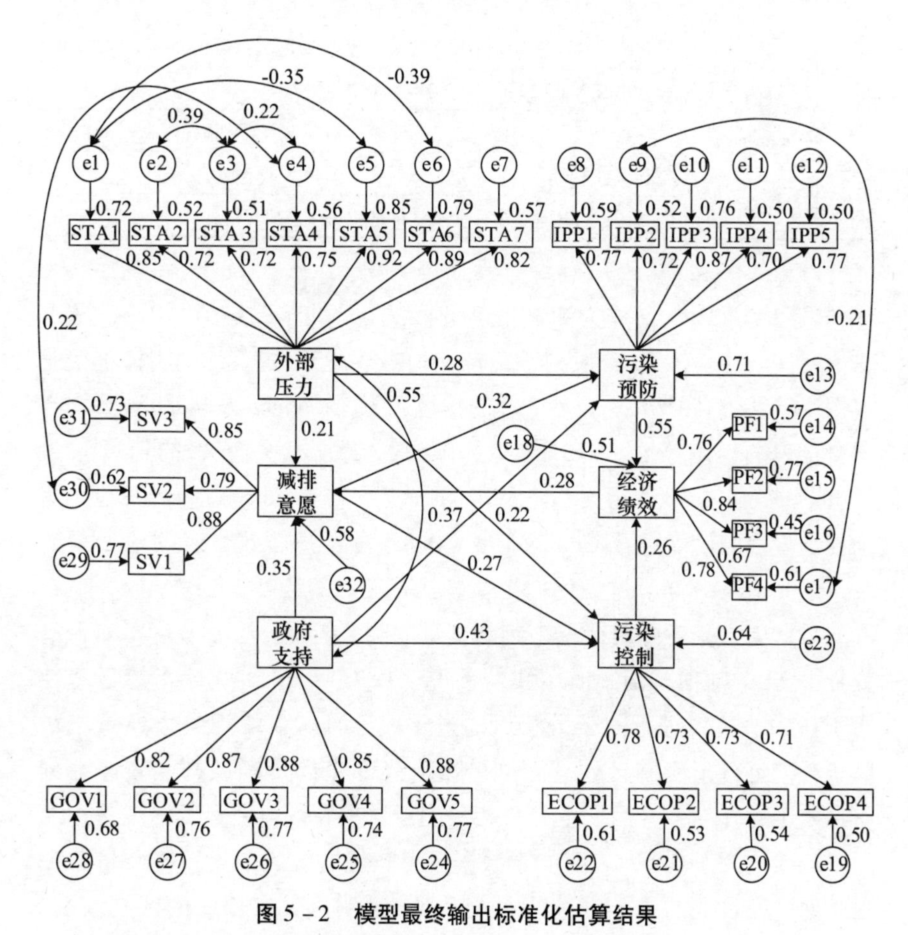

图 5－2　模型最终输出标准化估算结果

① 观测变量：可直接观察并测量的变量，如经济绩效中市场占有率等。

② 路径系数：潜变量与潜变量之间的回归系数，如污染控制与经济绩效之间的路径系数是 0.26；载荷系数：潜变量与可观测变量之间的回归系数，如经济绩效与市场占有率之间的载荷系数为 0.76；e_i（i＝1，2，…，32）表示误差变量。

表 5 - 2　　　　整体模型拟合度的评价指标

指标	绝对拟合度					简约拟合度		增值拟合度	
	P 值	CMIN/DF	GFI	RMR	RMSEA	PNFI	PGFI	NFI	CFI
模型	不显著	1. 550 < 2. 000	0. 910 > 0. 900	0. 037 < 0. 050	0. 041 < 0. 100	0. 809 > 0. 500	0. 732 > 0. 500	0. 927	0. 973

（三）研究假设检验

根据样本结构方程模型的结果可知（如表 5 - 3 所示）：外部压力对污染预防的标准化路径系数为 0. 28，T 值为 5. 2，均达到显著性水平，因此，假设 H1a 得到验证；外部压力对污染控制的标准化路径系数为 0. 22，T 值为 3. 683，均达到显著性水平，因此，假设 H1b 得到验证；外部压力对减排意愿的标准化路径系数为 0. 21，T 值为 3. 648，均达到显著性水平，因此，假设 H1c 得到验证；政府支持对污染预防的标准化路径系数为 0. 37，T 值为 6. 028，均达到显著性水平，因此，假设 H2a 得到验证；政府支持对污染控制的标准化路径系数为 0. 43，T 值为 6. 138，均达到显著性水平，因此，假设 H2b 得到验证；政府支持对减排意愿的标准化路径系数为 0. 35，T 值为 5. 376，均达到显著性水平，因此，假设 H2c 得到验证；减排意愿对污染预防的标准化路径系数值为 0. 32，T 值为 4. 625，均达到显著性水平，因此，假设 H3a 得到验证；减排意愿对污染控制的标准化路径系数值为 0. 27，T 值为 3. 766，均达到显著性水平，因此，假设 H3b 得到验证；污染预防对经济绩效的标准化路径系数值为 0. 55，T 值为 6. 143，均达到显著水平，因此，假设 H4a 得到验证；污染控制对经济绩效标准化的路径系数值为 0. 26，T 值为 3. 277，均达到显著水平，因此，假设 H4b 得到验证；经济绩效对减排意愿的标准化路径系数值为 0. 28，T 值 3. 656，均达到显著性水平，因此，假设 H5 得到验证。

表 5 - 3　　　　标准化路径系数及假设检验结果

研究假设	标准化路径系数 β	T 值	结论
H1a：外部压力→污染预防	0. 28	5. 200	成立
H1b：外部压力→污染控制	0. 22	3. 683	成立

续表

研究假设	标准化路径系数β	T值	结论
H1c：外部压力→减排意愿	0.21	3.648	成立
H2a：政府支持→污染预防	0.37	6.028	成立
H2b：政府支持→污染控制	0.43	6.138	成立
H2c：政府支持→减排意愿	0.35	5.376	成立
H3a：减排意愿→污染预防	0.32	4.625	成立
H3b：减排意愿→污染控制	0.27	3.766	成立
H4a：污染预防→经济绩效	0.55	6.143	成立
H4b：污染控制→经济绩效	0.26	3.277	成立
H5：经济绩效→减排意愿	0.28	3.656	成立

为进一步探讨各潜变量间的直接效应、间接效应和总效应[①]，本书将各计算结果汇总于表5-4。由表5-4可知，对减排意愿影响最大的变量是政府支持，总效应为0.47，其次是经济绩效，总效应为0.30；对污染预防影响最大的变量是政府支持，总效应为0.52，其次是外部压力，总效应为0.37；对污染控制影响最大的变量仍为政府支持，总效应值为0.56，其次是外部压力，总效应值为0.30；对经济绩效影响最大的变量为污染预防，总效应值为0.59。外部压力对污染预防影响的直接效应（0.28）大于通过减排意愿等对污染预防影响的间接效应（0.09）；外部压力对污染控制影响的直接效应（0.22）大于通过外部压力等对污染控制的间接效应（0.08）；政府支持对污染预防影响的直接效应（0.37）大于通过减排意愿等对污染预防影响的间接效应（0.15）；政府支持对污染控制影响的直接效应（0.43）大于通过减排意愿对污染控制行为的间接效应（0.13）。

① 直接效应反映原因变量对结果变量的直接影响，其大小等于原因变量到结果变量的路径系数；间接效应反映原因变量通过一个或多个中间变量对结果变量所产生的影响；总效应=直接效应+间接效应

表5-4　　潜变量之间的直接效应、间接效应和总效应

研究假设	直接效应	间接效应	总效应
H1a：外部压力→污染预防	0.28	0.09	0.37
H1b：外部压力→污染控制	0.22	0.08	0.30
H1c：外部压力→减排意愿	0.21	0.07	0.28
H2a：政府支持→污染预防	0.37	0.15	0.52
H2b：政府支持→污染控制	0.43	0.13	0.56
H2c：政府支持→减排意愿	0.35	0.12	0.47
H3a：减排意愿→污染预防	0.32	0.02	0.34
H3b：减排意愿→污染控制	0.27	0.02	0.29
H4a：污染预防→经济绩效	0.55	0.04	0.59
H4b：污染控制→经济绩效	0.26	0.02	0.28
H5：经济绩效→减排意愿	0.28	0.02	0.30

三　不同类型企业减排动力的差异分析

企业由于其规模、所属行业、企业所有制性质对环境的影响不同，因而感受到的环境压力也是不一样的，从而也就造成了不同的环境行为和表现。

企业规模小会引起融资困难，造成其环保资金的不到位。企业自有资金非常有限是企业污染防治资金短缺的首要原因，其次是融资成本高和信贷风险大，很难获得商业信贷资金（周国梅等，2005）。企业规模影响企业的环境行为，越大的公司很可能有更高的环境保护积极性（Levy，1995；Welch et al.，2002）；企业所从事的行业不同、所有权性质不同、选择的减排行为不同，从而导致最终的经济绩效也不同。欧森和卢斯库（Ozen and Lusku，2009）设计出一个框架模型来解释行业特性及公司特性等因素对企业环境行为的影响。亨里克斯（Henriques and Sadorsky，1996）调查了加拿大400家企业中的环境负责企业，发现自然资源部门的企业更有可能进行环境规划，而服务部门则相对较少。关劲峤等（2006）通过相关性和主成分分析对太湖流域印染企业环境行为影响因素进行选择，结果表明私营企业、合资企业环保投资水平高于国有企业和集体企业，中型企业环保投入高于小型企业。

以下以企业规模、所属行业、企业所有制性质等特征，进一步分类

探讨企业外部压力与内部动力如何影响企业的减排行为及经济绩效。

（一）基于企业规模的多群组结构方程模型分析

在基于从业人数的多群组结构方程模型分析中，依据我国工业企业规模划分标准，以从业人数 100 人为界限，小于 100 人的被认定为小微企业，大于 100 人的企业被认定为中型企业。从模型适配标准来看，CMIN/DF 值介于 1.363—1.457，均小于 2；CFI 值介于 0.949—0.963，均超过 0.90 的最低标准；PNFI 值介于 0.767—0.831，均高于最低标准值 0.5；RMSEA 值介于 0.034—0.038，均小于标准值 0.08。因此，多群组结构方程模型与原数据能够较好的契合。以从业人数作为分类变量时，模型的路径影响结果如图 5 - 3 所示。

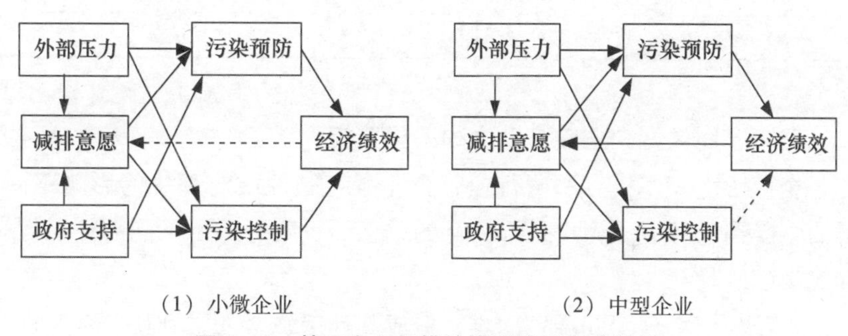

图 5 - 3　基于企业规模的模型路径影响结果

图 5 - 3 反映的是以从业人数作为分类变量时，不同从业人数对路径的影响结果。其中虚线代表影响不显著，实线代表影响显著。由图 5 - 3 可知，小微企业的经济绩效对减排意愿的影响不显著；中型企业的污染控制对经济绩效的影响不显著。由此可见，不管污染预防和污染控制对经济绩效的影响如何，外部压力、政府支持和减排意愿都对污染预防和污染控制有显著的影响，并且通过采用积极的创新行为提高企业的经济绩效。此外，企业规模不同时，经济绩效对减排意愿影响的显著性不同也正好说明，规模较大的企业采取减排带来的经济绩效更容易刺激企业提高环境管理意识，从而增强企业的减排意愿能力，进而激励企业采取污染预防措施形成良性循环。

（二）基于企业污染程度的多群组结构方程模型分析

在基于企业污染程度的多群组结构方程模型分析中，将农副食品

业、纺织服装业、机械制造业、五金加工业、电子元件业划归为轻污染业，将医药化工业、印染造纸皮革业、金属冶炼业、建材水泥业和炼油炼焦业划归为重污染行业。从模型适配标准来看，CMIN/DF 值介于 1.487—1.531，均小于 2；CFI 值介于 0.940—0.947，均超过 0.90 标准值；PNFI 值介于 0.753—0.823，均高于最低标准值 0.5；RMSEA 值介于 0.040—0.042，均小于标准值 0.08。因此，多群组结构方程模型与原数据能够较好地契合。以企业污染程度作为分类变量时，模型的路径影响结果如图 5-4 所示。

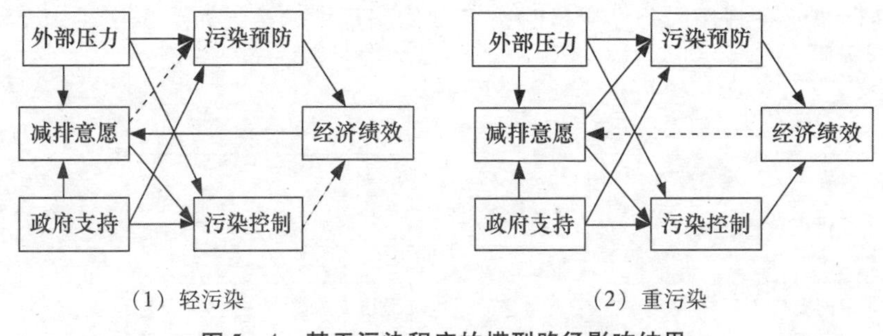

图 5-4　基于污染程度的模型路径影响结果

图 5-4 反映的是以企业污染程度作为分类变量时，不同企业污染程度对路径的影响结果。其中虚线代表影响不显著，实线代表影响显著。由图 5-4 可知，当企业为轻污染企业时，减排意愿对污染预防的影响不显著，污染控制对经济绩效的影响亦不显著，这说明减排意愿并不是影响企业减排的主要驱动力，相反外部压力和政府支持是驱动企业实施减排的主要影响因素。在这种情况下，政府的支持，如财政补贴、税收优惠、技术支持、融资支持和政府奖励等是非常必要的。另外，应该加强市场主体，包括顾客、供应商、投资者等外部利益相关者的环保意识，利用市场这只“看不见的手”辅助政府监管机构推进企业减排的实施和改革。

当企业为重污染企业时，模型的路径影响结果与企业的从业人数少时相同，经济绩效对减排意愿的影响是不显著的。说明来自政府和利益相关者的驱动力对企业减排的提升产生了显著的正向影响，由图 5-4 可知，其中减排意愿的作用力最大，其次是政府支持。我们认为因为重污染企业由于污染严重，受到政府的关注度高，也往往有着较高的违规

成本，所以重污染企业的环境管理意识也就是减排意愿较强，能更好的驱动企业实施减排。

（三）基于企业所有制的多群组结构方程模型分析

在基于企业所有制的多群组结构方程模型分析中，因多数中小企业是民营企业，所以本书以是否为民营企业为标准分组进行多群组分析。从模型适配标准来看，CMIN/DF 值介于 1.45—1.488，均小于 2；CFI 值介于 0.935—0.956，均超过 0.90 标准值；PNFI 值介于 0.762—0.821，均高于最低标准值 0.5；RMSEA 值介于 0.038—0.043，均小于标准值 0.08。因此，多群组结构方程模型与原数据能够较好地契合。以企业所有制作为分类变量时，模型的路径影响结果如图 5 - 5 所示。

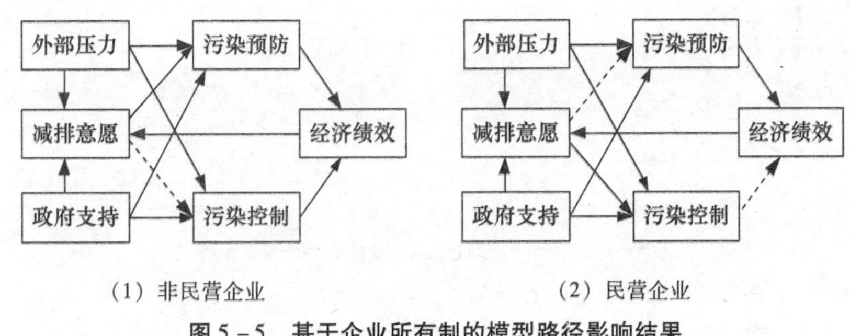

图 5 - 5　基于企业所有制的模型路径影响结果

图 5 - 5 反映的是以企业所有制作为分类变量时，不同企业所有制对路径的影响结果。其中虚线代表影响不显著，实线代表影响显著。当企业为非民营企业时，减排意愿对污染控制的影响是不显著的，企业实施污染控制的主要驱动力来自外部压力和政府支持，而企业实施污染预防的主要驱动力来自外部压力、政府支持和减排意愿，说明减排意愿能力越强，企业越有可能实施污染预防，并为企业创造经济绩效。减排意愿能力强代表企业整体的环境管理意识较强，充分认识到实施节能减排的必要性，能够主动实施减排。当企业为民营企业时，污染控制对经济绩效的影响是不显著的，而且减排意愿对污染预防的影响也是不显著的。主要原因是民营企业大多是小型企业，其减排意愿能力较弱，不能积极主动地采取污染预防，即使实施了污染控制，也未必能够产生经济绩效。对于民营企业而言，政府支持和外部压力是促进其实施减排的主要驱动力。

第二节　外部网络关系对减排绩效的影响分析

外部网络是企业取得难以被模仿或被替代的资源和能力的重要途径，是企业创造价值的来源，也是企业宝贵的无形资产。中小企业可以从外部网络获取价值链不发达环节的互补性资源，通过资源共享获得规模经济，通过知识共享提高市场开拓能力。

虽然我国目前没有正式设立的中小企业减排虚拟网络组织，但是我国中小企业在减排的过程中存在着广泛的外部网络关系，如与政府、金融机构、行业协会、企业等组织有着各种各样的联系。企业能够从这些外部网络关系中获得资源，从学习效应、范围经济、规模经济中获得收益，以维持与加强企业的竞争优势。

以下在梳理文献的基础上，构建结构方程模型，研究我国中小企业的外部网络对于企业减排绩效的影响。

一　结构方程模型建构

企业外部网络是企业绩效的主要贡献者，李等（Lee et al.，2001）将外部网络关系分为合作关系（partnership-based linkages）和外部支持关系（sponsorship-based linkages），合作关系是企业间（如与供应商、客户和其他公司）的双边互利关系，企业从合作关系中获取信息、知识和互补性资源。外部支持关系是企业与政府、行业协会及金融机构等部门之间的关系，是单向的资助关系。本书借鉴李等（Lee et al.，2001）的研究，对外部网络关系的进行以下分类和界定：外部合作关系是指中小企业间基于环保设备共享、技术合作及副产品共享而形成的网络关系；外部支持关系是指政府、行业协会及金融机构对于企业的各项支持而形成的网络关系。由于321份问卷中有8份问卷在环境绩效等变量上信息不完整，企业样本数为313家。

（一）理论基础与假设：

1. 环保设备共享、技术合作对企业绩效的影响

在复杂多变的环境中，企业与其他企业甚至是其竞争对手开展合作，通过外部资源的获取，新知识的创造、获取及整合，可以提升竞争力和创

新能力（Wynarczyk et al.，2013）。企业间合作关系网络的物质资源包括生产车间、库房和设备等专用性设备，大型化、专业化设备的合作共享，可以提高设备利用率，促进技术的合作与交流（Tolstoy and Agndal，2010）。环保设备共享有利于降低企业减排成本，提升企业环境绩效及经济绩效。

与单个企业相比，网络使各种专业知识、技术得以聚集，组织成员间彼此信任，各种技术知识能够得到充分沟通交流，通过不断地吸取对方的知识与技术，尤其是默会知识（Koschatzky，1999），并在不同优势资源相互叠加的基础上，中小企业能获得比其本身等级组织更为广阔的学习界面，可以使减排的技术创新在多个层面上、多个环节中产生、交流和应用。网络主体间合作共享技术资源，共担技术和专利研发风险和成本，可以提高研发能力和效率，降低企业环境技术创新成本（Brusoni et al.，2001）。因此，可以提出以下假设：

H1：环保设备共享及技术合作对企业环境绩效产生正向促进作用。

H2：环保设备共享及技术合作对企业经济绩效产生正向促进作用。

2. 副产品共享对企业绩效的影响

地理上临近的企业可以相互分享和利用各企业生产过程中产生的副产品，如废水、废热、废渣等（即一家企业的废弃品可能是另一家企业的原料供给）（Chertow and Ehrenfeld，2012），通过再生利用资源替代原生资源，能更有效地利用资源减少污染，降低废弃物处理费用，提升经济竞争力（Zhu，2014）。基于合作管理，网络能创造出超越常规的企业环境绩效与经济绩效（Chertow and Miyata，2011）。格勒特（Gertler，1995）指出企业间副产品共享可以减少原生物质的资源投入，提高能源的使用率，提高产品的数量与种类，提高企业盈利能力。企业间副产品共享可以减少污染物排放，减少原生资源作用量，提高资源使用率，降低企业成本，因此，可以提出以下假设：

H3：副产品共享对企业环境绩效产生正向促进作用。

H4：副产品共享对企业经济绩效产生正向促进作用。

3. 外部支持关系对企业绩效的影响

企业的减排技术通常需要大量资金，中小企业资金匮乏会影响企业采用这些技术（Earnhart，2014），若企业将有限的资金投入不具备生产性的污染防治设备而减少企业生产设备的投资，会导致企业的生产力水平下降（Conrad，1989）。政府提供的财政补贴会弥补企业的资金不足及损失（Bluffstone et al.，1997），激励企业的减排行为。行业协会提供免费的咨询服务，以此来促使企业参与环保（Bianchi and Noci，1998）。金融机构提供资金融通可以帮助企业克服其资金短缺的问题，使得企业采取积极的环保策略（Uzzi，2002）。企业从政府、行业协会获得的技术信息与技术支持，可能降低企业创新风险和经营成本（Lee，2001）。哈特（Hart，1995）认为，企业采取积极的环保行为如采用新环保技术可以提高生产效率，获得市场声誉，通过影响未来的环境标准来提高竞争对手的成本，从而获得竞争优势。从政府、行业协会及金融机构等部门获取技术、资金和信息支持，可以促进企业的环保行为，提高企业的环境绩效和经济绩效，因此，可以提出以下假设：

H5：外部支持关系通过企业环保行为对企业环境绩效产生正向促进作用。

H6：外部支持关系通过企业环保行为对企业经济绩效产生正向促进作用。

4. 企业环境绩效对经济绩效的影响

环境污染是企业生产过程中原材料投入没有被完全利用而产生有害物质，采用新的资源回收和重复使用技术，可以提高企业的生产能力和资源利用率，减少资源和能源的使用以及污染的排放，降低生产和消费中的环境外部性，也降低企业的成本（Eckelman and Chertow，2013）。此外，企业还可以通过向其他公司出售解决其环境问题的技术方案和相关创新技术获得先发优势。当社会环境保护意识日益增强、环保标准日益提高时，企业采取积极的环保措施可以形成良好的声誉优势，增强投

资者的信任，从而可以更充分地利用资源和市场机遇，为企业创造提高经济绩效的机会（Kuss，2009）。在越来越多的企业重视产品质量、客户服务时，企业利用环境创新作为产品差异化战略以提高企业效率及产品质量，并在消费市场中树立起环保形象（Bernauer et al.，2007），为企业带来更高的边际利润和市场份额。因此，可以提出以下假设：

H7：企业环境绩效对于经济绩效产生正向促进作用。

根据上述分析和研究假设，建立如图5－6所示的外部网络关系对中小企业节能减排绩效影响的假说模型。该模型包括六个潜变量指标，分别是外部支持关系、环保设备共享及技术合作、副产品共享、企业环保行为、经济绩效和环境绩效。外部支持关系、环保设备共享及技术合作、副产品共享对企业环境绩效和经济绩效产生影响。

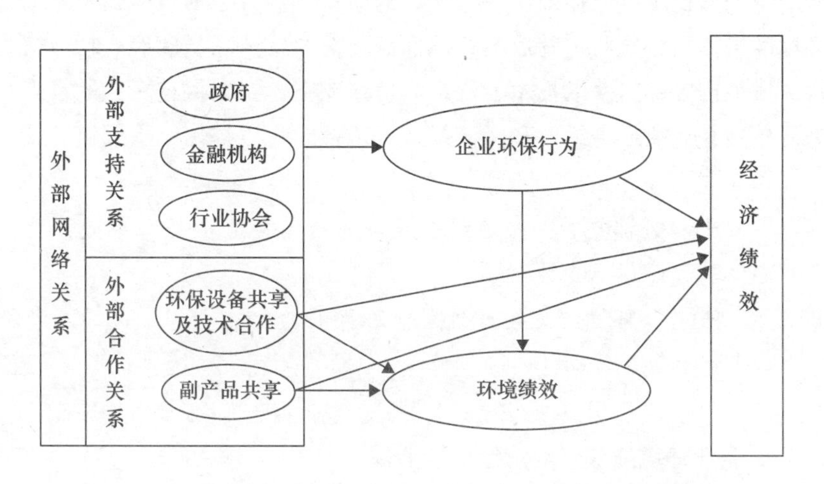

图5－6　外部网络关系对中小企业节能减排绩效影响的假说模型

（二）变量度量及信度、效度检验

我们借鉴了李等（Lee et al.，2001）的外部网络分类方法，将企业的外部网络分为外部合作网络和外部支持网络。为确保测量工具的效度及信度，结合研究需要，尽量采用现有文献已使用过的量表，在问卷正式定稿与调查之前，先对调查企业进行了问卷的预调查，并根据预试者

提出的意见对问卷进行了修订，由被调查者基于李克特五点评分方法进行评价。潜变量度量基于观测变量，参考李等（Lee et al.，2001）的做法，用政府税收和财政支持、政府采购、金融支持、行业协会支持指标来度量外部支持关系，潜变量度量的具体情况见表5－5。为保证调查问卷题项设置的有效性，我们综合参考了一些调查问卷的题项设置（Andrews et al.，2002；Shi et al.，2008）。

表5－5　　**结构方程模型变量说明及均值（N＝313）**

	潜在变量（信度系数）	观测变量	题项	均值
外部网络关系	外部支持关系（Cronbach α＝0.782）均值＝1.88	政府税收和财政支持（ps1）	政府财政税收对企业减排的支持	2.05
		政府采购（ps2）	政府采购对企业减排的支持	2.03
		金融支持（ps3）	金融机构对企业减排的融资支持	1.67
		行业协会支持（ps4）	行业协会对企业减排的支持	1.75
	环保设备共享及技术合作（Cronbach α＝0.768）均值＝2.45	环保设备共享（c1）	与外部企业共享环保设备程度	2.42
		技术合作（c2）	与原材料供应商、与下游客户和同行的经验交流与技术合作程度	2.48
	副产品共享（Cronbach α＝0.867）均值＝2.98	材料再利用（mr1）	企业对再生材料利用程度	3.01
		副产品交易（mr2）	企业副产品交易情况	2.94
企业行为	企业环保行为（Cronbach α＝0.828）均值＝3.50	环保宣传（cb1）	企业对全体员工进行过有关环境保护方面的宣传与培训活动	3.47
		工艺改进（cb2）	企业在生产过程中是否通过工艺改进来降低环境污染	3.53
		重视技术（cb3）	在决策过程中征询并采纳环保技术建议	3.68
		产品设计（cb4）	产品设计优先考虑环保及再生资源	3.64
		领导重视（cb5）	管理者环保意识	3.16
绩效	经济绩效（Cronbach α＝0.797）均值＝3.29	市场占有率（p1）	企业市场占有率情况	3.07
		销售额（p2）	过去三年企业销售收入变化情况	3.62
		利润率（p3）	过去三年企业毛利率变化情况	3.19
	环境绩效（Cronbach α＝0.782）均值＝3.25	耗电量（ep1）	过去三年企业万元产值耗电量变化情况	3.17
		排放量（ep2）	过去三年废弃物排放量变化情况	3.34

采用 Cronbach α 作为测试信度的标准，Cronbach α 值≥0.7，属于高信度。问卷整体可靠性系数 Cronbach α =0.832 >0.7，说明样本企业数据稳定性较高。外部支持关系量表的信度系数 Cronbach α =0.782。设备、技术合作量表的信度系数 Cronbach α =0.768。副产品共享量表的信度系数 Cronbach α = 0.867。对于企业环保行为，企业第五分项——领导重视对总项相关系数为 0.157 <0.4，不符合最低要求，故而把领导重视（cb5）因素剔除，企业环保行为量表的信度系数 Cronbach α =0.828。环境绩效量表的信度系数 Cronbach α =0.782，经济绩效量表的信度系数 Cronbach α =0.797。这说明以上量表具有良好的信度。

采用因素分析的负荷量来判断变量的收敛效度与区别效度（荣泰生，2009）。六个潜变量由 17 个题项构成，其 KMO = 0.833 > 0.7，Bartlett 统计指标显著性小于 0.01，适合进行因子分析。通过主成分分析，使用最大方差法对因子载荷进行正交旋转处理。结果显示，17 个指标在所属因子下的因子负荷均大于 0.6 且在非所属因子下的因子负荷均小于 0.35，因此，各潜变量的收敛效度和区别效度得到较好验证。

二　结构方程模型的修正及实证检验

（一）模型修正及实证分析

本书利用 Amos17.0 对六个主要潜变量构建结构方程模型，对结构方程模型进行拟合时，发现各观测指标的误差项均大于 0，而且标准化系数都没有超过 0.9 这个临界值，因此模型没有出现“违反估计”，在模型共变关系上，外部支持关系与副产品共享（P =0.477 >0.05），外部支持关系和环保设备共享及技术合作（P =0.065 >0.05）共变关系得不到满足，而且其相关系数绝对值都不大于 0.1，因此外部支持关系与资源再利用，外部支持关系和环保设备共享及技术合作不存在共变关系，再根据 M.I. 值按相关原则对模型修正（篇幅有限，过程略），从表 5 -6 可以看出，整体模型增值拟合度都大于 0.9，各项拟合指标均满足检验指标，最终模型的拟合度较好。结构方程模型影响路径即各潜变量路径系数、各可测变量的载荷系数如图 5 -7 所示。从样本结构方程模型的结果可知：

表5－6　　　　　　　　**整体模型拟合度的评价指标**

指标	绝对拟合度					简约拟合度		增值拟合度	
	P值	CMIN/DF	GFI	RMR	RMSEA	PNFI	PGFI	NFI	CFI
模型	不显著	1.152 < 2.000	0.956 > 0.900	0.036 < 0.050	0.022 < 0.100	0.753 > 0.500	0.788 > 0.500	0.948	0.993

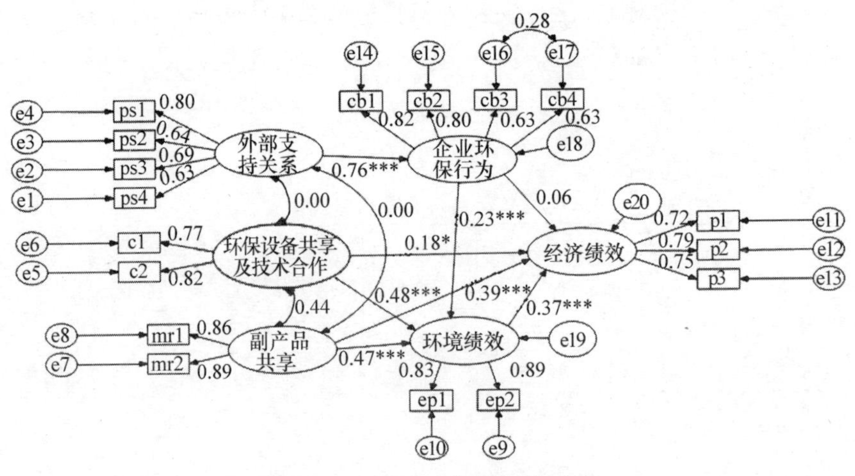

图5－7　结构方程模型影响路径

注：＊表示在0.1显著性水平下显著，＊＊表示在0.05显著性水平下显著，＊＊＊表示在0.01显著性水平下显著。

环保设备共享及技术合作对环境绩效（β＝0.48，P＜0.01）和经济绩效（β＝0.18，P＝0.08＜0.1）均有显著的正向影响，且对环境绩效的影响要大于经济绩效，副产品共享对环境绩效（β＝0.47，P＜0.01）和经济绩效（β＝0.39，P＜0.01）亦能产生正向的显著影响。企业间环保设备共享、技术合作既能提高企业的经济绩效，亦能提高其环境绩效。副产品共享使企业在环境绩效提高的同时，经济绩效也得到提升。如果企业间网络关系得到改善，副产品共享、环保设备共享及技术合作加强，就能提高企业的环境绩效，同时企业也能获得更高的经济绩效。

外部支持关系中政府部门、行业协会、金融组织对企业环保行为（β＝0.76，P＜0.01）正向影响较大，而企业环保行为对环境绩效（β＝0.23，P＜0.01）又有着显著的正向影响，说明外部支持关系对环

境绩效产生正向作用。企业环保行为对经济绩效（β = 0.06，P = 0.147）的影响是正向的，但并不显著。外部支持关系影响企业环保行为，企业环保行为影响企业环境绩效，但并不能显著地影响企业的经济绩效，如果企业从外部支持关系中获得的支持越多，越能促进企业环境保护，企业的环境绩效也越高。同时，我们注意到，外部支持关系与副产品共享、外部支持关系与环保设备共享及技术合作的共线性不显著，这可能是由于外部支持关系对于企业间进行资源回收和重复使用、环保设备共享及技术合作等方面缺乏沟通互动性，实践上支持力度不足。

表 5-7　　标准化后的各潜变量总效应

	副产品共享	环保设备共享及技术合作	外部支持关系	企业环保行为	环境绩效	经济绩效
环境绩效	0.465	0.478	0.173	0.228	0.000	0.000
经济绩效	0.511	0.315	0.053	0.071	0.309	0.000

从表 5-7 标准化后的各潜变量总效应一览表，我们可以得知：在减排过程中，对于中小企业环境绩效影响总效应而言，最大的是副产品共享、环保设备共享及技术合作网络，影响最小的是外部支持关系，其对于中小企业的环境绩效的影响很弱，只有上述单个影响因素的 1/3 左右。对中小企业的经济绩效影响总效应而言，最大的是副产品共享，最小的是外部支持关系，它没有直接影响效应，只有间接影响效应，且是前者影响总效应的 1/10 左右。而环保设备共享及技术合作对于企业经济绩效的影响也远远大于外部支持关系，是副产品共享影响总效应的 3/5 左右。

（二）主要结论

企业外部网络对企业减排的支持力度较弱，但企业从基于企业间合作互利为基础的合作关系中获得的支持多于从政府、行业协会和金融机构外部支持关系中获得的支持。同时外部支持关系与外部合作关系之间相互影响不显著，政府、行业协会、金融机构等外部支持关系没有增强企业间合作关系。政府应改变环境政策导向，从命令控制型环境政策转向经济激励型环境政策，通过搭建中小企业减排合作平台，促进企业间

合作，同时通过为中小企业提供资金、技术和信息等方面的支持，增强外部支持关系对企业减排行为的影响。

外部合作关系的强度与交易成本高低有关，在合作关系中企业从副产品共享中获得的支持多于环保设备共享及技术合作。与环保设备共享及技术合作相比，企业间副产品共享更容易通过交易形成，实现互利互惠。外部合作关系，无论是副产品共享还是环保设备共享及技术合作，都对企业环境绩效与经济绩效影响显著，企业从外部合作关系获得的支持越多，企业环境绩效与经济绩效越好。

外部支持关系能促进企业环保行为，企业的环保行为能提高企业的环境绩效但并不能显著地影响企业的经济绩效。在外部支持关系中，中小企业的减排行为从金融机构获得的支持最少。中小企业融资难，生产资金短缺，企业内部用于环境治理的资金匮乏，而又无法从外部网络获得相关金融资源。

从效应角度来说，对企业环境绩效的影响，外部合作关系远大于外部支持关系；对企业经济绩效的影响，副产品共享最大，环保设备共享及技术合作次之，外部支持关系最小，企业环保行为和环境绩效影响企业经济绩效，但企业环保行为对经济绩效影响较小且是间接效应，企业环保行为通过环境绩效影响企业经济绩效。

第三节　中小企业减排的动力来源及其差异分析

一　中小企业减排的主要动力

（一）经济绩效是中小企业实施减排的动力起点

中小企业减排的外部影响因素，驱使企业根据自身情况实施节能减排，企业减排又通过减排过程对企业经济绩效产生影响，企业经济绩效又反过来影响企业的内部影响因素，这是一个动态的、系统的动力传递过程。在这个过程中企业始终把经济绩效放在首位，经济绩效是企业减排的原动力。在中小企业样本中，通过总体结构方程分析，本书发现企业环保行为和经济绩效之间存在显著的正相关关系。可见，中小企业采取减排同时可以提升企业经济绩效。

（二）来自企业外部的压力是促进企业减排的外在驱动力

结构方程模型研究结果表明，来自政府、消费者、供应商、媒体新闻、行业协会、投资者、当地社区等外部压力均能显著正向影响企业实施污染预防和污染控制。这表明：政府建立强制性的企业减排标准，制定相应的惩罚机制体制、增加企业的违法成本；消费者进行绿色消费；媒体进行新闻报道、曝光企业不良或违法行为；行业协会加强环保监管；供应商及投资者积极关注绿色产品及服务；当地社区加强对于企业的减排关注等，这些渠道均能够有效地对企业施压，倒逼企业实施减排。同时结合之前的调查问题分析，可知目前来自企业利益相关者的压力并不高，也就是说加强企业外部压力来促使企业减排的空间巨大。

（三）减排意愿是影响企业减排的内在驱动力

结构方程模型研究结果显示，减排意愿即减排企业内部的员工、管理者、股东等的环境意识能正向显著地影响企业实施污染预防和污染控制。同时结合之前的调查问题分析，可知目前企业内部员工、股东及管理者减排意识不强。因此，要加强全社会每个人的环保意识及责任，使生态文明建设理念植根，并蔚然成风；尽快建立、健全绿色发展利益导向机制，在通过有效地提高减排企业内部的员工、管理者、股东等的环境意识，增加其内在道德动力的同时，赋予其减排上的经济利益，双管齐下，将会在很大程度上改善企业减排现状。

（四）外部合作关系是企业实施减排的发力点

结构方程模型研究结果显示，环保设备共享及技术合作对环境绩效和经济绩效均有显著的正向影响，副产品共享使企业在环境绩效提高的同时，经济绩效也得到提升。企业从基于企业间合作互利为基础的合作关系中获得的支持多于从政府、行业协会和金融机构等外部支持关系中获得的支持。企业间共享技术资源，共担技术和专利研发风险和成本，可以提高研发能力和效率，降低企业环境技术创新成本。企业间副产品共享可以减少污染物排放，减少原生资源作用量，提高资源使用率，降低企业成本。通过前一章的调查问题分析，可知外部合作关系不强，如果外部网络关系得到改善，副产品共享、环保设备共享及技术合作加强，不但能提高企业的环境绩效，同时企业也能获得更高的经济绩效。

（五）企业外部支持关系是企业实施减排的依靠点

结构方程模型研究结果显示，从政府、行业协会及金融机构等部门获取技术、资金和信息支持，可以促进企业的环保行为，通过企业的环保行为这个中介变量的作用，来提高企业的环境绩效和经济绩效。企业从外部支持关系中获得的支持越多，越能促进企业环境保护，企业的环境绩效也越高。通过前一章的调查问题分析，可知企业外部支持关系对于企业的支持很弱。如果企业的外部支持关系能够加强，企业会获得更高的经济绩效，会更有动力从事减排活动。

二　不同类型企业减排的动力差异

不同类型企业的减排动力来源与动力大小会有所差别，对于企业减排行为的影响也不同，可以根据企业自身特点，有针对性地实施节能减排。

（一）动力因素对企业减排行为影响大小排序不同

当企业规模（从业人数少）较小时，减排意愿对企业减排行为正向影响最大，当企业规模（从业人数多）较大时，政府支持对企业减排行为正向影响最大；对于轻污染型企业，政府支持对企业减排行为影响最大，对于重污染性企业，减排意愿对企业减排行为影响最大；对于非民营企业，政府支持对污染控制的影响最大，减排意愿对污染预防的影响最大，而对于民营企业，正好相反，政府支持对企业实施污染预防影响最大，减排意愿对企业实施污染控制影响最大。

（二）企业减排行为对于企业绩效影响不同

规模较小的企业在采取节电、原料采购中考虑再生资源利用程度等措施能显著提高经济绩效，而大企业在这方面却不显著。这在一定程度上说明，大企业采取污染末端治理的方法实施减排的空间已极其有限，唯有依靠污染预防才能提高经济绩效；重污染行业中的企业实施污染控制能显著影响企业绩效，但轻污染行业却不能，即重污染型通过采取节电、按标准排放以避免罚款，原料采购中考虑再生资源程度等措施，能够提高经济绩效。当企业为非民营企业时，两种减排行为均能显著正向影响企业绩效，当企业为民营企业时，只有污染预防能够影响企业绩效。民营企业大多是小型企业，其减排的减排意愿能力较弱，不能积极

主动地采取污染预防，即使实施了污染控制，也未必能够产生绩效。对于民营企业而言，政府支持和外部压力是促进其实施减排的主要驱动力。

（三）企业绩效对企业减排意愿影响程度不同

企业规模小时，绩效对减排意愿影响不显著，随着企业规模增大，绩效对减排意愿影响显著。显著性不同说明，规模较大的企业采取减排带来的绩效更容易刺激企业增强环境管理意识，提高减排意愿能力，进而采取污染预防，从而形成良性循环；对于轻污染企业，减排意愿影响并不显著。但对于高污染企业，企业员工、股东、管理者的环保意识能显著正向影响企业的减排创新行为。原因可能在于，重污染企业污染严重，受到政府的关注度高，也往往有着较高的违规成本，所以重污染企业的环境管理意识也就是减排意愿能力较强，能更好地驱动企业实施创新减排。

第六章　国内外企业减排组织的案例研究

企业间减排合作组织规模大小不一，形成过程各不相同。从减排推动力角度，有政府规划设计建设的生态工业园，也有企业间自主形成的减排合作组织；从地域范围角度，有参与主体集中于特定区域的，也有参与主体不局限于某一区域的。生态工业园是集中于特定区域减排组织的典型代表，减排网络组织是跨区域合作的典型范式。

全球生态工业园的构建一般以丹麦卡伦堡为典范，卡伦堡产业共生系统是自主缓慢形成的，最初不是以环保为目的的；苏州高新区国家生态工业示范园是传统工业园经由当地政府规划设计后整体改造后形成的，是我国生态工业园典型的发展模式。美国是产业生态学的发源地，一直致力于产业生态网络建设，堪萨斯城地区副产品协同网络从邻近企业间合作逐步形成跨区域合作网络组织，不断拓展产业共生关系；波多黎各瓜亚马生态园区以核心企业为主体，带动临近企业进行产业共生关系建设。本章选择了组织规模、演化路径不同的四个案例：堪萨斯城地区副产品协同网络、卡伦堡产业共生系统、波多黎各瓜亚马生态园区和苏州高新区国家生态工业示范园。案例力求从微观、中观和宏观三个层次分析推动资源循环利用的主要动力和关键环节；分析各案例互利共生关系的演化历程和演化动力，总结其成功经验。

第一节　美国堪萨斯城地区副产品协同网络

一　背景资料

（一）副产品协同

副产品协同（By-Product Synergy，BPS）是将被低估的废弃物和副产品流与潜在用户进行匹配的活动。这种做法有助于为公司创造新的收益或节约成本，同时可以产生社会和环境效益。副产品协同可以将公司必须支付处理成本的废弃物或副产品转化为可以创造收入的可销售商品。废物可以作为现有产品的原材料或作为一个全新产品的基础。

副产品协同过程可能会涉及材料、能源、水和副产品的交换。副产品协同的前提是废物可以从一个企业输出到另一个企业，并且这样的副产品流动可以使另一个企业产生收入，同时减少排放和对原材料的需求。大多数的材料交换发生在相邻的企业，以期更好地利用区域机会。

副产品协同是一个双赢的战略。副产品协同过程可以通过加强企业间的合作达到减少污染、节约能源和资金的目的。除此之外，它还可以促使企业通过寻找协同效应来创造减排网络的循环闭环系统。这些协同效应不仅可以减少成本，而且可以提高自然资源的利用效率。参与副产品协同的企业会形成一个网络，这个网络会加深企业间的物质交换，而且可以使企业的沟通更加有效。

（二）美国堪萨斯城地区副产品协同网络

美国堪萨斯城地区副产品协同（Kansas City Regional By-Product Synergy，KC－BPS）网络是一个跨区域、跨行业合作项目，主要由环保卓越商务网（Environmental Excellence Business Network，EEBN）赞助。KC－BPS网络运用产业生态学原理，将单个的企业联合起来，组成一个跨区域、跨行业的团队，这一团队致力于将副产品转化为有价值的新产品。KC－BPS网络创造了新的商机，同时也减少了废弃物的排放，节约了成本并产生额外的收益，使得该区域有较高的环境和经济效益。

该项目已于2004年7月20日正式启动，并一直运营至今。EEBN带头招募公司作为付费会员，而美国环境保护署、环境改善能源资源管

理局（Environmental Improvement Energy Resources Authority，EIERA）和中美洲地区固体废弃物管理理事会（Mid-America Regional Council Solid Waste Management District，MARC SWMD）也为该项目的顺利运行提供保障。这一项目的确立使得周围的工业企业和机构共同探索整合运营、减少污染、降低材料成本和改善内部流程的创新方式。经过评估后，大约有五十个协同效应有实现的可能性。KC - BPS 网络可以使参与者从中享受到节约成本、创造新收入、缓解环境问题和公共健康风险税收优惠或补贴的好处。[①]

KC - BPS 网络的主要成员有：City of Kansas City，Missouri；Cook Composites and Polymers（CCP）；盖尔道钢铁公司（Gerdau Ameristeel）[②]；Hallmark Cards Inc.；Harley-Davidson Motor Company；Jackson County，Missouri；Johnson County；Kansas City Power and Light；Lafarge Corporation Cement Group；Little Blue Valley Sewage District；Missouri Organic Recycling；Systech Corporation。合作伙伴有：US EPA Region 7、EIERA、Missouri Market Development 和 MARC SWMD。该项目主要由 EEBN、Bridging The Gap Franklin Associates 和 Division of ERG 进行管理。

KC - BPS 网络是以盖尔道钢铁公司为核心企业的副产品协同项目，KC - BPS 网络起源于盖尔道钢铁公司与周边企业的副产品协同，盖尔道钢铁公司是最早实现副产品协同的企业，一直致力于副产品协同并取得了较好的成果。案例以盖尔道钢铁公司为起点，研究副产品协同的微观形态；而后，分析盖尔道钢铁公司与其合作企业之间的协同效应，研究副产品协同的中观形态；最后，从 KC - BPS 网络的角度，研究副产品协同的宏观形态。通过微观—中观—宏观的分析，总结副产品协同的成功经验和不足之处。

---

① 资料来源：Andrew M.，Robert B.，Jason F. M.，Phaedra S.，William E. F.，Beverly J. S.，Shelly H. S.，Robert M. and Otavios，The Kansas City Regional By-Product Synergy Initiative，Mid-America Regional Council，2003。

② 盖尔道钢铁公司（Gerdau Ameristeel）于 2007 年收购查帕拉尔钢铁公司（Chaparral Steel Company），为统一名称、方便后文分析，故书中将 2007 年以前的查帕拉尔钢铁公司也称为盖尔道钢铁公司。

二 盖尔道钢铁公司的污染控制与资源循环利用

KC－BPS 网络倡导参与企业内部的资源循环利用，通过企业内部各工艺之间的物料循环，减少生产过程中物料和能源的使用量，减少废弃物和有毒物质的排放。钢铁企业是高物质消耗、高污染企业，在美国环境管理日益完善的过程中，盖尔道钢铁公司不断开展以清洁生产为基础的资源循环利用，减少资源使用量和污染排放量。

盖尔道钢铁公司拥有并经营着一家技术先进的钢铁厂，在设施和经营理念方面，盖尔道钢铁公司是行业的标杆。作为钢铁产品和服务的供应商，盖尔道钢铁公司通过不断改善产品和服务、流程和管理制度来满足股东、客户、员工、供应商和社区的需求。盖尔道钢铁公司以可持续发展为目标，对产品质量、员工健康、安全风险控制和环境影响控制负责。

对于企业而言，以人为本和诚信是盖尔道钢铁公司的首要目标。企业的生产和财务业绩遵循着绿色环保理念，可以保证居民的健康和安全，满足产品和服务的质量要求。盖尔道钢铁公司炼钢过程中产生的废物和副产品包括电炉钢渣、轧屑和灰尘。除此之外，还会产生汽车粉碎残渣（ASR）、非亚铁颗粒和耐火材料。盖尔道钢铁公司的生产过程遵循环境管理体系（EMS），对企业在原材料的获取、产品的交付以及副产品的循环利用等方面进行规划，控制企业环境行为，减少污染，提高企业效率。

（一）盖尔道钢铁公司的污染控制

盖尔道钢铁公司通过不断对环保技术进行投资，来减少生产工艺对环境的潜在影响，并不断寻找企业可持续生产的方案。盖尔道钢铁公司已经投资了现代空气除尘系统，这一系统的使用让企业在钢铁生产过程大大减少了颗粒物和二氧化碳的排放量。

盖尔道钢铁公司每年都会在研发和技术发明上投入巨额资金，以减少大气中颗粒物和二氧化碳的排放量。企业拥有一个在钢铁生产过程中可以回收颗粒物的现代化高效除尘系统。企业的半集成钢铁厂以废旧金属为主要原料来生产钢材。在装载阶段，处理的废金属沉积在电炉中，所产生的气体称为二级排放气体，而后气体上升至安装在钢厂的车顶排

气系统。排气系统中留存的气体被引导向上，通过管道，到达过滤间。过滤后的材料是一种副产物，可在经济的其他领域中使用。此外，企业不断地改进技术，以减少二氧化碳的产生。例如，在加热炉中用天然气取代油，发展着眼于提升能量效率、不断更新技术和使用废钢作为主要原料的项目。

（二）盖尔道钢铁公司的资源循环利用

在钢铁生产过程中，水被用于冷却设备和产品。而在盖尔道钢铁公司中，该过程是一个封闭的过程。因此，在钢铁生产过程中水可以被重复使用，这在很大程度上提高了水资源的利用率。通过对新技术认识的提高，企业的用水量处于递减的趋势。如今，该公司可以循环使用其工业生产中近97%的水。

如图6－1所示，非接触式冷却水主要可以通过水泵、电弧炉和冷却塔实现循环利用。而对于接触水而言，经过设备冷却处理后，接触水的温度从35℃变化到50℃。之后，水会随着明渠被带到轧屑坑里，进而使得水中固体颗粒沉降。这些固体从机械设备中被移除，然后被回收利用。在某些情况下，轧屑会被作为自然资源的替代品，例如铁矿石。

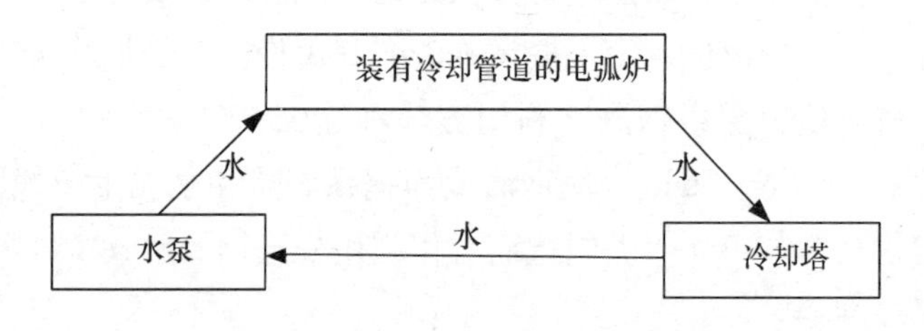

图6－1　非接触式冷却水循环系统

对于盖尔道钢铁公司来说，回收利用不仅是环保的需要，而且也是企业战略的一部分。每年，企业有超过1500万吨的钢铁废料转化为人们日常生活中使用的钢铁。在企业的生产过程中，将废钢作为原料可以减少钢铁生产过程中能源的消耗，进而最大限度地减少二氧化碳的排放。此外，企业通过建立一个公众网站，收集和处理成千上万吨废品的信息，进而回收利用。这也构成了企业废料回收的主要部分，如炉灶、冰箱和旧汽车。除此之外，企业也会从其他行业的生产过程中回收钢

铁，如汽车、包装和电器。这些材料可以被回收利用到新的钢铁生产。

副产品是钢铁生产过程中产生的可以作为建筑、水泥和陶瓷工业的原料而被继续使用的材料。这些材料被用于铺路、铁路镇流器、铸造厂、铁合金生产以及其他用途。此外，与使用传统材料相比，这些副产品的使用减少了30%—50%的成本，而且还减少了自然资源的消耗和二氧化碳的排放。为了利用钢铁生产过程中产生的副产品，企业已经与大学、研究机构和其他行业进行了研究合作，并且在副产品和促进回收处理方面进行了内部的改进。

三　美国堪萨斯城地区副产品协同网络企业主体间的副产品协同

（一）盖尔道钢铁公司与水泥制造商得克萨斯工业之间的钢渣协同项目

早在1990年，盖尔道钢铁公司的管理者就开始探索他们与其他企业之间的副产品协同关系。得克萨斯工业（TXI）是一家硅酸盐水泥的制造商，也是盖尔道钢铁公司选择副产品协同的第一家合作企业。

在与TXI的副产品协同过程中，TXI可以重新利用盖尔道钢铁公司生产的钢渣。多年来，钢渣一直被认为是不能使用的废弃物，一般用于道路建设，利用价值低。为了提高钢渣的利用价值，盖尔道钢铁公司一直挖掘钢渣价值，探索钢渣的利用方法和途径，成功研发了“先进钢渣回收技术”（Cem Star），使钢渣成为钢铁制造和水泥生产的原材料。盖尔道钢铁公司与TXI水泥制造商合作利用先进钢屑回收技术实现了对钢渣的循环利用。

通过多年技术研发、循环利用合作，盖尔道钢铁公司和得克萨斯工业形成了较完善的以钢渣利用为中心的资源循环利用系统（见图6-2）。盖尔道钢铁公司转让“先进钢渣回收技术”专利给得克萨斯工业，使钢渣（炼钢过程的剩余）可以转化为得克萨斯工业生产波特兰水泥（硅酸盐水泥）的原材料。钢渣含有的硅酸二钙（和生石灰）是水泥生产的基础材料，通过使用已经煅烧的石灰，水泥制造商可以不再自行煅烧石灰石，降低了自行煅烧石灰石需要购买原材料并加工生产的成本，减少了二氧化碳的排放。而在此之前，钢渣往往被冷却、压碎，卖给公路建设行业，并没有实现其充分利用。利用钢渣代替石灰购买（需要

加热），TXI 大大降低了矿石、能源需求，并降低了水泥制造过程的污染排放。

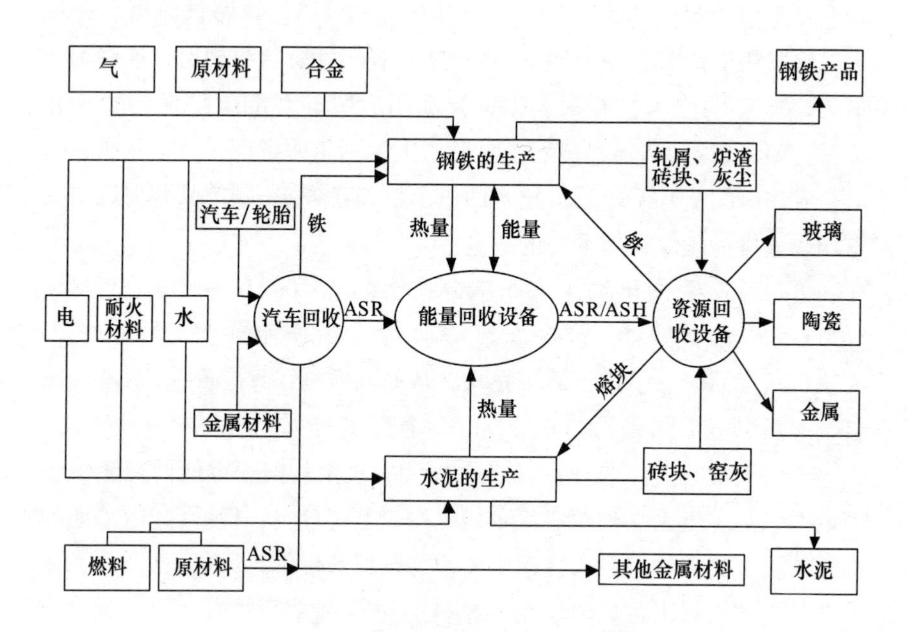

图 6－2　盖尔道钢铁公司的协同网络

在盖尔道钢铁公司内部，企业生产钢铁和水泥的过程中形成的热量可以通过能量回收设备进行回收再生产；企业炼铁产生的轧屑、炉渣、砖块和尘土可以通过资源回收设备进行回收，并以此作为原材料投入钢铁生产中；而生产水泥的过程中产生的砖块和窑灰，通过资源回收设备进行回收，并以此作为原材料投入水泥生产中。

先进钢渣回收技术使得盖尔道钢铁公司整体节能 10%—15%，降低 10% 的二氧化碳排放，减少 25%—45% 的氮氧化物排放，增加了 5%—15% 的产品生产。此外，钢渣循环利用所创造的价值是它用于道路建设所创造的价值的 20 倍。

（二）盖尔道钢铁公司与汽车回收企业的汽车粉碎残渣协同

盖尔道钢铁公司钢铁生产的原材料除了从外部购买和通过回收设备回收，还有一个重要的途径：将汽车回收企业回收的废弃汽车进行粉碎，并将废钢铁作为原材料使用。盖尔道钢铁公司在生产过程中会产生

大量的汽车粉碎残渣（Automobile Shredder Material，ASR），研究汽车粉碎残渣技术，开发汽车粉碎残渣的利用价值，成为了盖尔道钢铁公司的重要经营活动。

汽车粉碎是盖尔道钢铁公司运营中不可或缺的一部分。每年约有80万辆废弃的汽车被粉碎，废钢铁利用后留下大量残留物，包括铝、镁、玻璃、聚氯乙烯和橡胶以及非氯化塑料等非金属材料。1990年，企业成功研制了基于电涡流技术的汽车粉碎残渣清洁系统，减少了汽车粉碎残渣作为垃圾填埋场物的数量。

盖尔道钢铁公司每年汽车粉碎机会粉碎100万辆汽车，产生约120000吨的粉碎残渣，包括塑料、氧化物、液体和泡沫等。盖尔道钢铁公司从食品行业引进了浮沉技术，从而高质量并且廉价地分离这些材料。1998年盖尔道钢铁公司购买了一种浮选分离创新技术的独家代理权，不同于传统的浮选技术，该技术可以使用的浮选介质价格低廉、处理量大。盖尔道钢铁公司对汽车粉碎残渣分离分类，将不含氯塑料作为一种清洁、高效的燃料来源，避免作为垃圾被运到垃圾填埋场。这项技术也开辟了从城市垃圾填埋场“挖掘”塑料的可能性。

浮选分离技术于1998年开始运作，这一进程使得企业重新获得了铝、镁和其他材料。在这个新的资源的基础上，盖尔道钢铁公司希望吸引其他行业来到他们的Midlothian网站，利用浮选分离技术进行更大范围的废弃物再生利用。浮选分离技术产生较大的经济效益，每年仅再生塑料出售就可以产生高达50万美元的收益。

这种分离技术不仅可以应用于汽车粉碎残渣处理，而且可以应用在许多不同的过程中产生的各种废物流中。盖尔道钢铁公司希望在北美和南美的市场上推广浮选分离技术，通过废弃物再生利用可以实现盈利，同时减少各行各业对环境的影响。浮选分离技术使废弃物再生利用成为新的商机。

四　美国堪萨斯城地区副产品协同网络的资源循环利用

盖尔道钢铁公司寻求副产品协同的脚步从未停止，在2004年KC-BPS网络中，盖尔道钢铁公司已经与另外10家企业共同寻找副产品协同，并形成了副产品协同跨区域网络，更好地展现了副产品协同网络的优势。

（一）量化的协同效应

KC－BPS 网络的副产品协同主要涉及四项协同效应（食品垃圾堆肥、产品的侵蚀控制、就地重排管道和不合规格树脂的使用）。图 6－3 描绘了项目第一年期间确定的潜在的副产品协同流。Lafarge Cement 和 Missouri Organic Recycling 被确定为可以提供副产品协同机会的主要企业。

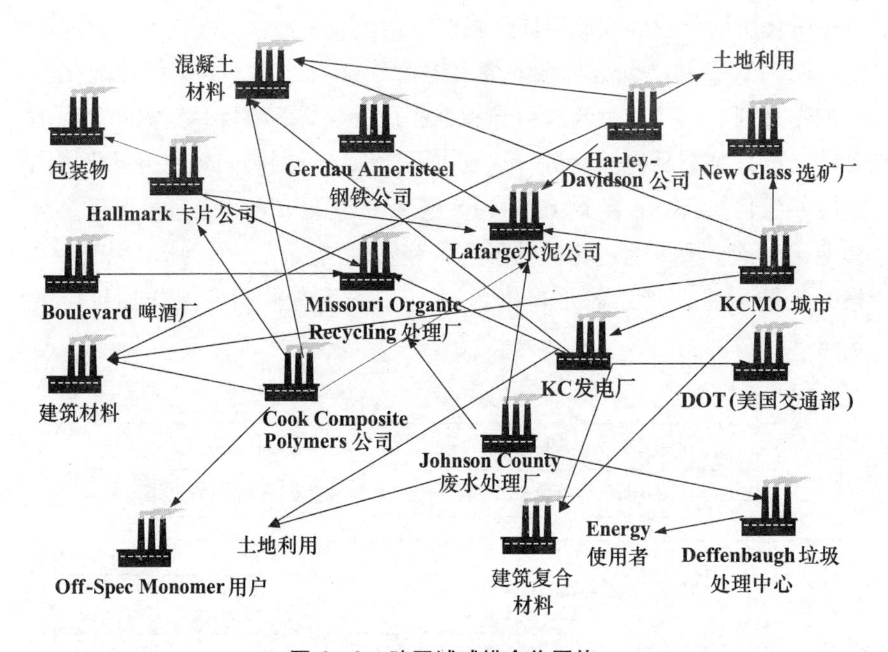

图 6－3　跨区域减排合作网络

由图 6－3 可以看出，现在的盖尔道钢铁公司已经与多个企业形成了以 Lafarge Cement 为中心的副产品协同网络。这一网络覆盖了 11 个企业，其中包括盖尔道钢铁公司、哈利—戴维森牌摩托车、KCMO 城市、DOT、KC 发电厂、豪尔马克卡片公司等。企业与企业的合作中可以形成土地和能源的使用，进行了更为紧密的资源交流。在这个虚拟网络中，形成了更多的新产物，例如，混凝土材料、包装物、建筑涂料、建筑复合材料等。

（二）副产品协同流程

副产品协同（BPS）在不断的开展中形成了一个标准的副产品协同

流程。副产品协同项目的执行程序主要是：商业化进程→主导 BPS 项目→与商业伙伴合作→与区域伙伴合作→与大公司合作。经过这一系列的步骤，就可以完成副产品协同项目交付。通过量化协同、支持流程和政府许可，促使了副产品协同项目的形成，让废弃物在更大范围寻找重新利用的价值，以协同合作共同盈利的方式实现环境与经济的双赢。在项目执行时，其具体的协同流程主要为：提高协同意识→识别协同效应→量化协同效应→实施协同项目。

KC－BPS 网络也是紧紧围绕上述流程开展工作，该网络形成是一个事先策划，而后通过政府引导和企业积极参与的项目，其协同流程主要是：招募副产品协同成员→达成协同意识→识别协同效应→量化协同效应→项目执行。在整个 KC－BPS 网络中，盖尔道钢铁公司积极参与其中，为整个项目的运转提供了技术和管理的支持，作为 KC－BPS 网络的成员和协调者，盖尔道钢铁公司为项目的顺利开展作出了巨大贡献。

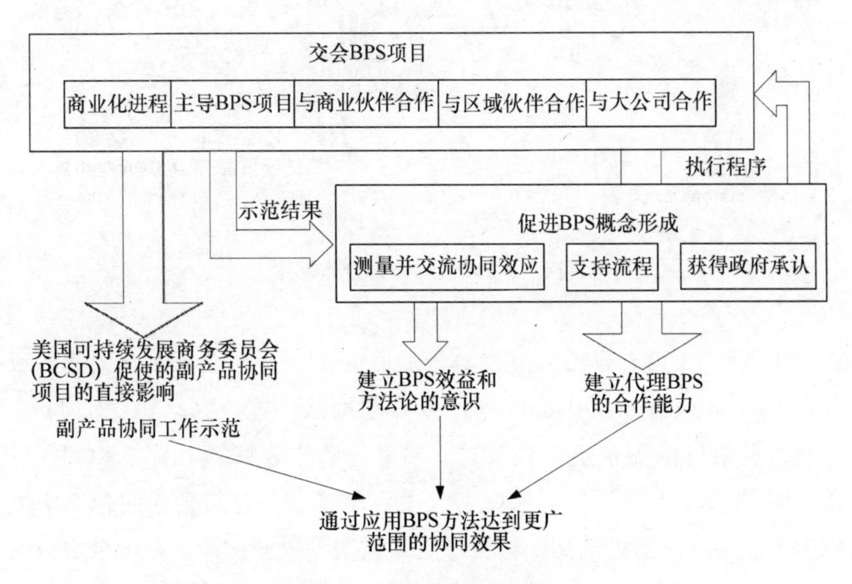

图 6－4　副产品协同的流程

（三）堪萨斯城地区副产品的协同网络的成果

KC－BPS 网络通过废弃物的再生利用减少污染排放（见表 6－1）。

聚酯/箔薄膜的再生利用，每年减少二氧化碳净排放约27吨，减少氮氧化物净排放约1.6吨；每年节约煤炭约275吨；每年减少城市固体废弃物约400吨。

表6-1　　美国堪萨斯城地区副产品协同网络的环境效益　　单位：吨

	聚酯/箔薄膜	废弃轮胎	混合塑料
减少二氧化碳净排放	27	160	18950
减少氮氧化物净排放	1.6	1.37	138
减少其他气体净排放	—	0.007	—
节约煤炭	275	298	24000
减少城市固体废弃物量	400	250	16800

废弃轮胎的再生利用，每年减少二氧化碳净排放约160吨，减少氮氧化物净排放约1.37吨；每年减少其他气体净排放约0.007吨；每年节约煤炭约298吨；每年减少城市固体废弃物排放约250吨。

混合塑料的再生利用，每年减少二氧化碳净排放约18950吨，减少氮氧化物净排放约138吨；每年节约煤炭约24000吨；减少城市固体废弃物约16800吨。

污水处理厂生物固体的再生利用，每年减少城市固体废弃物15000—16100吨，每年氮氧化物减少15%—30%；同时提供了32—45吨的可用氮，改善了土壤孔隙度、保水性、碳磷钾的水平。

厨房垃圾中，每年有100吨的食物残渣作为堆积肥再生利用；每年减少二氧化碳净排放量42—46吨，其他气体净排放约0.01吨，污水量每年约77吨；减少的水供给约9吨；可以改善0.03吨水的质量，并代替肥料使用，改善土质，每年减少城市固体废弃物排放约100吨。

五　美国堪萨斯城地区副产品协同网络的演化历程

相对于传统的生态产业园区而言，美国堪萨斯城地区副产品协同KC-BPS网络是一个新型的网络组织，其演化过程是从一个小范围的跨区域网络向大范围跨区域网络的演化。在KC-BPS项目中，最初的副产品协同产生于两个地域不同的企业，而且在整个演变过程中，

KC－BPS 网络并没有形成实体工业园区，企业和企业之间一直通过协同协议进行联系。

在整个副产品协同过程中，企业不是独立的个体，而是整体的重要组成部分。从刚开始两个企业间的协同，到整个虚拟网络组织的构建，整个过程是在企业、社会和政府的不断推动下演化而成的，具体的演化过程如图 6－5 所示。

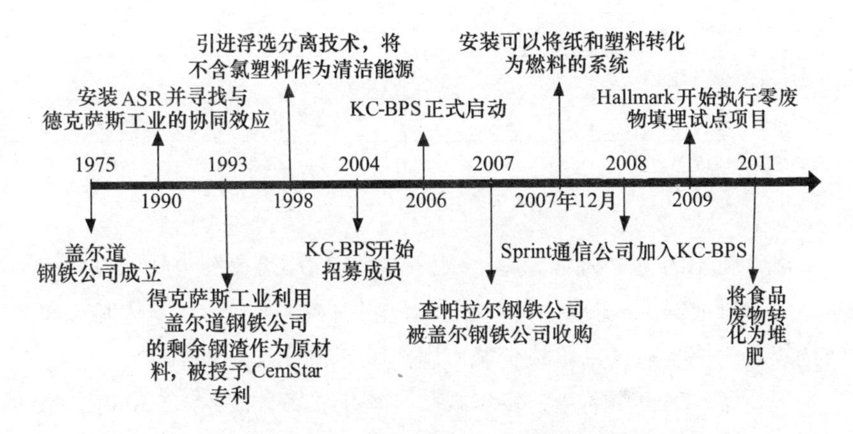

图 6－5　美国堪萨斯城地区副产品协同网络的发展历程

1975 年，盖尔道钢铁公司的成立成为了整个 KC－BPS 网络的开端；1990 年，盖尔道钢铁公司率先安装了汽车粉碎残渣处理系统（ASR），成功地将汽车粉碎残留物转化为企业生产的原材料，汽车粉碎残渣处理系统的应用为 KC－BPS 网络的顺利发展打下了坚实的基础；同年，盖尔道钢铁公司公司也首次寻找与母公司的协同，标志着企业开始步入副产品协同的道路；到 1993 年，利用先进钢渣回收技术（Cem Star）盖尔道钢铁公司顺利实现了与得克萨斯工业的副产品协同利用，盖尔道钢铁公司的钢渣（炼钢过程的剩余）可以转化为生产波特兰水泥（硅酸盐水泥）的原材料；盖尔道钢铁公司没有就此止步，1998 年，引进浮选分离技术使得盖尔道钢铁公司再一次发现副产品协同机遇，企业可以将不含氯塑料作为清洁能源使用，这大大地降低了企业的生产成本，提高了能源使用效率。

为了进一步寻找副产品协同机会，KC－BPS 网络于 2004 年开始正

式招募成员，并于2006年正式启动；2004年盖尔道钢铁公司被招募为KC－BPS网络的成员，并寻找副产品协同；2007年12月KC－BPS网络成员发现，可以将纸和塑料等混合物质转化为燃料，并积极安装了可以转化为燃料的系统；2008年，基于KC－BPS网络带来的经济效益和社会效益，Sprint通信公司也参与到KC－BPS网络中来；企业不断地进入KC－BPS网络，为跨区域合作网络的形成提供了良好的基础。迄今为止，KC－BPS网络的成员已多达11家，企业间已形成了物质交换网络，这种网络的形成为企业之间物质和信息的交流和沟通提供了便利，也节约了企业的生产成本。

KC－BPS网络的产业共生演化，以盖尔道钢铁公司为起点，通过开发废弃物的利用价值，吸引企业进入共同协作网络完成废弃物的再生循环利用，它们都以降低生产成本、提高收益、降低环境污染为目标，不断寻求协同效应，最终形成了一个跨区域的合作网络，打破了传统的生态工业园区的地理界限，降低了建立生态园的成本；而后来的KC－BPS网络更是进一步打破了地域限制，在更广阔的范围内形成了企业之间的协同。KC－BPS网络产业共生的演化历程，即封闭的单个企业的减排组织→不限于同一地理的众多企业的减排网络→广泛的跨区域减排网络（见图6－6）。

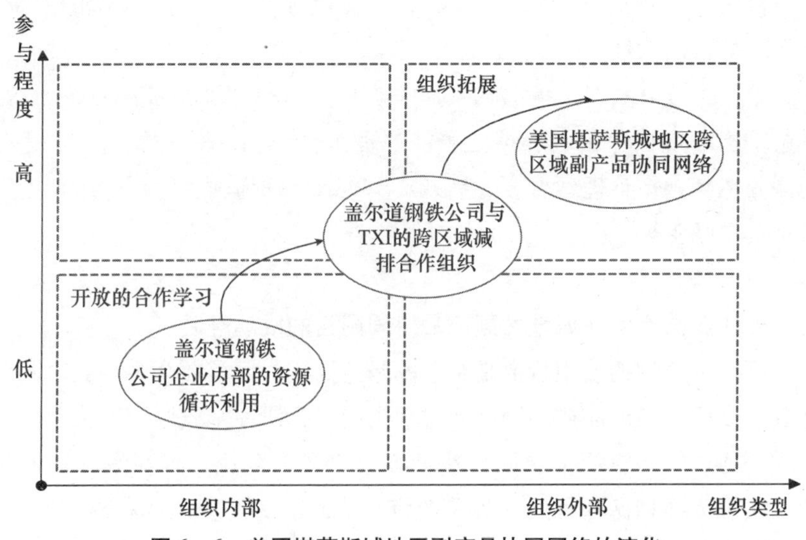

图6－6　美国堪萨斯城地区副产品协同网络的演化

KC－BPS 网络目前一直处于运营状态，并积极寻求副产品协同机会，为社会创造了社会效益，也为企业自身赢得了经济效益。

六　美国堪萨斯城地区副产品协同网络形成的动力来源

正如曼根说的，“协同效应可以节省数百万美元，但是不会总是发生”，一个减排虚拟网络的构建不仅需要企业的努力，还需要更多的动力驱动，而 KC－BPS 网络的驱动力除经济效益的吸引和环境效益的追求之外，还有政府的扶持。

第一，经济效益。企业的目的是追求利润最大化，通过副产品协同，可以降低企业的生产成本，这是最基本的一个驱动因素。KC－BPS 网络通过对不同企业之间副产品协同效应的寻找，可以将上游企业的生产废弃物变成下游企业的生产原材料，这一转化给 KC－BPS 网络的成员们带来的最直接的利益就是生产成本的减少和收入的增加，而这也是吸引企业成员加入 KC－BPS 网络的最主要驱动力。

第二，环境效益。在 KC－BPS 网络中，环保效益的驱动主要包括两个方面，即税收优惠和社会地位上升的激励。在堪萨斯城地区，企业加入 KC－BPS 网络可以享受一定的税收优惠。除此之外，KC－BPS 网络成员一直致力于环保事业，这不仅仅局限于企业之间，还扩展到了学校、社区等公共领域。企业的环保活动可以提高自己在社会中的地位，并且增加自己的社会知名度。

第三，政府扶持。美国政府是推动 KC－BPS 网络形成的重要力量，其中美国环境保护署、环境改善能源资源管理局（EIERA）和中美洲地区固体废弃物管理理事会（MARC SWMD）都为项目的顺利运行提供了资金上的支持。

七　美国堪萨斯城地区副产品协同网络的成功经验

开发废弃物的使用价值是企业的绿色商机，但需要众多企业协同合作共同完成。副产品协同网络通过识别商机，研究开发废弃物再生利用技术，通过网络组织成员间的废弃物再生循环利用，提高废弃物的价值，实现废弃物循环利用的规模效应，从而减少处理成本和治理费用，实现资源价值最大化的同时也使组织成员获得较高的经济效益。

KC－BPS网络打破了传统工业园区的地理界限，使得企业跨越它们的地理边界来获取新的互补的绿色能力、资源、市场和共生机会。KC－BPS网络的11个成员分布在堪萨斯城的不同地区，虽然企业和企业之间存在着距离，物质、水、能源和其他废物的交换可能比较少，但是更多的企业能力和资源共享可以通过大量虚拟节能减排网络得到实现。

KC－BPS网络是一个成功的副产品协同利用范式，其经验主要体现在以下几方面：

第一，跨区域跨行业寻找废弃物再生利用的价值，实现资源价值最大化，是KC－BPS网络形成的初始动力；废弃物价值最大化提高了组织成员的经济效益，也形成了网络组织的凝聚力。KC－BPS网络的整个演变过程，并没有按照传统的生态工业园的演变模式，将企业圈存在一个固定的工业园内，而是开放的招募成员，并且建立了虚拟的共生网络，这是KC－BPS网络最大的优势。另外，KC－BPS网络没有将所有企业实体圈放在一个工业园中，而是在协同的过程中形成了虚拟的网络，减少了建园成本和土地占用。

第二，KC－BPS网络是一个开放性的动态组织，网络信息平台的构建，为项目成员招募、新项目开发提供了有利条件，网络平台形成信息共享机制也使网络成员间供需信息能够准确、顺畅传递，提高副产品协同项目合作运行效率，提高网络成员生产决策的准确性。KC－BPS网络得到了环保卓越商务网（EEBN）赞助，建立了网络信息共享平台，盖尔道钢铁公司也创建了Midlothian网站来吸引其他企业与之合作。KC－BPS网络信息平台的建立为网络成员间信息、技术等资源共享以及副产品协同项目实施过程中的协调控制提供了便利条件。

第三，美国政府的环境保护政策促进了KC－BPS网络的形成，副产品协同项目和参与者的自主选择，提高了副产品利用价值和协同项目的经济效益。在KC－BPS网络中，如果企业可以成为协同项目成员，企业将会享受到除了成本减少和收益增加之外的税收优惠政策。税收优惠政策提高了网络成员的利润空间，引导企业积极参与废弃物循环利用，提高资源利用效率，减少环境污染。KC－BPS网络中，政府起到正确引导的作用，而不是强制企业参与项目当中，企业往往都是自主选

择协同项目和项目参与者，给网络更大的择优发展空间，通过废弃物价值的最大化利用以实现协同项目经济效益最大化，使得整个网络更有凝聚力、更具稳定性。

第四，企业的积极参与是 KC－BPS 网络成功运转的强大动力。在整个项目中，不断地有企业积极地加入到 KC－BPS 网络中来。企业的积极加入不仅为 KC－BPS 网络注入新的活力，也为 KC－BPS 网络带来了更多的副产品协同机会。企业自愿、积极地参与到 KC－BPS 网络中，使KC－BPS网络拥有了一个统一的目标，所有的企业都为这一个统一的目标前进，这在很大程度上提高了 KC－BPS 网络的运转效率，使得 KC－BPS网络实现了效率最大化。每个企业在实现自己经济利益的同时，承担了社会责任，树立了自身社会形象。良好的社会形象使得 KC－BPS网络有更多的机会与社区和大学合作，最终在整个社会层面实现了虚拟网络的形成。

第五，量化协同效应，规划协同流程，建立稳定的协同关系是 KC－BPS网络取得高协同成果、持续稳定发展的前提。在整个 KC－BPS 网络中，各个成员通过积极的讨论来增强协同意识，通过达成长期合作协议建立了稳定的协同关系，在此基础上他们通过协同合作的方式形成一个高效的闭环网络。Environmental Excellence Business Network、Bridging The Gap Franklin Associates 和 Division of ERG 作为 KC－BPS 网络的管理者主要负责整个项目的运营和改进，通过开发材料、能源、信息和技术来促进项目成员之间形成“产业共生关系”。除此之外，KC－BPS 网络的管理者可以通过利用存在于虚拟网络中的材料、能源、信息和技术来查找资源型协同效应，制订增加资源的可循环利用的计划，识别当前绿色竞争力和资源管理的差距，并通过招募新的项目成员来缩小这个差距。

第六，保证协同效应的顺利执行是关键一步。副产品协同项目的成功运行，仅仅靠单方势力是不可能完成的，它需要成员间的协同配合、项目管理者的积极改进、项目协调者的积极沟通、项目规划者的认真规划。但这些也仅仅是项目顺利开展的第一步，识别协同效应，量化协同效应是项目成功运转的第二步，而保证协同效应的顺利执行是副产品协同项目走向成功的最为重要的一步。企业加入副产品协同项目后除了与

其他企业积极配合，还应该规划好自己的协同流程，取得高协同成果、持续稳定发展，最终实现良好的经济效益、社会效益和环境效益。

第二节　卡伦堡生态工业园

一　背景资料

卡伦堡生态工业园是世界上最早的产业共生系统，也是目前世界上存续时间最长、发展较为成功且为人所周知的产业共生系统（Jacobsen and Brings，2006；Suvi Lehtoranta et al.，2011）。卡伦堡生态工业园坐落于丹麦哥本哈根以西、距离哥本哈根100公里左右且濒临自然湖——梯索湖、拥有天然深水港的卡伦堡市。卡伦堡是一个拥有两万左右居民的小型工业城市，最初这里建造了一座火力发电厂和一座炼油厂，由于资源和环境承载力有限，区域内的主要企业开始相互间交换“废料”，逐渐形成了一种产业共生体系。

卡伦堡生态工业园的发展模式被公认为是产业自组织共生生态系统的典型实践（Costa I. et al.，2010；Junming Zhu，2014；郭永辉，2014）。卡伦堡产业共生系统形成初期，不完全是出于环境保护的目的而建立，其形成最早可追溯到1961年，由于炼油厂和发电厂生产过程中需要使用大量的淡水，而卡伦堡地区地下水资源不足，必须充分利用当地水资源。原本企业间废弃物交换使用是为了降低成本、产生效益，但经营者和政府逐渐发现，企业间废弃物交换使用产生了非常好的环境效益，在政府、企业和当地居民共同推动作用下，由单纯的企业间一对一的交换模式扩大为多元化的副产品交换网络。

卡伦堡生态工业园产业共生系统逐步形成和完善的过程，也是卡伦堡经济发展与环境保护逐步协调的过程。随着卡伦堡工业经济的不断发展，自然生态环境破坏的日益加剧，为了保护环境，自20世纪70年代开始，当地政府一方面依排放量对企业计征污染排放累进费；另一方面对降低污染物排放的企业给予奖励。严格的环境管制政策使得企业污染物排放的环境负外部性内化为企业的生产成本。出于降低成本的考虑，企业更加主动地探索循环利用以减少排放的工艺生产流程，逐渐地进行自身技术改造、升级，开展与其他相关企业副产品的循环利用。随着全

球环境问题的日益严重，卡伦堡生态工业园的共生模式引起了广泛的关注。

经过40多年的探索与完善，目前卡伦堡生态工业园已建成以Asnaes火力发电厂和Statoil炼油厂等（生产者）—卡伦堡市相关主体（消费者）—废品处理公司和土壤改良公司等（分解者）为循环链的人造的、动态的、开放的产业生态共生系统。

二　卡伦堡生态工业园的资源循环利用

卡伦堡生态工业园的参与者有企业、政府、居民等相关主体，各主体相互协作、互利共生，共同建立了以物质和能源梯级循环生产利用的工业共生系统。与自然生态系统相似，在这个产业共生生态系统中，生产者、消费者和分解者由不同类型的企业构成。作为生产者的企业，需要从自然生态系统中筹措其加工处理过程中所需要的原材料，进而为消费者提供所需要的工业产品和环境所不愿接受的生产者代谢物——工业废弃物；作为消费者的企业，在产业共生系统中使用由生产者生产的产品，包括水和能源，并代谢出废弃物；作为分解者的企业，是产业共生系统的废弃物处理者，把废物转化为环境安全的物质。

卡伦堡生态工业园是由微观层次企业内部的物质循环、中观层次企业间的物质循环和宏观层次产业共生系统的物质循环构成。微观层次企业内部的物质循环是企业改进自身工艺生产流程，采用循环生产方式方法，提升自身的资源能源利用率，降低废弃物排放；中观层次企业间的物质循环把整个企业群看作一个循环生产主体，上游企业产出的产品和代谢废弃物为下游企业生产的原材料；宏观层次产业共生系统的物质循环，是园区内的企业主体（生产者）利用自然资源经加工处理后为消费者（卡伦堡市相关主体）提供工业产品和工业废弃物，而工业废弃物则交由分解者（废弃物处理公司等）分解处理后排放至环境中。

（一）企业内部的资源循环利用——以Asnaes火力发电厂为例

卡伦堡生态工业园主要由火力发电厂（Asnaes Power Station）、制药厂（Novo Nordisk A S）、石膏板厂（BPB Gyproc A S）、酶生产厂（Novozymes A S）、炼油厂（Statoil A S）和废物处理公司（Noveren I S）等主体构成。其中Asnaes火力发电厂是丹麦最大的火力发电厂，年发

电能力约为150万千瓦，其最初使用燃油发电，第一次石油危机后改用煤炭；Statoil炼油厂是丹麦最大的炼油厂，年产量超过300万吨，消耗原油500多万吨；Novo Nordisk公司是丹麦最大的生物工程公司，也是世界上最大的工业酶和胰岛素生产厂家之一，设在卡伦堡的工厂是该公司最大的分厂，有1200名员工；Gyproc石膏材料公司是一家瑞典公司，年产1400万平方米的石膏建筑板材。除企业间相互利用废弃物或副产品外，各企业内部也实施资源减量化、再利用、再循环的工艺生产模式，以达到减少排放甚至零排放的环境保护目标。

Asnaes火力发电厂是以煤为主要燃料的发电工厂，其基本发电过程为：通过利用化学燃料燃烧所产生的热能将锅炉中的水加热，随着锅炉中的水不断吸热逐渐由液态转换成气态，锅炉中气体膨胀提高内部气压，气压压力推动汽轮机转动进而带动发电机转动，将汽轮机热能转换成机械能、机械能转变成电能。由此可以看出，在Asnaes火力发电厂的发电过程中，煤的燃烧会产生飞灰、混合灰和残渣，锅炉中"化学能—热能"转换过程中会产生余热和蒸汽。鉴于卡伦堡市严格的环境管制政策和水资源利用成本的上升，该火力发电厂通过建立厂内水资源循环利用系统将电能生产过程中的水进行梯级循环利用，通过废气处理系统将燃料燃烧所产生的废气进行脱硫、再利用等处理环节使废气达标并排放，通过其他的相关措施将余热、蒸汽、飞灰、混合灰和残渣等进行收集。具体循环模式如图6-7所示。

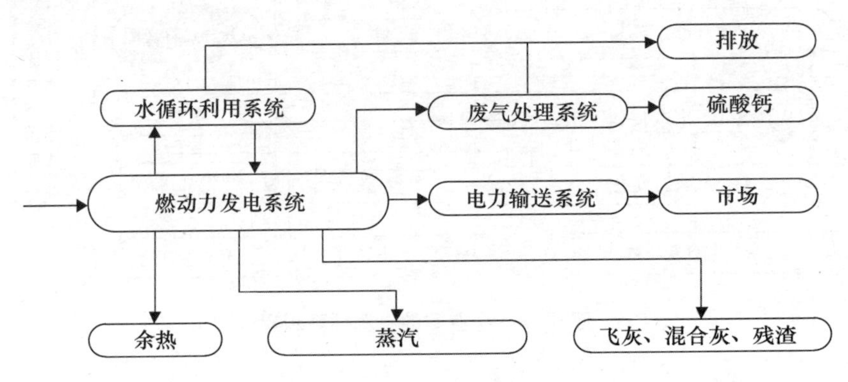

图6-7　单个企业内的循环生产模式

（二）企业间的资源循环利用

企业之间的循环经济运行模式是把不同的企业联结起来，形成共享资源和互换副产品的产业共生组合，使得一家企业的废气、废热、废水、废渣等代谢物成为另一家企业的原料和能源。卡伦堡园区以发电厂、炼油厂、制药厂和石膏制板厂为核心，通过市场交换的方式把其他企业的废弃物或副产品作为本企业的生产原料，建立起产业共生和代谢生态链关系，最终实现园区污染的“零排放”。

卡伦堡地区内各企业都建立了与 Asnaes 火力发电厂类似的循环生产工艺流程，然而，单个企业由于自身业务经营特点无法完全将生产过程中所产生的物质和能量充分利用，故企业间寻求协作，通过彼此间的物质和能源相互交换利用来减少废弃物的排放，进而降低企业自身的排污成本和生产成本。企业间的资源循环利用如图 6-8。Asnaes 火力发电厂将生产过程中产生的蒸汽供给 Novo Nordisk 制药厂使用、Statoil 炼油厂将生产过程中所产生的可燃气体供给 Asnaes 火力发电厂和 Gyproe 石膏厂使用、Statoil 炼油厂和 Asnaes 火力发电厂建立水资源循环利用共同体等。通过彼此间的物质和能量循环利用，一方面降低了各主体企业的污染物排放量、节约排污成本；另一方面通过彼此间的废弃物循环利用提高了资源能源利用率和降低生产中的用料成本。

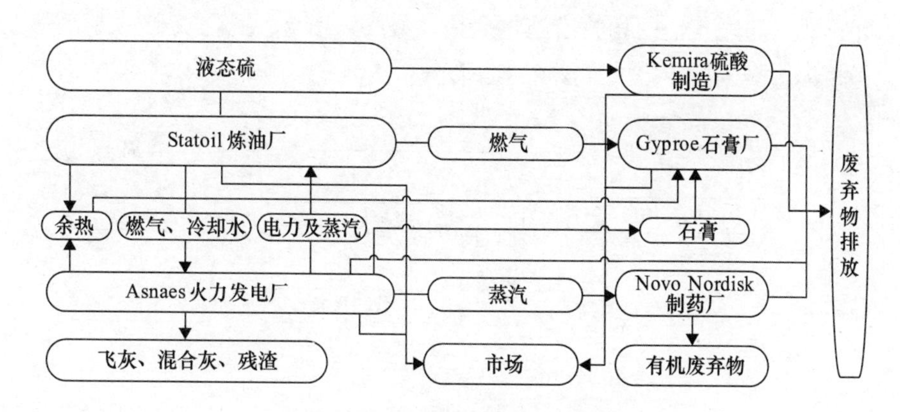

图 6-8　企业间的资源循环利用

（三）卡伦堡生态工业园区的资源循环利用

企业是一个经济主体，企业的经营决策源于自身“成本—收益”

的权衡。因此，企业间的物质和能量循环利用必须能为企业带来经济效益，若企业间彼此的物质和能量循环不经济，则企业甘愿承受为污染物排放而缴纳的高额环境污染费。卡伦堡地区的企业生产过程中所产生的废弃物，部分可以通过彼此间的梯级循环利用实现零排放，部分则不能完全利用，甚至企业主体间不能再循环利用，而这些废弃物中部分废弃物经过某种程度的加工处理后可以被园区内的非企业主体所使用，部分则交由政府集中处理。园区内循环生产模式如图 6－9 所示。将 Statoil 炼油厂和 Asnaes 火力发电厂生产中产生的余热部分供给养殖场使用，将 Novo Nordisk 制药厂生产中所产生的有机废弃物加工成有机肥料供给园区农场使用，将地区内企业无法再循环利用的部分废弃物交由政府集中处理。

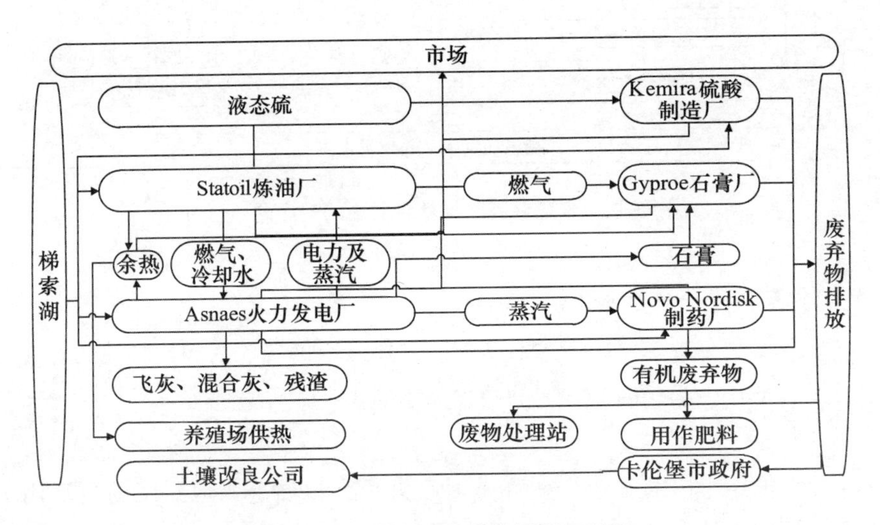

图 6－9　卡伦堡园区的资源循环利用

（四）卡伦堡园区与社会层面的资源循环利用

工业园区一般是指在一定区域范围内的多个相关主体构成的工业共生网络。然而，仅园区内主体的互利共生，很难实现域内废弃物的完全再生利用，因此在一定区域内的园区需要与当地的居民或其他利益相关主体建立起共生联系。卡伦堡工业共生园区与社会层面的循环生产模式如图 6－10 所示。将 Statoil 炼油厂和 Asnaes 火力发电厂生产过程中所

产生余热中不能被企业主体和养殖场完全使用的部分用于社会中居民的街区和远距等供热，将 Asnaes 火力发电厂再生产过程中产生的飞灰、混合灰和残渣等供给丹麦北部的水泥厂用于水泥的再生产。

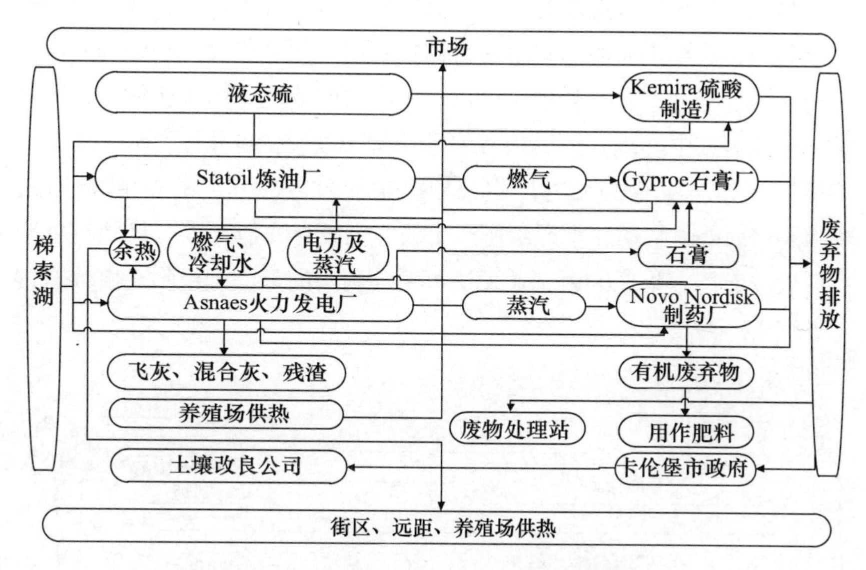

图 6-10　卡伦堡园区与社会层面的资源循环利用

（五）卡伦堡生态工业园循环利用的资源类型

卡伦堡生态工业园内企业之间的合作是以能源、水和物资的流动为纽带联系在一起，因此它们的共生关系体现在以下方面：

1. 水

卡伦堡市内的工业企业都是用水大户，再加上当地居民的生活用水，导致卡伦堡地区的可用水资源总量不断减少，水资源短缺抬高了当地水资源的价格，提高了企业的用水成本；同时，卡伦堡地区的环境管制政策也规定对污水排放征税。于是水成为卡伦堡地区各企业主体间循环的一种循环物，如火力发电厂再生产过程中需要大量的水，生产又会产生大量的冷却水和蒸汽；炼油厂再生产过程中也需要水，同时也产生大量的废水。于是，发电厂和炼油厂首先构建自身的水循环生产体系，充分利用水资源；其次，将自身不能再生利用的水资源输送给对方，供给对方使用；再次，再将二者不能再次使用的水资源输送给共生系统中

其他主体使用；最后，将经过多次重复利用后所产生的污水输送给污水处理厂进行处理，达标后排放。

2. 燃气

炼油厂生产过程会产生大量的可燃性气体，若直接排放，不仅会对环境造成污染，同时也是对资源的一种巨大浪费。于是，炼油厂将生产过程中所产生的可燃气输送给相关主体使用，如火力发电厂和石膏厂。经由这种方式一方面降低了炼油厂生产过程中由于可燃气排放而需缴纳的排污费；另一方面也提高了炼油厂的经济效益，因为炼油厂将可燃气输送给发电厂和石膏厂会向它们收取一部分的费用，而从炼油厂和石膏厂的角度来看，由于这种可燃气是炼油厂生产过程中所产生的废弃物，因此在选择购买这种废弃物作为能源时具有强有力的买方市场，进而可以降低购买价格，节约企业的成本花费。

3. 蒸汽

火力发电厂再生产过程中不可避免地会产生大量的蒸汽，而这种蒸汽中蕴含大量的热量，若直接排放不仅浪费资源而且还需缴纳排污费。因此，火力发电厂采用蒸汽梯级利用方式，将该蒸汽输送给本地区其他相关主体使用，如输送给炼油厂、制药厂等企业。

4. 飞灰

Asnaes 火力发电厂利用煤燃烧进行发电过程中会产生飞灰，飞灰属于污染物，直接排放会对发电厂及当地环境造成负面影响。一方面直接排放需要发电厂交纳高昂的环境排污费；另一方面飞灰作为生产水泥的一种原料，直接排放是对资源的一种巨大浪费。因此，发电厂与丹麦北部的一个水泥生产企业建立起相互协作的联系，发电厂将飞灰供应给水泥厂，另外由于飞灰本身的易飘拂性，发电厂从炼油厂购买生物处理后的废渣用于稳定飞灰，从而使得合作各方均获得了良好的经济效益。

三　卡伦堡生态工业园的演化历程

卡伦堡生态工业园的建立和完善的过程，并不是设计和规划的结果，而是当地工业企业在追逐自身生产成本的降低、资源能源利用率的提高，逐渐探索自身循环生产、企业间协作生产过程中不断演化的结果

（J. Ehrenfeld，1997）。具体演化历程如图 6－11 所示。

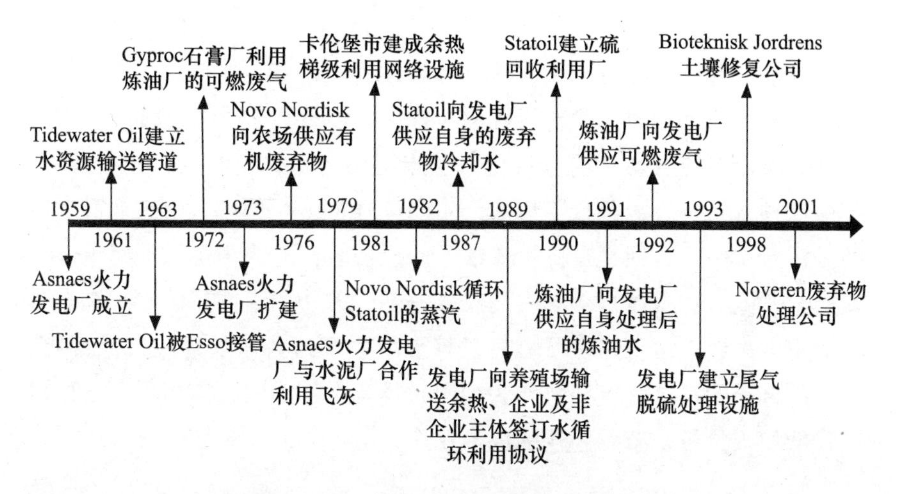

图 6－11　卡伦堡生态工业园演化历程

卡伦堡生态工业园的产业共生关系演变过程是一种自发、缓慢演化、逐步完善的过程。1959 年 Asnaes 火力发电厂成立；1961 年 Statoil 炼油厂建立一条从梯索湖取水的水资源输送管道；1972 年 Statoil 炼油厂铺设管道将炼油过程中产生的可燃气输送至 Gyproe 石膏厂作为其再生产过程中的能源；1981 年卡伦堡全市范围内建成了余热梯级分配利用网络设施，充分使用火力发电厂生产过程中所产生的余热（Jacobsen，2004）。此后，卡伦堡市的基础设施不断扩展和完善，完成了各种能源资源和副产品循环利用网络的构建，有些共享出于工业共生的需要，有些共享仅仅是由于资源本身需要循环利用的需要，例如本地区淡水资源匮乏使得本地水资源循环利用项目得以实施。尤其是，每年炼油厂向火力发电厂供应 70 万立方米水供给作为冷却水使用（蓝庆新，2006）。经过多年的探索与总结，卡伦堡市现已拥有 19 条能源资源循环利用网络（Jacobsen，2004），各网络管道的循环利用物类型及建立年份详见图 6－12。

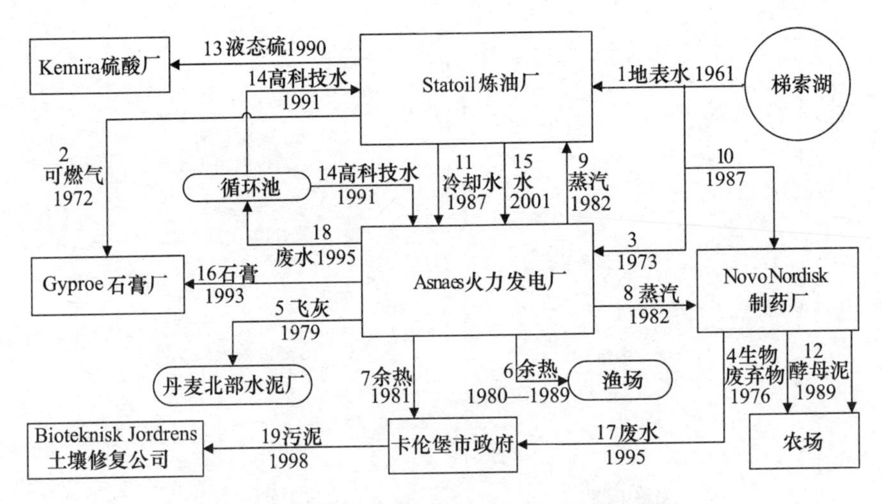

图6-12　卡伦堡工业共生体系循环网络

注：（1）资料根据Ehrenfeld（1997）文献整理；（2）图中数字序号1—19仅代表循环利用网络，不代表成立先后顺序，年份代表该循环利用网络建立的时间，数字和年份中间的文字表示该循环利用网络的循环物。

入驻企业数量和种类的增多，既给区域经济和生态发展带来了机遇又带来了挑战。带来的机遇在进一步提升区域的整体经济竞争力、招商引资的吸引力的同时，也使得企业欲通过与其他企业建立循环生产关系来解决自身循环无法充分利用的工业代谢物、降低废弃物排放的愿望成为可能；带来的挑战有企业多样性的提高必然会带来工业代谢废弃物种类的多样化和量的增多。

整个卡伦堡工业共生一直在演变之中，从区域内企业间互利共生，到突破区域限制形成跨区域的产业共生网络。卡伦堡产业共生系统内各企业主体相互协作、互利共生，建立了多条循环生产通道，提高了资源能源的利用率、降低了废弃物的排放率，使得区域经济、生态和社会越来越协调发展。卡伦堡区域内企业也逐步跨区域发展，2001年加入共生体系的Noveren废弃物处理公司业务覆盖了丹麦九个自治城市，每年处理12万6000吨废弃物，其中82%废弃物回收；Asnaes火力发电厂再生产过程中产生的飞灰、混合灰和残渣等供给丹麦北部的水泥厂用于水泥的生产，卡伦堡产业共生朝着跨区域的减排网络方向发展如图6-13所示。

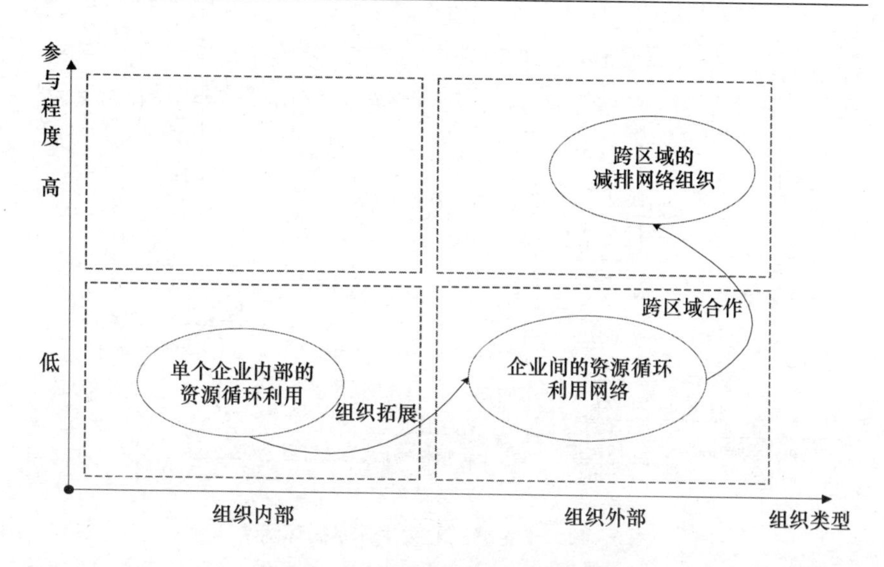

图 6－13　卡伦堡生态工业园的演化

四　卡伦堡生态工业园形成和完善的动力来源

生态工业园的建立是由其内在驱动力和外在驱动力共同作用的结果，内在驱动力主要源于企业追求自身利益而形成的动力，主要基于“成本—收益”的权衡；外在驱动力是指企业的外部经营环境给予企业的压力，主要是基于环境效益和社会效益的考虑。因此可以将生态工业园建立的内在驱动力和外在驱动力主要归结为经济效益、环境效益及社会效益这三方面的驱动力。卡伦堡生态工业园的建立亦是源于企业对经济效益、环境效益和社会效益这三方面效益追求的结果。

（一）驱动力之一：经济效益

在水资源循环利用方面，卡伦堡虽然是一个拥有天然深水港的城市，但是梯索湖的水资源并不是用之不尽、取之不竭。一方面，随着该地区各企业的不断发展壮大，区域内的可用水资源总量不断减少，水资源价格上升；另一方面 Asnaes 火力发电厂是该地区的用水大户，其生产过程中需要大量的水用于冷却机器，若是将这些冷却水直接作为废水进行排放，不仅会进一步加剧本地区的水资源供给压力，使得本地区的其他企业由于水资源短缺而导致发展受限，Asnaes 火力发电厂也需为其排放的污水缴纳高额的排放税。因此，Asnaes 火力发电厂与区域内

的其他企业签订合作协议，将生产过程中所产生的冷却水供给其他相关主体使用。通过这种水资源循环利用方式，不仅解决了 Asnaes 火力发电厂的冷却水排放等问题，而且降低了其排污成本。与缴纳排污费相比，废水重新加工利用可以节省 50% 左右的成本花费，同时也缓解了区域内其他企业生产中的用水问题，降低了其他企业的用水成本。因此，建立在以水资源为循环生产要素基础上的循环生产体系使得各合作主体均获得了巨大的经济效益。

（二）驱动力之二：环境效益

从卡伦堡地区的政府环境政策角度分析。企业对于环境效益的追逐源于经济利益的权衡，在卡伦堡地区，政府对于污染排放这种环境负外部性很强的现象强制收取高额的污染物排放税，使得企业不得不将污染物排放的负外部性内化为企业的成本花费；与此同时，对于积极执行环境政策、降低污染物排放的企业，给予经济利益激励。例如，卡伦堡地区对于污染物排放按量记征，且采用累进税方式进行记征，迫使污染物排放企业不得不降低污染物排放量；同时，为了防止污染物排放企业为降低危险、有毒废弃物排放费而偷排偷放，卡伦堡地区采用申报制度，申报后的危险、有毒废弃物由政府部门统一处理，且对已申报的企业免征危险、有毒废弃物排放税，对未申报的企业不但高额征收危险、有毒废弃物排放税，而且还进行金额处罚。因此，卡伦堡地区的企业会积极地执行本地区的环境政策，进而从自身追逐政府所要求的环境效益过程中获得经济益处。

（三）驱动力之三：社会效益

企业是一个组织体，其无法离不开社会而独立存在，因此企业在再生产过程中要履行自身的社会责任，从而赢得社会的认可和支持，继而企业可以从追逐社会效益中获取经济利益。因为，一个不被社会所认可的企业必将被社会所淘汰，最终将走向灭亡。卡伦堡地区的企业积极地与当地居民进行良性互动，建立起良好的共生共栖关系，促进了彼此间的物质和能量交换，使得共生主体都获得了良好的经济益处。如诺沃诺迪斯克制药公司一方面将其在生产过程中所产出的有机副产品制成有机肥料，供给本地区农场使用；另一方面该公司从本地区使用其有机肥料进行农产品生产的农场收购农产品作为其生产过程中的原料。

五　卡伦堡生态工业园的成功经验及不足

（一）卡伦堡生态工业园的成功经验

卡伦堡生态工业园核心层构建与完善过程，是经济利益诱导企业积极参与的过程。工业共生系统运行的微观基础是企业，而企业存续和经营的首要责任是用自身盈利来满足其投资者的利益诉求，鉴于此，卡伦堡市通过宣传让企业主体看到在当地建厂并生产经营的可观经济利益，在经济利益的诱导下，企业主体积极地在当地进行建厂并生产经营。入驻后的企业，经过一段时间的运营与探索，发现改善自身的工艺流程设计与区内相关企业联合生产，一方面可以提高资源能源的利用率、降低生产成本；另一方面可以减少合作主体的废弃物排放量、降低废物排放费支出，从而企业主体积极主动地进行循环生产和联合生产，进而促进了卡伦堡生态工业园的形成和发展。

卡伦堡生态工业园核心层的存续和运行，离不开处于支持层中政府政策的引导、规制和支持。作为人造的、开放的、动态的工业共生系统，其核心层的企业仿自然生态系统中生产者—消费者—分解者的食物链关系建立起彼此之间互利共栖的协作关系，卡伦堡政府深刻认识到这种关系是建立在以利益为主导的契约关系上，从而制定相关的产业政策，引导、规制和支持企业间互利共栖关系的建立和存续。

卡伦堡生态工业园整体的存续和运营，离不开各相关主体的权责分明、通力协作。卡伦堡生态工业园在建立和完善过程中，作为核心层的企业、作为支持层的政府和作为参与主体的其他利益相关者彼此之间权责分明、通力协作，企业充分发挥自身作为工业共生系统运行的主体作用，政府发挥自身作为支持和引导者的作用。建立之初，企业主体积极探索彼此间的协作共栖，随着协作企业主体互利共栖的经济效益和环境效益被卡伦堡政市府所意识到，政府开始制定相关的政策引导、规制和支持这种互利共栖现象持续健康地发展下去。

（二）卡伦堡生态工业园的不足

卡伦堡的企业数量有限，彼此间依赖度较高，抗风险能力弱。卡伦堡生态工业园内部共生主体较少，域内仅有六个核心的企业主体，彼此间互利共生依赖度较高，若是其中一个主体企业由于自身经营不善或市

场需求变化造成部分企业经营困难，将会由于“蝴蝶效应”而给整个共生系统造成严重的影响，甚至整个共生系统的平衡就此打破。

卡伦堡的企业追逐利益的欲望太强烈，社会责任感不强。卡伦堡域内企业主体是在当地环境规则、水资源利用成本上升的压力下逐渐走向联合，寄希望于通过彼此间物质和能量的循环的梯级重复利用，来降低环境污染物排放费和降低企业再生产中的水和其他资源的利用成本。这是一种通过严格的环境管制，使得环境污染的负外部性内化为企业的生产运营成本，来迫使企业积极、主动地进行节能减排。然而，并没有从企业社会责任感培育的角度来提高企业的社会责任感，诱发企业积极履行自身的社会责任，多为社会做有利于生态环境保护的活动。

卡伦堡生态工业园仅建立在以废弃物循环利用基础上的共生网络，而没有形成彼此间产品、废弃物多重利用的共生网络。卡伦堡生态工业园的循环物仅仅是建立在以各企业主体代谢物基础上的循环利用网络，而企业所处的市场环境在不断变化，居民收入的水平和社会的需求结构也在不断的进行变化，今天热销的产品或许明天就已经过时不再受消费者的喜欢，因此企业需要不断地随着市场需求的变化调整自身的业务经营方向和产品选择，不同的产品由于生产工艺和所需生产材料不同将会改变企业生产过程中所产生的废弃物类型，改变后废弃物类型不一定能够被下游企业的再生产所使用。因此，从长期来看，卡伦堡生态工业园的存续将会面临巨大的挑战。

六　卡伦堡生态工业园的启示

（一）产业共生网络建立和完善是一个随着企业不断自发进入和退出的发展过程，不能一蹴而就，而要循序渐进，不断对其运行过程中存在的问题予以修正和调整

卡伦堡生态工业园从建立之初到今天为止已经历了40多年，在这过去的40多年中不断地有企业进入该共生系统，同时也有企业从该共生系统中退出，这一进一退的过程就是该共生系统逐渐的优化和调整的过程。从该过程中，我们可以看出，一个人造的非自然生态共生系统的成功建立需要多年的努力，不断地进行调整和优化，从而逐渐地使得共

生系统整体更加的合理。

（二）产业共生网络建立和完善，是企业、居民、政府等相关主体自发的参与过程，要注意主体社会责任感的培育，提高各相关主体的环保意识，从而更好的将环保的理念内化公众的社会化行为

卡伦堡建立之初，企业、居民、政府等并没有很好的社会环保意识，以至于随着区域工业经济的发展、域内生态环境不断恶化，环境恶化所带来的负面效应引起各相关主体对于环保的认识，从而才开始推行相应的环保措施，环保等相关措施推行后才使得域内工业经济与生态环境保护更好的协调发展。

（三）产业共生网络建立和完善，是一个在市场竞争主导下不断优化组合的过程，要注意厘清共生系统中政企的权责氛围、通力协作，而不能彼此间相互取代

卡伦堡生态工业园建立之初，建立能源资源循环利用网络的企业主体，在搜集信息过程中由于信息搜索工具的限制，仅能了解域内相关主体企业的部分信息，进而建立起循环利用网络；建立之后，该资源能源利用网络是企业主体间以经济效益为纽带、以契约关系为约束，而日后长久经营过程中可能会出现新的经济利益点，此时企业可能在经济效益的驱动下，单方面决定终止当初所建立的契约关系。因此，在自组织工业共生系统建立和存续的过程中，政府一方面应完善信息沟通平台建设，使得市场信息能够充分在企业间流通，降低甚至消除信息不对称对于共生主体择优组合的影响；另一方面制定相应的产业规制政策，规范企业的行为，营造一种有序、和谐的经营环境，从而更好地引导企业间契约关系的建立和维持。

第三节 波多黎各瓜亚马生态园区

一 背景资料

瓜亚马生态园区（Guayama Eco-Industrial Park）位于波多黎各（Puerto Rico）的东南海岸，隶属于美国联邦。在1940年之前，瓜亚马是以农业为主，轻工业为辅，经历过20世纪40—50年代中的短暂工业化过程后，进入工业化发展阶段。瓜亚马拥有许多与卡伦堡相同的产

业，如化石燃料发电厂、制药厂、炼油厂。

瓜亚马生态园区是以瓜亚马 AES 发电厂（AES Power Plant，AES）为核心企业形成的生态园区。从波多黎各电力管理局 1941 年建立到 1990 年，近 50 年中波多黎各电力管理局建设了岛上所有的发电厂和配电设施。然而，这种局面越来越不能适应美国能源战略规划的重建和对于电力不断增长的需求，在 1978 年，美国通过了公共事业监管政策法案，该法案鼓励使用可持续的、没有污染的发电方法，并且要求公用事业（如波多黎各电力当局）在电力价格低于公用事业本身的边际生产成本的条件下向小的发电厂和取得合格设备地位（qualifying facility status）[①] 的独立生产者购买电力。由此，波多黎各电力管理局对符合条件的独立发电厂开放，AES 进入波多黎各，AES 在发展过程中为充分利用资源减少污染排放，积极寻求合作伙伴，构建产业共生关系，使园区逐步拓展成为瓜亚马生态园区。

AES 在规划建设选址时就充分考虑与可能的合作伙伴建立产业共生关系。AES 在选址过程中考虑的最重要的四个因素分别是“临近蒸汽使用者、充足的水资源供给、运输方便以及最小化环境污染”。“临近蒸汽使用者”对于 AES 取得合格设备地位是至关重要的，这决定了 AES 能否进入瓜亚马进行生产运营。AES 选址临近雪佛龙菲利普斯化工厂（Chevron Phillips Chemical，以下简称 Chevron Phillips）和惠氏制药厂（Wyeth Pharmaceuticals，以下简称 Wyeth），与 Chevron Phillips 建立了蒸汽循环，并取得了合格设备地位和经济收益；对于 Chevron Phillips 而言，通过购买来自 AES 廉价的蒸汽实现了经济收益；Wyeth 与 AES 建立的水循环利用合作关系使合作双方降低了水资源使用量和使用成本。

二　瓜亚马生态园区的资源循环利用

许多中小型企业以核心企业为中心形成产业共生网络。核心企业的生产经营需要大量原材料或零部件，这为相关中小型企业提供了巨大的

① 独立发电厂必须至少将 5% 的能源消耗用于生产除了电力以外的其他产品，即可取得合格设备地位。

市场机会；另一方面，核心企业产生了大量的副产品和废弃物，如水、材料或能源等，当这些廉价的副产品和废弃物成为相关中小型企业的生产材料时，大量企业将围绕其相关业务建厂。

AES是燃煤电厂，在为当地提供大量电力资源的同时，也产生废渣、废水、废气等废弃物。为了遵循在更大的范围内实施循环经济的法则，AES把不同企业联结起来，形成资源共享和副产品互换的产业共生组织，使企业的废气、废热、废水、废弃物成为其他可用的原料和能源，参与产业共生的企业包括污水处理厂（Waste Water Treatment Plant，WWTP）、Chevron Phillips、Wyeth等。

瓜亚马生态园区的资源循环利用可以分为微观层次上的企业内部的资源循环利用、中观层次上的企业间的资源循环利用以及宏观层次上的园区的资源循环利用。微观层次上的企业内部的资源循环利用，指的就是企业运用先进的技术手段对生产过程中产生的废弃物进行再次利用，节约了生产过程中的原料成本和废弃物处置成本，减少了废弃物的排放量，以实现经济效益和环境效益。在本案例中，AES应用水循环系统、循环流化床燃煤技术和气体监控手段，降低了生产过程中对水和煤的消耗，减少了污水和污染气体的排放量。中观层次上企业间的资源循环利用指的就是企业间通过建立产业共生关系而使彼此的资源进行循环利用。在本案例中，指的就是AES与WWTP、Chevron Phillips和Wyeth通过建立产业共生关系而建立的关于水、蒸汽等资源的循环。宏观层次上的资源循环利用指的就是整个瓜亚马生态园区的资源循环利用。

（一）AES的资源循环利用

由于燃煤电厂的废渣、废水、废气等废弃物和有毒物质的排放非常严重，AES通过采用先进的循环技术和环境管理手段，减少生产过程中原料和能源的使用量，减少废弃物和有毒物质的排放，最大限度地利用可再生资源。AES运用节能减排技术和监控设备，以降低企业生产运营过程中对于能源的消耗，减少对环境的污染，并实时监控污染物的排放情况。具体的资源循环模式如图6-14所示。

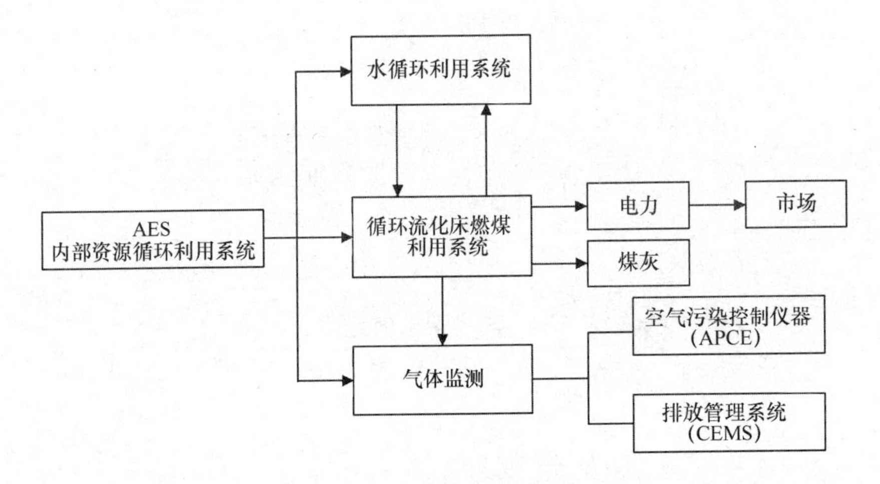

图 6－14　AES 的资源循环利用

1. 水的循环利用

位于瓜亚马的 AES 通过循环利用水资源，既降低了成本，又防止了飞灰和煤堆场粉尘在空气中的散播。判别水循环成功的标准包括：细菌含量、铁/金属和总悬浮固体（TSS）含量等。AES 建立了水循环系统，该系统在重复利用水资源的同时兼顾了成本效益，并且经过循环处理过后的细菌含量、铁/金属和总悬浮固体（TSS）含量显著减少，该系统能够除去水中 99% 铁和超过 5 微米的悬浮固体，杀死大约 99% 的细菌。而且，根据测算，经过水循环系统的再生水的成本是现有供给水成本的一半。

在该水循环系统中，首先水进入预处理坑中，再由预处理坑流转到 AES 水处理过程。之后，经过处理的水流经盐井，再进入压裂作业[①]阶段。压裂作业阶段主要是将经过处理但尚不能直接使用的水转换成具有较低悬浮固体、金属和细菌含量的干净水，该作业阶段又分为以下三个步骤，每个步骤详见表 6－2：

① 压裂作业指的是运用盐、水和电力来处理回流水的过程。

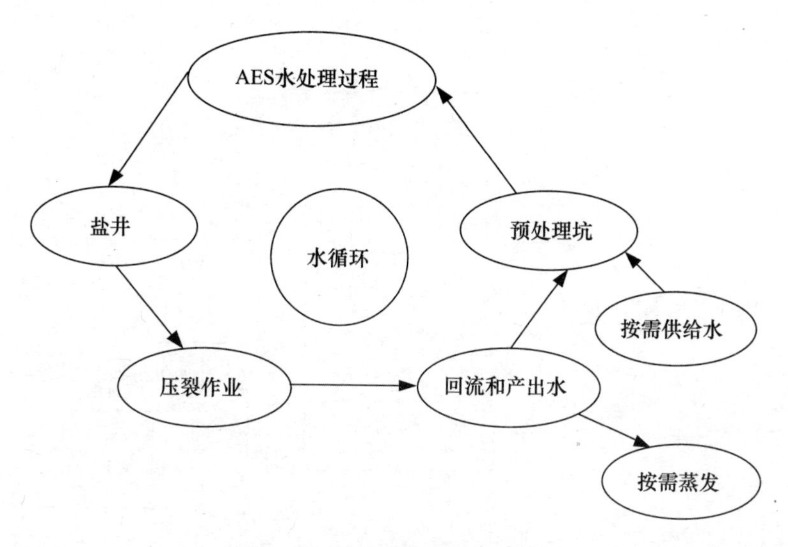

图6－15　AES 的水循环利用

资料来源：http：//aeswatersolutions. com/。

表6－2　AES 的压裂作业过程

步骤一	污水回流到混合装置以分析决定投放到污水中的化学品的最佳组合，在化学品投放到污水后，化学品结合污染物颗粒形成较大颗粒的固体和凝聚的悬浮固体。
步骤二	经历过混合单元后，水被传送到溶气浮选单元。在该单元中，数以百万计的纳米气泡被注入水中，将固体悬浮物推到水表面，从而去除浮在表面的固体悬浮物。之后，水再经过直径5微米的过滤系统以进行固体悬浮物的二次去除。
步骤三	经历过溶气浮选单元后，水就进入消毒装置中，去除掉水中99%的细菌含量。到此为止，水可以作为储存水或者压裂水进行重复使用了。

资料来源：http：//aeswatersolutions. com/。

经过压裂作业阶段，水的品质得以大幅提升。水中细菌、钙、铁、TSS、氯化物的含量都明显地减少，减少的幅度分别为99.96%、52.31%、99.06%、99.47%和40.00%。当水力压裂过程完成后，就进入了回流处理过程。AES 拥有市场上最新的回流水处置装备，以便从回流水中分离气和沙，该单元包括2×2的管道、气体分离器、分沙器、沿线的火炬栈、储罐以及检测仪器等设备。具体的回流处理过程如图6－16所示：

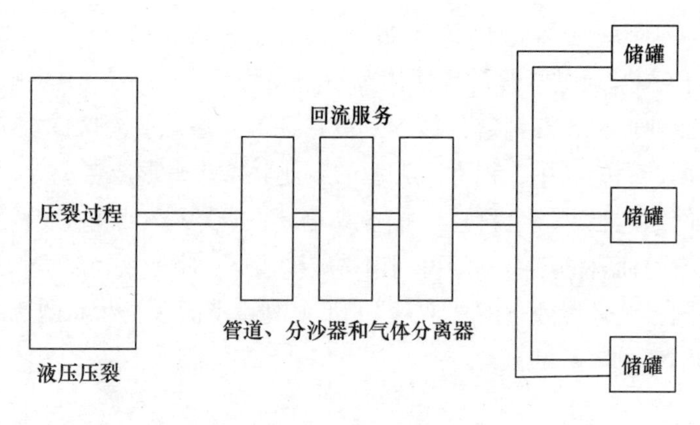

图 6－16　回流处理过程

资料来源：http：//aeswatersolutions. com/。

2. 燃煤的循环利用

首先，在煤的选择上，位于瓜亚马的 AES 从美国南部进口低硫煤进行燃烧，减少了含硫气体的排放。其次，在燃烧过程中，AES 采用了循环流化床燃烧技术，该技术是近十几年来迅速发展的一项高效低污染清洁燃烧技术。

AES 有两个循环流化床锅炉，这两个锅炉各自包括一个单独的隔间，每个隔间有一个蒸发器、过热器和再热器流化床换热器，在蒸发器表面上有 4 种轻质油和一个空气雾化燃烧器。煤炭在筒仓中进行粉碎后加以储存，然后在输送滑槽旁边的热风的推力下通过 8 个重力供给装置输送到锅炉中去。每个单元都会生成 2520 磅/平方英寸的蒸汽，这些蒸汽大约有 1005 华氏度。

为了与循环流化床燃烧技术相匹配，AES 还使用了针对 NO_X 的非催化还原系统（SNCR）、针对 SO_2 的干式除尘器以及用于颗粒收集的静电除尘器。AES 的燃煤循环体系的污染气体排放量控制处于全球领先的地位。

3. 气体监控

AES 按照当地环境法律的要求安装了空气污染控制仪器（APCE），并定期向当地的环境监管机构报告气体排放数量。AES 还通过使用持续的排放管理系统（CEMS）来追踪排放的气体。

（二）企业间资源的循环利用

尽管 AES 通过资源循环使用和污染预防减少了废弃物的排放，还是会有企业内部无法消解的废料和副产品。生态工业园区围绕 AES 废弃物和副产品的利用，将不同类型的企业联结起来形成产业共生网络，企业之间通过整合绿色科技（技术或者核心能力和资源），或者通过对相对于自身而言的废弃物的再利用来减少污染、降低生产成本，从而实现经济效益和环境效益的“双赢”。瓜亚马生态园区企业间的资源循环利用如图 6－17 所示：

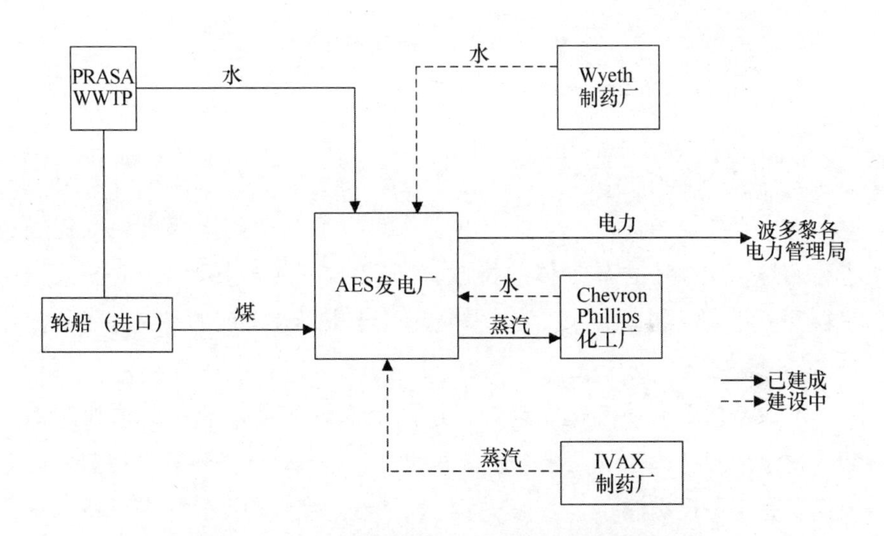

图 6－17　瓜亚马生态园区企业间的资源循环利用

资料来源：Martin，E.，T. Wang，J. Wickstrom and A. Winston，*AES Puerto Rico Industrial Symbiosis Project*，student paper submitted for FES 501：Industrial Ecology，School of Forestry and Environmental Studies，Yale University，New Haven CT，2003。

1. AES 与 WWTP

在 AES 与 WWTP 合作之前，经 WWTP 处理过后的污水直接排放到了加勒比海中。AES 在进行规划选址时就考虑与 WWTP 建立污水再利用的合作关系。AES 每天大约需要 4 百万加仑的冷却水，而 WWTP 的再生水恰好满足了 AES 对于冷却水的需求，实现了 AES 与 WWTP 的“双赢”，即对于 AES 发电厂而言，每天节约了大约 4 百万加仑的水的抽取和排放成本；对于 WWTP 而言，既通过为 AES 发电厂提供冷却水

获取了经济利益，又避免了将冷却水排放到加勒比海中造成的环境污染。

2. AES 与 Chevron Phillips

AES 通过把蒸汽输送到附近的 Chevron Phillips 建立起合作共生关系，这主要是基于两个原因：其一，公共设施监管政策法案（The Public Utilities Regulatory Policies Act，PURPA）要求波多黎各电力当局（Puerto Rico Electric Power Authority，PREPA）在电力价格低于边际生产成本的条件下向小的发电厂和拥有合格设备地位的独立生产者购买电力。AES 和 Chevron Phillips 的蒸汽共生关系让 AES 取得了合格设备地位，从而可以作为一个联合发电厂得以运营。其二，在与 AES 签订协议前，Chevron Phillips 是通过燃烧 4 个工业锅炉中的高硫 6 号汽油来生成生产过程中的蒸汽的，通过建立该伙伴关系，Chevron Phillips 停止了锅炉的运行，从而减少了汽油燃料的消耗，节约了运行和维修成本，减少了 SO_2、NO_X 和 PM10 等污染物的排放。

3. AES 与 Wyeth

AES 与 Wyeth 的合作关系是基于水资源的循环利用。由于 AES 与 Wyeth 的管道是现有的，所以该共生关系的建立并不需要初始资本投入。通过与 AES 建立水资源的循环利用关系，Wyeth 每年在污水处理成本上的节约额超过 184000 美元。对于 AES 而言，如果来源于 Wyeth 的处理过后的水已经达到可以在锅炉上直接使用的干净程度的话，那么 AES 就不必从波多黎各电力当局（PREPA）购买干净的水资源；如果来源于 Wyeth 的经过处理过的水仅仅只能作为冷却水的话，AES 也减少了从 WWTP 购买处理水的数量。另外，Wyeth 与 AES 进行水资源交换的部分原因是同 AES 发电厂与 Chevron Phillips 进行蒸汽交换一样的，是由于政府的环境管制，企业间的合作可以实现“零排放”，在严厉环境管制下零排放使企业处于有利的地位。

（三）园区的资源循环

目前，瓜亚马生态园区还处于建设的过程中，整个生态园区通过 AES 积极寻求合作伙伴得以运作和发展，政府并没有过多的直接参与其中，而是通过颁布法律法规或者更新环境保护标准来迫使 AES 和其他企业积极探索废弃物循环利用的途径。例如，AES 对政府承诺不在

岛上对煤灰进行弃置，必须找到煤灰的有益用途，否则只能将煤灰运出岛外。另外，居民强烈的环保意识也是瓜亚马生态园区得以不断发展的原因之一。AES 用卡车运输煤灰给居民带来了严重的噪音污染、空气污染，居民对这种行为进行投诉从而形成了舆论压力，迫使 AES 发电厂必须考虑对煤灰进行循环利用。目前，AES 正通过将发电产生的这些飞灰和底灰用于饲料、农业的土壤改良剂以及矿山复垦等，实现煤灰的循环利用。具体的瓜亚马生态园区循环流程如图 6－18 所示：

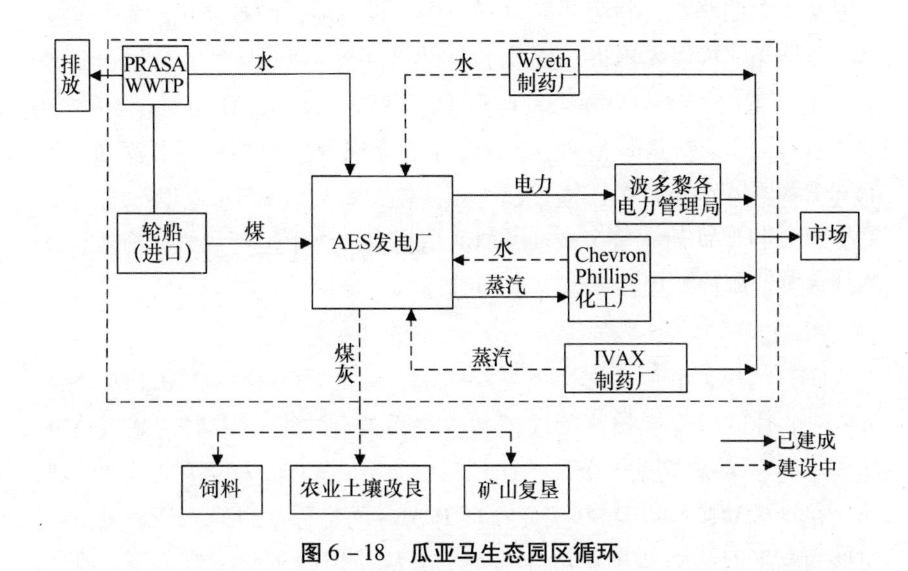

图 6－18　瓜亚马生态园区循环

三　瓜亚马生态园区的演化历程

瓜亚马生态园区是在原有的产业聚集区内通过引入核心企业，建立原企业与核心企业的产业共生关系，实现资源的循环利用。在 1966 年，菲利普斯石油公司开办了一家化工厂，该厂现今是由菲利普斯和雪佛龙共同持有的。在 20 世纪 80 年代，考虑到积聚经济带来的收益，许多制药公司在园区建立了制造厂：Baxter（1981）、Wyeth（1985）、IPR Astra Zeneca（1987）、VAX（1994）；许多轻工业制造商也在园区内建立了工厂：Lata Ball（铝罐制造）、Alpha Caribe（塑料瓶制造）、PR International（重型机械维修）、Colgate Palmolive（口腔护理及清洁剂制造）。在 2002 年，AES 进入瓜亚马生态园区。

在整个园区的演化过程中，最初进入园区的企业主要是考虑到地理临近和积聚效应所带来的人才、设施等方面的优势。直到 1982 年，化工厂和制药厂之间的井水里面被查出含有卤化物，随即美国环境保护局（USEPA）将这些井列入全国首要需要清理的高危废弃物污染地的名单中，在确认责任方和设计清理方案的过程中萌生出通过建立企业间的产业共生关系以解决严峻的环境污染问题的想法，构建生态产业园区的设想得以提出。

在生态产业园区开始规划的时候，波多黎各电力管理局就对想要进入园区的企业提出了要求，即进入园区的企业必须通过建立与园区内现有企业的废弃物、副产品的合作关系方可取得合格设备地位，从而才能开始园区内的生产运营活动。这实质上就确立了围绕着核心企业进行发展的生态园区发展模式。

整个瓜亚马生态园区一直处于演变发展之中，首先是单个企业进行内部资源的循环利用，其次是以 AES 为核心建立的企业间的循环利用发展模式，最后是瓜亚马生态园区与园区外部的企业建立关于煤灰循环的发展模式。在本案例中，首先，AES 自身运用先进的技术手段进行水资源和煤灰的内部自我循环。其次，在 AES 进入园区后，就立即实施选址时就设想过的与 WWTP、Chevron Phillips 建立水循环和蒸汽循环。最后，AES 又利用与 Wyeth 的现有互通管道，在不增加合作双方初始投入成本的基础上建立了与 Wyeth 的水循环关系。现在 AES 又开始寻找燃煤发电所产生的煤灰的新用途，初步设想与园区外的企业建立虚拟的循环共生关系，将其用于饲料、农业土壤改良和矿山复垦，如图 6－19 所示：

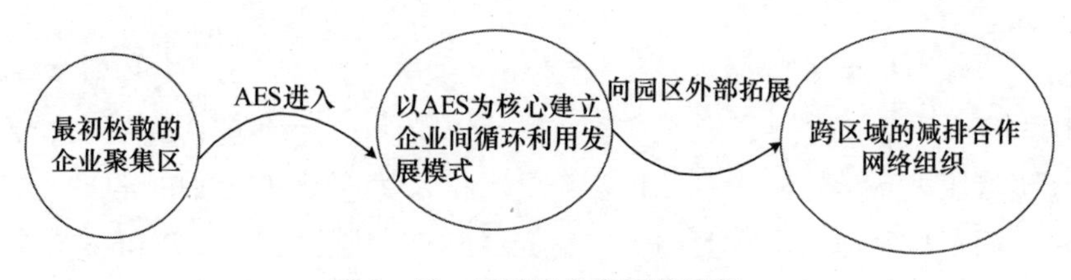

图 6－19　瓜亚马生态园的演化

四　园区生态化建设的经济效益与环境效益

瓜亚马生态园区以 AES 为核心，建立了与 Chevron Phillips 的蒸汽共生关系、与 WWTP 和 Wyeth 的水资源的共生关系。一方面，通过节约锅炉的运营成本和污水处置成本取得了可观的经济效益；另一方面，通过减少污染气体和污染水的排放量而取得了良好的环境效益。

（一）气体

从表6－3可以看出，AES 与 Chevron Phillips 的蒸汽共生使得 Chevron Phillips 所排放的 SO_2、NO_X、PM10 量相较于过去独立生产蒸汽的情况下每年分别减少了 1978 吨、211 吨、123 吨，即通过 AES 将蒸汽输送给 Chevron Phillips 致使 Chevron Phillips 分别减少了 99.5%、84.4%、95.3%的 SO_2、NO_X、PM10 的排放量。

表6－3　AES 参与蒸汽循环前后 Chevron Phillips 的气体排放量比较

	Chevron Phillips 工业锅炉排放（吨/年）			蒸汽循环关系减少的气体排放量（吨/年）		蒸汽循环后气体排放的变动情况
排放种类	1. EIS[①]排放比例计算	2. EPA[②]排放因子计算	3. 两方法平均值［（列1＋列2）/2］	4. Chevron Phillips 参与蒸汽循环后的气体排放量	5. AES 参与蒸汽循环后净排放变化量（列4－列3）	6. 蒸汽生产排放量净增加（减少）的变动百分比（%）
SO_2	1592	2381	1987	9	－1978	－99.5
NOx	224	275	250	39	－211	－84.4
PM_{10}	105	153	129	6	－123	－95.3

资料来源：Marian R. Chertow and D. Rachel Lombardi，Quantifying Economic and Environmental Benefits of Co-Located Firms，Environ. Sci. Technol.，39（17），6535－6541，2005.10。

另外，根据工业锅炉业主委员会（CIBO）的研究，对于 Chevron Phillips 而言，由两个工业锅炉产生的 185 kpph（kpph 即代表每小时电厂蒸汽压力测量）蒸汽的过程将会要求投入每年 1170 万加仑的 6 号汽油，而 6 号汽油的成本大约为 1 美元/加仑，因此 Chevron Phillips 可以

① EIS 即 Environmental Impact Statement，代表环境影响报告书制度。

② EPA 即 Environmental Policy Act，代表环境政策法案。

从该段产业共生关系中节约大约1170万美元。

（二）水

AES通过与WWTP建立合作，每天可以避免4百万加仑的水的抽取和排放。另外，AES与Wyeth正在洽谈建立水循环的合作关系。现今，Wyeth每天排放大约27万加仑的污水到WWTP中去，而Wyeth污水的处置成本大约为每加仑0.002美元。如果Wyeth把污水传送给AES，则可以避免由WWTP所收取的每加仑0.002美元的处置费用。而且，Wyeth还可以取得“零排放”的地位，该地位的取得利于Wyeth建立与监管机构之间良好的关系。AES所取得的来自Wyeth的污水如果用作冷却水，则可以每年节约184800美元；如果用于锅炉使用，则可以每年节约92400美元（见表6－4）。

表6－4　　Wyeth－AES水循环的经济影响

Wyeth	—
水交换的数量	92.4百万加仑/年
避免的由WWTP进行处置的费用	92.4百万加仑/年×0.002美元/加仑=184800美元/年
AES	—
用作冷却水得以避免的成本	92.4百万加仑/年×0.002美元/加仑=184800美元/年
用于锅炉使用得以避免的成本	92.4百万加仑/年×0.001美元/加仑=92400美元/年

资料来源：Marian R. Chertow and D. Rachel Lombardi, “Quantifying Economic and Environmental Benefits of Co-Located Firms”, *Environ. Sci. Technol.*, Vol. 39, No. 17, pp. 6535－6541, 2005。

Wyeth和AES都在没有增加额外支出的情况下获得了可观的经济利益。而且，AES还在与另外两个相邻的厂商就污水的循环利用问题进行谈判，如果谈判成功的话，该合作涉及到的污水总计可以达到86万加仑，每年可以节约的经济成本预计在63000—314000美元。

五　瓜亚马生态园区形成和发展动力

瓜亚马生态园区得以形成和发展主要依赖于经济动力、政策动力、核心企业价值动力以及社会动力的综合影响。分述如下：

其一，经济动力。营利性是企业最本质的特征，企业间的合作关系必须是在能够给合作双方带来经济利益的情况下才是稳定的。AES 与 WWTP、Chevron Phillips 以及 Wyeth 的合作都能够给合作双方带来可观的经济收益。双方获益的情况激励企业去寻找新的合作企业，建立新的产业共生关系，从而推动了生态园区的持续发展。

其二，政策动力。政府通过颁布严格的环境法律和标准，实施严格的评价机制等多种手段来激励企业参与到产业共生关系的建立过程当中。取得公共设施监管政策法案下的合格设备地位是 AES 与 Chevron Phillips 建立蒸汽循环合作的一个主要原因。Wyeth 与 AES 进行合作也涉及对政策的考虑，即通过合作获得的“零排放”地位，从而有利于 Wyeth 开展后续运营。AES 积极探寻煤灰的新用途则是出于对政府的承诺，即 AES 不得在岛上对煤灰进行弃置，如果找不到煤灰的有益用途，就只能将煤灰运出岛外。

其三，核心企业价值动力。AES 是瓜亚马生态园区的核心企业，该厂自从建立以来就一直积极主动地建立企业间的产业共生关系。这与该厂的企业价值是密切相关的，AES 严格遵守环境准则，奉行环境可持续的运营发展理念，积极探寻先进的环境管理系统。“生产对环境负面影响最小化”的价值理念决定了 AES 在开展企业自循环的同时也势必会积极参与到企业间产业共生关系的建立中去，以降低生产经营活动对环境的影响。

其四，社会动力。企业不仅要重视经济效益，也要注重社会效应。一个优秀的企业不仅要提供优质的产品，更要树立绿色环保的社会形象，承担起社会责任。通过建立企业间的产业共生关系参与到废弃物的循环利用中，将有助于企业树立良好的形象并担负起社会环保的责任。此外，当地居民的环保意识也有助于影响企业采取积极措施处理污染物并建立企业间的产业共生关系。例如，当地居民对 AES 用卡车运输煤灰的行为进行了投诉，要求 AES 去寻找煤灰再利用的方式。目前，AES

已经开始考虑将这些飞灰和底灰用于饲料、农业的土壤改良和矿山复垦等。

六　瓜亚马生态园区的成功经验

（一）瓜亚马生态园区的不断完善归功于核心企业 AES 秉承可持续循环发展的企业价值观而积极建立的产业共生网络

企业价值观决定了企业的经营发展模式，而企业经营发展模式直接关系到企业应对环境所采取的行动，即企业行为是企业价值观的真实体现。作为瓜亚马生态园区核心企业的 AES，秉承可持续循环发展的价值理念，致力于通过建立企业间的废弃物循环发展模式以实现参与循环主体在经济效益和环境效益上的“双赢”，建立更加密切的产业共生网络，带动产业园区的完善与发展。

AES 自进入园区以来，积极构建与 WWTP 的水循环、Chevron Phillips 的蒸汽循环和 Wyeth 的水循环相互融合的减排合作关系，努力实现“变废为宝”的废弃物循环利用过程。这是 AES 重视循环发展的核心价值观的真实体现。因此，核心企业可持续循环发展的价值理念决定了该企业积极建立产业共生网络的行为，有助于建立以主导企业为核心的产业共生网络，进而带动整个生态园区的发展。

（二）瓜亚马生态园区的不断发展归功于市场主导下基于企业自身真实需求而自发建立的产业共生网络

市场上的供求双方都是本着真实自愿的原则建立起交易关系，以获得自己生产发展所需的资源。市场主导下的生态园区内企业间的合作本质上是企业在充分考虑到经济效益和环境效益的情况下寻找自己生产发展所需要资源的过程。该种自发性的产业共生网络的建立实现了合作双方在生产经营上的互利共赢，避免了政策主导下建立的合作出现的效率低下、偏离企业实际需求的问题。产业共生合作所带来的优势激发了未来更多共生关系的建立，而园区也在越来越复杂密切的共生关系的构建中得以不断发展。

在瓜亚马生态园区，企业真实的需求激发了产业共生网络的建立。AES 的生产运营需要大量的冷却水，而附近的 WWTP 需要为处理水找到排放的渠道；AES 需要通过建立蒸汽循环取得合格设备地位，Chev-

ron Phillips 则需要购入廉价的蒸汽以节约锅炉运营成本和减少污染气体的排放；AES 需要购入低廉的水资源来削减运营开支，Wyeth 需要为污水找到排放途径以及取得“零排放”地位。由此可见，企业间废弃物、副产品的循环合作都是在市场上自发进行的，交易双方从合作中各取所需，共同受益。这种良性的合作关系激发了后续更多合作关系的建立，产业共生网络愈加密切，推动了生态园区的发展。

（三）瓜亚马生态园区的建立和发展归功于策略性地引入核心企业以作为产业共生网络的触发点

以核心企业为中心的生态产业园区发展模式就是将核心企业作为园区内共生关系的触发器，建立核心企业与其他企业关于废弃物和副产品循环利用的合作关系，带动整个生态产业园区的发展。

瓜亚马生态园区在规划时就已经确立了以核心企业为主导的产业共生发展模式。进入园区的企业必须通过与已有的企业建立废弃物、副产品的循环利用关系方可取得合格设备地位，才能在园区内进行生产经营活动。AES 规划选址之际就已经考虑好了要与 WWTP、Chevron Phillips 分别建立水循环和蒸汽循环，实质上确立了 AES 在园区中的核心企业地位。在进入园区后，AES 发挥着核心企业的作用，积极建立产业共生网络，带动生态园区的发展。

（四）瓜亚马生态园区的发展和优化是园区内企业应对愈加严格的法律和不断升级的环境标准下的集体行为的结果

法律对于污染物排放愈加严格的规定以及高要求的环境标准，对企业自身的节能减排和企业间废弃物和副产品的循环利用提出了更高的要求，对企业平衡经济效益和环境效益之间关系的能力有着越来越高的期待。这促使企业间建立愈加密切的产业共生网络，以达到法律和环境标准对企业提出的要求。

公共事业监管政策法案的颁布以及环境监控汇报制度的建立都促使着瓜亚马生态园区内的企业积极探索节能减排的新路径。建立企业间的产业共生网络无疑是应对严苛的法律和环境标准下行之有效的方法，是园区内企业应对环境挑战的集体行为，从而使园区在产业共生网络的建立过程中得以不断地发展和优化。

第四节　苏州高新区国家生态工业示范园区

一　背景资料

苏州高新区国家生态工业示范园区（简称苏州高新区生态工业园）位于苏州古城西侧，行政管辖区域 258 平方公里，是苏州经济发展的重要增长极、自主创新的示范区和高新技术产业基地。多年来，苏州高新区生态工业园坚持政府推动、企业互动、产业联动、公众行动“四轮驱动”政策，采取“循环经济、ISO14000 和清洁生产”三位一体的工作措施，推进国家生态工业示范园区建设。2007 年苏州高新区生态工业园成为首批国家循环经济标准化试点园区，2008 年成为全国第一批国家级生态工业示范园区。苏州高新区生态工业园的建立和发展，是园区管委会主导、企业参与、科研咨询机构提供支撑的结果，被誉为国内规划设计工业共生园区的典型实践（石磊，2012）。

苏州高新区生态工业园始终坚持环境保护与开发建设同步发展的原则，在开发过程中以环保规划为起点，以优化产业结构为导向，以改善和提高新区环境质量为目标，积极治理区域老污染源，严格控制新污染源。苏州高新区于 1990 年 11 月开发建设，1992 年被国务院批准为国家高新技术产业开发区，1995 年成立环保局，1996 年成立环境监测站、监理站，1997 年设置环保相关办公室。苏州高新区生态工业园环保等相关部门的成立、运营，一定程度上缓和了域内经济发展与生态环境保护的对立问题。为进一步解决经济高速发展与环境生态保护的矛盾，苏州高新区生态工业园政府于 2002 年开始探索域内循环生产工艺流程建设，2005 年苏州高新区生态工业园被国家开发与改革委员会批准为全国第一批循环经济试点单位，2008 年被命名为全国首批国家生态工业示范园区，2011 年 10 月又通过了国家生态工业示范园区绩效评估验收。

二十多年来，苏州高新区生态工业园经济与环境协调发展已取得显著的成果。苏州高新区生态工业园经济发展迅速，以占苏州 2.5% 的土地和 4% 的人口创造了全市近 8% 的经济总量。苏州高新区生态工业园在发展中始终贯穿可持续、绿色发展的理念，及时补救了历史遗留的过度开发问题，通过规划建设，在苏州西部打造“生态绿城”，探索出一

条有着苏州高新区生态工业园特色的生态文明发展道路。目前苏州高新区生态工业园仍在继续进行循环经济的探索、建设、发展与完善，将在未来的循环经济试点工作中突出四个重点（切实落实节能减排指标、全面实行清洁型生产、大力推进资源循环利用、加快实现产业优化升级），构筑四大体系（生态化的电子产业体系、专业化的废物回收利用体系、一体化的资源环境绩效管理体系和创新型的循环经济政策与保障体系），依靠持续创新、科技进步，大力推进经济结构调整和增长方式转变，加快建设资源节约、环境友好型社会。

经过多年的探索与总结，苏州高新区生态工业区产业共生链建设和高新区内原位产业实现较完美的对接，产业共生链环绕高新技术产业发展，高新技术产业体现产业共生链的特征，现已建成多条产业共生链：福田金属产业共生链、中国高岭土矿业产业共生链、新航纸业产业共生链、古桥物流废木材产业共生链等。

二　苏州高新区生态工业园的资源循环利用

苏州高新区生态工业园的参与者有园区管委会、企业、科研咨询机构等相关主体，其中园区管委会主导整个高新区的发展模式、方向，企业积极执行园区的规划设计方案，科研咨询机构则为该共生系统的形成、运行、存续提供咨询、建议等服务。园区管委会主导下的高新区发展模式、方向，必然会带来严格的企业入驻甄选条件。在促进园区共生产业链的形成和高技术产业发展方向指导下，选择入驻园区企业的种类和数量，形成了高新区以电子信息产业、精密仪器制造产业和精细化工产业等产业为主导的园区经济体系。

苏州高新区生态工业园循环利用模式的建设过程，是围绕已有的电子信息产业、精密仪器制造产业和精细化工产业等产业，探索、构建和完善以高新技术产业为主体、以资源能源循环利用为特征的产业共生经济体系的过程。电子信息产业是苏州高新区生态工业园的主要支柱性产业，其工业总产值苏州高新区生态工业园工业总产值的65%以上，且对该产业的总投资额占苏州高新区生态工业园域内产业投资总额的60%左右，苏州高新区生态工业园以探索、构建和完善电子信息产业共生链为重点，探索以域内电子信息产业为主导、其他相关产业相互协作

的互利共生资源循环利用模式。故本书将从探讨电子信息产业资源循环利用模式出发，继而探讨苏州高新区生态工业园的资源循利用模式。

电子信息产业是高技术产业，但金属废弃物和废水排放量大。金属废弃物、废水的排放会造成严重的生态环境污染，因此苏州高新区生态工业园管委会一方面制定严格的环境管制政策，迫使企业更加积极主动地进行自身循环生产工艺建设，降低金属废弃物、废水的排放；另一方面根据园区产业结构特点，通过引入企业形成产业共生链，逐步形成整个园区的资源循环利用。

（一）企业内部的资源循环利用——以福田金属为例

随着苏州高新区生态工业园内电子信息产业不断发展，域内电子信息产品竞争力不断增强、出口逐步增长，全球电子信息产业向该区域集聚的速度也在逐渐加快。到目前为止，域内已有外资、合资的电子信息企业240家以上，其中有30多家世界500强企业在该区域投资设厂，如松下、索尼、华硕、日本三洋电机等企业。以福田金属为起点的产业共生链中，各大企业均在生产末端设置了先进的非金属、废水等废弃物处理工艺，运用清洁生产工艺流程，经过处理后将可再生利用的废弃物进行原位利用，不可再生的废弃物采用其他方式、方法进行加工处理。

福田金属有限公司由日本福田金属箔粉工业株式会社出资组建，成立于1994年10月26日，是生产销售印制线路板用高精度电解铜箔的现代化高新技术企业。公司引进日本福田金属箔粉工业株式会社——处于世界电解铜箔行业领先地位的全套设备、工艺、技术和管理，希望利用这些先进的生产运营措施来提高企业能源资源的利用率、降低废弃物排放。经过多年的努力发展，公司现已成为中国电解铜箔行业中规模最大、工艺最先进、自动化程度最高的电子工业基础材料生产基地和测试中心。然而，福田金属有限公司生产过程的工业代谢物也只是部分通过公司内部的循环生产设备来进行处理后再循环利用，而对于那些不能通过自身再次循环利用的废弃物，公司只能寻求其他方式来解决。该公司的自我循环生产模式，如图6-20所示。

（二）企业间的资源循环利用——以电子信息产业为例

苏州高新区生态工业园突出产业特点，优化产业结构，重点引进和开发新能源、新材料以及高、精、尖产品加工制造等企业，提升电子产

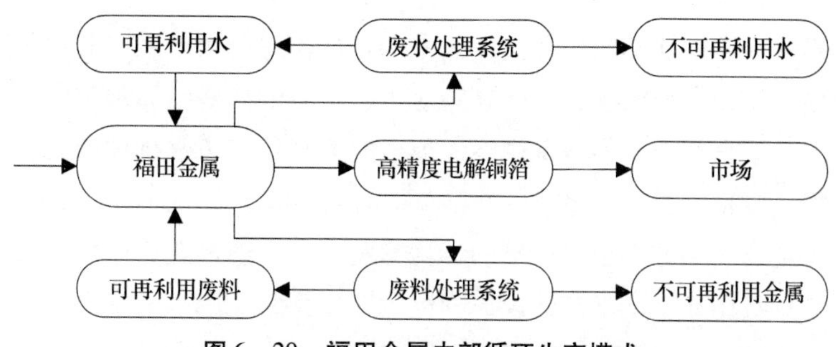

图6－20　福田金属内部循环生产模式

业废物的循环利用能力，形成了废蚀刻液、含金属废物等十条生态工业链，大力推进循环经济科技成果转化。为促进资源循环利用，苏州高新区建成了电子产业废物、废轮胎、废钢铁、废旧家电和再生资源交易平台（5R网）五大资源综合利用示范工程。

苏州高新区生态工业园内的电子信息产业企业，一方面具有高金属废弃物、高废水代谢的特点；另一方面园区内电子信息产业企业具有上下游产业关联关系，即上游企业的产出物为下游企业的原材料，下游企业的产出物又是上游企业的原材料（见图6－21）。

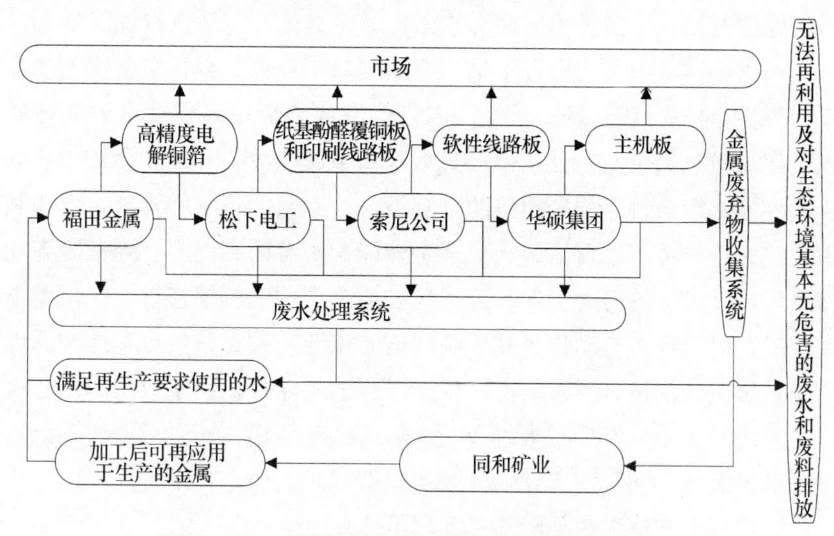

图6－21　电子信息产业相关企业的资源循环利用

福田金属的产出物高精度电解铜箔一部分流向市场，一部分作为松下电工的原材料用于生产纸基酚醛覆铜板和印刷线路板，松下电工、索

尼公司、华硕集团的产品的流向与福田金属产品的流向类似。虽然这些企业建立了以“产出物—原材料—产出物”为基础的资源循环利用联系，但是下游企业仅仅是利用上游企业的产出物，并没有解决代谢物（金属废弃物、废水）的循环利用问题，同和矿业等企业的加入，弥补了该循环利用流程的空缺，解决了该循环内的工业代谢物问题，其将电子信息产业企业中不能自我再循环利用的废弃物进行加工处理后，再次投入电子信息产业企业的生产制造过程中。

（三）苏州高新区生态工业园的资源循环利用

苏州高新区生态工业园是一个类似自然生态系统的人工生态系统，企业充当自然生态系统生产者、消费者和分解者的角色，各司其职、互利共生，建立了多条类似自然食物链的产业共生链；同时各产业共生链之间又彼此相栖共生，形成了产业生态共生网络，如图6－22所示。

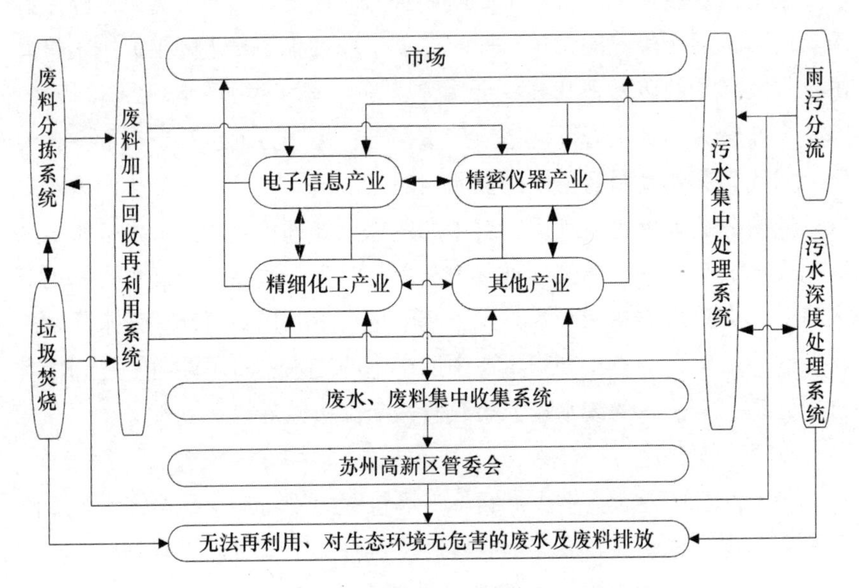

图6－22 苏州高新区生态工业园的资源循环利用

园区内产业以电子信息产业、精密仪器产业和精细化工产业等产业为主，因此整个高新区的资源循环利用首先是各个产业内部的资源循环利用，其次是产业间的资源循环利用，最后是产业主体与园区其他相关主体（政府、居民等）间的资源循环利用。各产业的产品和代谢物先是原位再生循

环利用，然后是产业间循环利用，随后是将原位和产业间不能再生利用、对生态环境基本无危害的工业代谢物进行排放，最后将不能再生利用且对生态环境有危害的工业代谢物交由园区管委会统一处理达标后排放。

（四）苏州高新区生态工业园循环利用资源的类型

苏州高新区生态工业园电子信息产业以外资、合资企业居多，其中有30多家世界500强企业入驻高新区。全区电子信息产业发展迅速，其投资总额占全区总投资的60%左右，销售额占到全区经济总量的65%以上。可见，大力发展园区内电子信息产业的循环生产模式，对于全区范围内的经济发展与生态环境保护具有深远的意义。因此，本案例以电子信息产业的水和废金属的循环生产为例，来分析苏州高新区生态工业园资源循环利用的特点。

1. 水资源

电子信息企业生产过程中对所用水的质量要求较高，需采用经过特殊工艺加工后所生成的纯水，同时产品生产过程中产生的工业废水含有机物、氢离子、硫酸根和某些金属离子等。若这些工艺废水直接排放，则一方面会对当地生态环境造成严重伤害；另一方面也是资源的一种浪费。因此，苏州高新区生态工业园内的电子信息企业对所产生的废水采取厂域内分级处理再生利用：对于那些原位处理再生利用成本低于末端治理成本的废水采用原位处理再生利用；对于那些原位处理再生利用成本高于末端治理成本的废水采用末端治理再生利用；对那些对水质要求较低的用水单元则直接利用生产中所产生的废水；将不能再重复利用且自身处理成本较高的废水排入市政管网交由市政府统一处理。

2. 废金属

电子信息产业企业在生产目标产品过程中不可避免地会产生大量的金属废弃物，这些金属废弃物有些经过自身加工即可以重复利用，有些需要经由第三方企业加工处理后才能重复利用，有些则不能再重复利用。对于这些类型的废金属，企业根据废弃物的特点进行分类汇总，有些金属废弃物原位处理再生利用，有些金属废弃物交由第三方企业加工处理后再生利用，最后对那些不能够再重复利用的金属废弃物则交由市政废弃物处理中心进行统一处理。经过这种废弃金属多重重复利用的方式，减少了废弃金属的排放，提高了金属资源的利用率。

三　苏州高新区生态工业园的演化历程

苏州高新区生态工业园的演化，不是单个企业自组织的演化结果，也不是单个企业规划设计的结果，而是整个工业园区规划设计的结果。它起源于1990年苏州高新区的设立，1992年被国务院批准建立为国家级高新技术产业开发区，此后高新区内高新技术产业迅猛发展并成为高新区经济和产业发展的核心。随着经济社会不断发展进步，企业、居住人口不断增多，工业和生活固体、液体及气体废弃物的增加，高新区的经济发展与生态环境之间的矛盾日益凸显。面临日益凸显的经济发展与生态环境冲突问题，高新区未雨绸缪，2002年开展探索园区循环经济建设，走经济发展与生态环境协调发展的可持续发展道路。从企业循环系统、产业循环系统和园区工业共生系统三个层面，不断提高能源资源的利用率，努力实现资源的减量化（Reduce）、再利用（Reuse）、再循环（Recycle），真正推动高新区内工业企业朝高效益、高质量、低污染、高速度和生态化的方向发展进步。经过多年探索，高新区循环经济探索已取得初步成效，于2005年成为首批国家循环经济试点园区。苏州高新区生态工业园的演化历程，如图6－23所示。

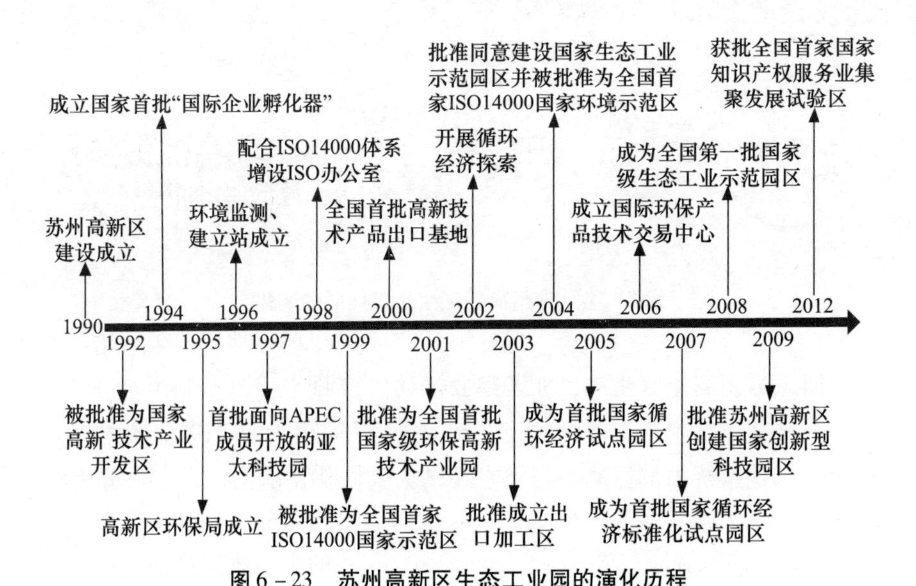

图6－23　苏州高新区生态工业园的演化历程

资料来源：http：//www. snd. gov. cn/snd/qygk/001003/；http：//www. js. xinhuanet. com/2012－11/08/c_ 113632191. htm。

苏州高新区生态工业园循环经济探索、建设和完善的过程，是一个开放性的学习过程，不断地与国内外进行交流与合作。在国内积极与苏州本地高校、南京大学、清华大学、复旦大学、上海交通大学等国内知名高等学府建立紧密的合作联系，共同探究经济发展与环境保护协调发展道路。为方便学习国外环保发展经验及引进国外较为先进的环保技术，苏州高新区生态工业园于2006年成立国际环保产品技术交易中心，该交易中心得到了联合国环境规划署驻亚太办公室、联合国工业发展署驻巴黎办公室、国家科技部、国家环保总局、国家发展与改革委员会和环境保护产业协会的支持，并与英国、日本、德国等国家驻我国领事馆的商务处建立了友好协作关系；同年该环保产品技术交易中心所举办的国际环保技术中心交易博览会，吸引了美国、英国、德国、丹麦、日本、法国、韩国、新加坡等国家和地区代理机构、代理商的参与。因此，目前为止苏州高新区生态工业园的循环共生网络已不再限于园区区域之内，而是以园区内部循环网络为基础，与外界建立了广泛的循环共生关系，即苏州高新区现已从一个传统工业园的生态化改造变成了一个跨区域的虚拟产业共生网络，具体模式转化如图6－24所示：

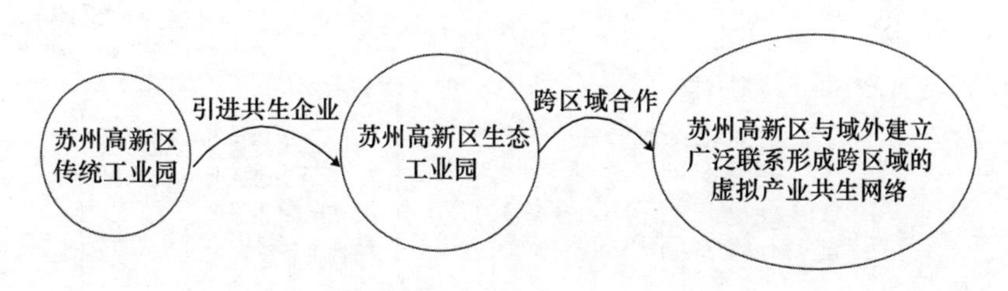

图6－24　苏州高新区生态工业园的演化

四　苏州高新区生态工业园建立的动力来源

苏州高新区生态工业园的建立和完善，与卡伦堡生态工业园的建立相似，都是系统内部驱动力与外在驱动力共同作用的结果，主要分为经济效益、环境效益和社会效益。

（一）经济效益

企业经营决策的根本出发点在于企业对于其经济效益的追逐，高新区内企业积极推进区域内环境政策、节能减排和提高资源能源利用率的

动力亦来源于自身对于经济效益的追逐。首先，园区政府制定了严格的环境管制政策，企业需要为自身的污染物排放缴纳排污费，同时对于降低污染物排放的企业给予奖励，“胡萝卜加大棒”政策的实施促使企业积极的响应政府环境政策，进行节能减排和提高资源能源利用率。其次，企业积极地执行政府环境政策，对生产投入中的能源资源进行多级重复利用，可以降低企业生产过程中的用料成本。因此，企业积极地执行环境政策的动力源于企业执行环境政策后可以为其带来经济效益，如降低排污费、降低用料成本。

（二）环境效益

企业环境效益是企业生产经营活动对生态环境所造成的影响。由于环境污染的负外部性，必须将企业环境污染的负外部性与企业经济效益相结合，将企业环境污染所造成的负外部性内化为企业成本，从而促使企业积极地进行节能减排和提高资源能源利用率。因此，企业对于环境效益的追逐动力源于企业追逐环境效益可以为其带来经济效益。高新区内政府通过制定严格的环境政策，征收高昂的排污费，将企业环境污染的负外部性内化为企业的成本因素。

（三）社会效益

企业是社会系统的一个组成部分，对于社会系统具有一定的社会责任。企业履行社会责任后可以更好的塑造企业在社会公众心目中的形象，公共的认可是企业无形的财富，通过公众的认可，企业可以通过较低的销售费用更好地将自身的产品销售给目标客户。苏州高新区生态工业园内的企业主动地进行节能减排，努力建设和完善自身的清洁生产系统，从而更好地满足顾客对于绿色产品的需求，同时美化企业在社会公共心目中的形象。

五　苏州高新区生态工业园的成功经验及不足

（一）苏州高新区生态工业园的成功经验

苏州高新区生态工业园在产业共生关系改造、建设、完善过程中，政府、企业、研究机构等相关主体各司其职，相互间的职责、权限分明。高新区工业园的建立、传统工业园工业共生系统改造、再到高新区共生系统运营，是一个从无到有逐渐完善的过程。苏州高新区生态工业园成

立之初，园区政府首先积极与研究机构进行交流与互动，结合域内生态环境特点及国家相关产业扶持政策，制定园区内建设规划；其次，积极完善域内基础设施建设，制定相关的产业优惠政策，招商引资；最后妥善安排相关企业入驻该园区。高新区传统工业园工业共生系统改造过程中，园区政府亦与科研机构、企业等相关主体进行交流与合作，共同探讨园区的工业共生系统建设，寻求一条符合园区发展特色的工业共生改造道路。苏州高新区工业共生系统运营过程中，积极与国外进行交流与合作，充分利用国内外先进的技术与经验，完善苏州高新区工业共生建设。

国家产业发展政策和苏州高新区生态工业园管委会政府政策的支持与鼓励，是苏州高新区生态工业园得以成功建立和运营的重要原因之一。1990 年，虎丘区管委会开始规划设立苏州高新区，于 1992 年被国家批准成立国家级高新技术产业开发区，此后园区内的高新技术产业迅速发展，成为区域内产业和工业经济发展的重心。随着园区经济发展，生态环境受到一定破坏，园区管委会着手进行域内循环经济探索建设，先后在高新区管委会的支持下成立相应的环保机构、制定相应的产业发展规划政策、优化域内产业格局，经过多年探索，循环经济建设已取得一定成果，该成果已得到国家的认可，并于 2005 年将“首批国家循环经济试点园区”的称号授予高新区；2008 年，苏州高新区被誉为“全国首批国家生态工业示范园区”；2012 年，苏州高新区再次获批“全国首家国家知识产权服务业集聚发展试验区”。

域内信息充分流通、企业主体积极参与域内循环经济探索，是高新区产业共生得以顺利、成功建立和完善的又一重要原因。循环经济探索和运营需要高新区内多个主体共同参与，单一主体基本上难以完成能源资源的梯级重复再利用；而域内企业各具特色，生产过程中所需原料投入各不相同，产成品及生产过程中所产生的废弃物各式各样。针对这种状况，高新区政府完善信息沟通平台建设，为企业间的信息沟通提供支撑，使企业能够共享彼此间的产成品、废弃物信息，降低企业共生主体抉择过程的不确定性，进而更好地在企业间建立以资源能源梯级利用为基础的循环生产体系。

（二）苏州高新区生态工业园的不足

域内部分废水资源仅仅被为数不多的企业主体所循环利用，利用

效率低，有待提高。水是一种液体资源，废水的加工处理循环利用对于水资源的重复利用和环境保护具有重要的意义，因为变成废水后，若废水未经过处理直接排放将会造成严重的影响。而高新区内的工业用水循环也只是将为数不多的传统企业的冷却水循环利用，并未将整体区域内的工业用水全部循环再生利用。同时，高新区内居民的生活废水没有经过加工处理后再生利用，仅仅是经历水源—水厂—居民—污水处理中心—自然水体的过程，这是一种对水资源的极大浪费。因为居民生活废水的再生循环利用相对于工业废水加工处理利用的成本较低，可再生利用价值高。因此，苏州高新区生态工业园域内的水资源再生循环利用有待提高。

域内固体废弃物的综合利用率仅仅达到全国平均水平60%，有待提高；且域内除了危险固体废弃物外，其他工业废弃物主要以焚烧和掩埋为主，有待改善。作为全国首家ISO14000国家级示范区和国家环保高新技术产业园，苏州高新区生态工业园域内的固体废弃物利用率仅仅达到60%左右，尚未超过全国固废综合利用率的平均水平，这与苏州高新区生态工业园“首批国家循环经济试点园区”的身份明显不符；另外，在城市生活垃圾中，食品类成分约为50%、废塑料制品为5%—14%、废纸含量为3%—12%、渣土含量则不到5%，且在城市生活垃圾中可回收物含量越来越大、渣土等不可回收物含量越来越小；然而目前园区尚未对城市生活垃圾进行分类回收、垃圾的管理和处理技术较落后、垃圾再生资源化利用效率低，且部分生活垃圾采用焚烧、掩埋等方式予以处理。因此，苏州高新区生态工业园的固体废弃物利用率有待提高、处理方式有待改善。

域内公众环保意识薄弱，并未将环保的理念内化为公众的社会化行为。高新区内居民环保意识不强，并未形成节约用水、循环利用水、生活垃圾分类堆放的习惯；一些政府领导和企业相关人员受传统观念的影响，仍将垃圾、废弃物视作负担，而不是将垃圾、废弃物视作放错地方的资源，因此未能在垃圾、废弃物的循环利用上付诸努力；现有技术、设备落后，废弃物循环利用成本高于其循环利用所产生的效益，因此在经济利益的驱动下，部分企业将废弃物直接排放，而未考虑该废弃物对生态环境所造成的影响。

六 苏州高新区生态工业园的启示

第一，苏州高新区生态工业园改造、建设、完善的过程，是一个不断探索、总结、再探索的过程，不能急功近利，而应循序渐进。苏州高新区工业共生系统从无到有，再到建设、完善，到目前为止已历时20余年，且仍在探索、总结、再探索中。在这过去的20年中，不断有企业进入和退出，就是高新区在探索循环经济建设过程中对域内相关企业进行合理化配置的结果。

第二，政府主导、企业参与、科研咨询机构支持下的苏州高新区生态工业园生态化建设不仅要较快速地进行，而且还要辨别园区建设所处的阶段，适时的转换政企的角色，充分发挥企业的主体作用。苏州高新区生态工业园从建立初期到现在是一个不断完善的过程，这表明在构建产业共生系统过程中，要厘清政企之间的职责和权限。在构建产业共生系统的前期，域内相关设施尚未完善，这时候需要园区的管委会予以主导和支持，由政府出面协调全区所需土地的调配，集中优势资源迅速建立和完善园区内相关基础设施建设；土地以及基础设施建设完毕后，政府则应该出面进行招商引资工作，吸引外资、合资及中资企业入驻园区；企业入驻园区后，需要政府配合企业的建设，但同时政府应引导企业积极地进行清洁生产设计，监督企业建设过程中所产生的废弃物排放与循环利用；在企业的运营及区域内共生系统完善过程中，政府应该将主动权和自主权交由企业，而政府则应该制定相关的支持保障及环境保护政策，同时严格执行已制定的政策和规定，从而更好地引导园区的持续发展。

第三，苏州高新区生态工业园生态化建设需要域内企业、政府、居民等相关主体的积极广泛参与，因此应大力进行循环经济建设的宣传、教育，使经济生态化发展的理念深入人心，内化为公众的意识。人是社会化的动物，人是社会运营的微观承担者，因此探索循环经济建设应从公众意识出发，只有人人达成共生循环经济建设的共识，人们才会积极广泛的参与该共生循环经济的建设。对苏州高新区生态工业园内的企业组织——人的集合体，也应将共生循环经济建设必要性的认识内化为企业的行事哲学，从而成功有效地完成园区内的共生循环经济建设。

第七章　中小企业减排网络组织的培育框架

中小企业减排网络组织的理论分析和国内外经验分析说明：企业是一个利益主体，中小企业减排网络组织给成员带来的经济效益是网络组织形成的主要驱动力，绿色商机无论是绿色产品生产还是废弃物的重新开发利用，给网络组织成员带来的经济利益是减排网络组织形成并持续发展的关键。中小企业网络组织成员间的资源共享和副产品的再生利用，组织成员间协同合作，实现了资源循环利用，降低了成本，获得了经济效益。因此，识别绿色商机，构建资源共享和协同合作机制是中小企业减排网络组织建设的关键。

中小企业减排网络组织通过网络生态化，提高组织的资源利用率，减少污染排放，因此需要构建由前向绿色产品供应网络和逆向废弃物处理网络组合而成的封闭循环系统。前向绿色产品供应网络，通过绿色设计、绿色材料、绿色工艺、绿色制造、绿色包装等环节，实现绿色制造，并为市场提供绿色产品；逆向废弃物处理网络，是对前向供应网络产生的废弃物加以分拣、加工、分解，使其成为有用的物质重新进入生产和消费领域，而对无法再利用或完全丧失了使用价值的最终废弃物，在经过一定处理后再返回到自然界，逆向废弃物处理网络的目的是实现资源价值的最大化。

第一节　中小企业减排网络组织参与主体的职能定位

中小企业减排网络组织以同时实现经济绩效、环境绩效、社会绩效

的“三赢”为目的，通过网络组织实现整合绿色科技、核心能力和资源来达到整个体系的有序运行。中小企业减排网络组织由诸多参与主体构成，可以从主体单位的角度分类，也可以从职能单位的角度进行分类。从主体单位的角度来看，中小企业减排网络组织由四种类型的企业（即原生资源供给企业、再生资源使用企业、两类资源使用企业、静脉企业）、政府及职能部门（环境部门、工商部门、科技部门等）、行业协会、银行等金融单位、大学等科研单位、能源物业部门和社会居民等构成。从职能单位的角度来看，中小企业减排网络组织中的参与主体需要承担六种职能：网络的一般成员、网络的管理员、网络的规划师或商业整合者、网络的协调员、网络的客户、网络支持机构或服务供应商。

一　参与主体的分类

中小企业减排网络组织从功能上来说，可以分为内部运行网络和系统支撑网络。内部运行网络中参与主体包括各类企业，它们按照生产者、消费者和分解者的关系分别处于减排网络的不同节点上，按照生物系统的运作规律进行着资源（材料、能源、水）、信息、资金和人才的流动，形成了资源充分利用、废弃物循环降解、污染物质清洁处理的封闭循环网络体系。系统支撑网络中主体包括政府行政部门（环境部门、工商部门、科技部门等）、行业协会、银行等金融单位、科研单位、能源物业部门、社会居民，它们不参与减排网络的具体生产或者环境治理，但是它们在整个减排网络组织的建立、维持和发展过程中发挥重要作用。

（一）内部运行网络的参与主体

根据物质流向，可以将资源分为原生资源与再生资源两大类。为了研究问题的需要，我们依据企业使用的主要资源类型来对企业进行分类，可以把减排网络组织系统中的企业分为四种类型：

1. 原生资源供给企业

即以原生资源勘探、开采、提炼、销售为主的企业，是为网络提供原材料的企业。这类原生资源型企业的生产成本包括获得矿藏开采权的成本、开采费用以及原生资源的市场价值转换成本。这类企业在我国的产业结构系统中占有相当的比重，是我国经济发展的重要依托，也是导

致我国产业结构升级困难的主要因素之一。

2. 再生资源使用企业

即直接以原生资源作为生产资料的企业。这类企业具有强烈的环保意识和社会责任感，致力于生产过程绿色化和产品绿色化，建有自己的废弃物回收系统，将企业生产中产生的废弃物通过自身的废弃物回收系统进行回收、加工、再利用，或者通过产品设计、包装的简化，尽可能实现废弃物排放的减量化，对产生的废弃物按照政府的意图或者环境损害最小原则进行排放。

3. 两类资源使用企业

即使用原生资源也使用再生资源的企业。在生产过程中，可以在两类资源之间进行选择，以最小化企业成本函数为标准。这类企业生产的产品，既可以使用原生资源作为原材料，也可以用再生资源作为原材料，如发电企业既可以用原煤发电，也可以用垃圾发电；造纸企业既可以通过砍伐的木材造纸，也可以使用废弃的秸秆或者破布来造纸等。正是因为这类企业使用再生资源，我国经济发展中对原生资源的依赖才得以有效缓解，从而推动静脉产业的发展，实现城市固体废弃物处理的经济价值与环境效益。

4. 静脉企业

即直接以废弃物为原材料的废弃物回收企业、处理企业。这类企业通过自己的生产经营活动，将废弃物加工处理为再生资源，提供给减排网络组织系统中的其他企业或个人使用，从而降低社会经济发展对原生资源的依赖程度，实现再生资源对原生资源的取代，从而转变产业要素供给结构，实现产业结构转型，为人类社会的可持续发展提供帮助，具有直接的经济效益、环境效益和良好的社会效益。

（二）系统支撑网络的参与主体

1. 政府职能部门

政府是减排网络组织体系环境制度和环境标准的制定者和监督管理者。由于中小企业的特点，建立符合“三赢”效果的减排网络组织需要承担巨大的初始建立成本以及完成繁重的初始规划、联系、协调、组织等工作。政府在这些方面既具有先天的优势，又承担监控减排网络组织实际效果的职责。所以，政府在减排网络组织中承担以下工作：建立

“三赢”共享价值观，科学设计、合理规划、严谨评估减排网络组织的具体规模、标准，建立计划，联系、组织、筛选入网的中小企业参与方，设立整个网络的运行、协调机制和奖惩制度，主持初始设计和后期维护工作，实现整个网络的社会、经济和环境效益的统一。其中，科技部门承担产学研联系、减排网络组织的规划、设计、评估工作，工商部门负责中小企业联系、协调、入网工作，环保部门承担环境效益的估计、测算、评估、反馈工作。

2. 大学等科研单位

它们对减排网络的构建提供专业的规划，对相关环境战略的技术和污染处理效果进行评估，为减排网络的持续稳定提供专业技术，向中小企业参与方不断提供循环经济、清洁生产等方面的新技术、新工艺，为网络提供人才。同时，企业为大学提供实习或实践的机会。

3. 银行等金融单位

它们是网络的资金输入输出中心，直接影响整个网络的利益。依照国家产业政策和金融政策，根据减排网络组织的建立规划、运行规划，银行等金融单位提供初始的建设资金和后期的运作资金，按照多方协商获取长期的收益回报。

4. 行业协会

企业行业性非盈利的民间自律组织，介于政府、企业之间，为中小企业在减排网络组织中提供信息共享、联系组织、自律管理、服务、培训等服务。它不属于政府的管理机构系列，而是政府与企业的桥梁和纽带。

5. 能源物业部门

它们为减排网络中参与主体提供水电动力，并对网络中企业的耗水耗电进行控制，维系整个组织系统的运行。

6. 社会居民

社会居民维系周边环境，从减排网络组织及其环境维护中获得经济利益和就业机会，为减排网络创造文化、就业和消费隐形利益。随着国民环境意识的不断增强和更多公益环保组织的涌现，社会居民对减排网络组织的环保舆论影响越来越大。

二　参与主体的职能

中小企业减排网络组织要实现“三赢”目标，需要通过正式契约和非正式契约方式明确各参与主体的职能，协调参与主体的行为，从而将组织内部的资源、技术、信息等联结成一个系统，使资源得到充分利用。中小企业减排网络组织成员的对应职能如下：

（1）减排网络组织的一般成员。该角色由被减排网络组织所接纳、参与网络活动的绿色企业所扮演。一般成员是中小企业依据临时或者长期合作协议，采用可持续供应链的实践措施以及产业共生的方法，通过合作来使他们自身的个体经营方式和网络的集体经营方式更加持续。上文中内部运行系统中的参与主体主要为这类一般成员，占网络组织中的绝大多数。

（2）减排网络组织的管理员。从网络管理的角度来看，该角色由负责减排网络组织整体运营和改进的绿色企业所扮演。管理员需要及时制订增加资源可循环利用计划，识别当前绿色竞争力与资源管理之间的差距，并通过招募新的绿色企业加入减排网络组织来消除差距、解决问题。所以在具有核心企业的减排网络组织中，该角色往往由核心企业担当；而在只有中小企业的减排网络组织中，管理者角色往往由政府职能部门和行业协会来担当。

（3）减排网络组织的规划师或商业整合者。该角色由负责通过两种形式（前向绿色产品供应网络或者逆向废弃物处理网络）创立、维持减排网络物料封闭循环体系的绿色企业所扮演。规划师负责识别必要的绿色生产资格和能力，以及那些具备从市场或向市场提供和回收绿色产品能力的（潜在）减排网络组织成员，科研单位、金融单位往往担当此类角色。

（4）减排网络组织的协调员。该角色由负责网络体系运营的绿色企业所扮演。为了保证以可持续的方式实现网络组织的目标，在采购、生产、销售和物流活动中，该角色协调各类参与方，保证它们都遵循可持续发展的原则。在具有核心企业的减排网络组织中，可以由核心企业、政府职能部门、行业协会、能源物业单位、静脉企业来担当；而在只有中小企业的减排网络组织中，往往由政府职能部门、行业协会、能

源物业单位、静脉企业来担当。

（5）减排网络组织的客户。该角色由具有环境意识、对绿色产品和服务感兴趣的绿色消费者（可以是个人，也可以是一个组织）所扮演。他们通过从减排网络中采购绿色产品和服务来触发绿色减排网络组织的形成。社会居民是典型的减排网络组织客户，此外还有绿色产品的下游企业。

（6）减排网络组织的支持机构或服务供应商。即提供配套服务、支持工具和网络组织机制的绿色服务提供者。例如，环境认证、环保标签、可持续产业模式的绿色标准。政府职能部门、行业协会、科研单位、金融单位、能源物业部门、核心企业都可以发挥这种功能。

综合两种分类，我们可以整理表 7－1 来体现减排网络组织中参与者的情况。

表 7－1　**参与主体的职能、驱动因素和协调策略**

参与主体		担当职能	重要性	驱动因素	利益协调策略
系统支撑网络	政府职能部门	管理员、协调员、支持机构	非常重要	环境职责、整体利益和社会持续发展	制定相应的法律机制；决定减排网络组织的规划和发展；组织联络参与主体，协调各方利益；设立合理的奖惩制度；主持初始设计和后期维护工作
	行业协会	管理员、协调员、支持机构	很重要	环境职责和整体利益	提供信息共享、联系组织、自律管理、服务、培训等服务；兼顾单个企业和整体行业利益
	银行等金融单位	规划者、支持机构	很重要	经济利益和社会责任	对企业环境战略的实施给予一定的资金支持，并调整资金流向和流通；及时发布资金信息情况
	大学等科研单位	规划者、支持机构	很重要	自身知名度和人才培养	提供减排网络的专业规划、科学评估；提供污染处理技术和环境保护技术；提供专业人才，通过产学研结合提供就业机会；信息共享
	能源物业部门	协调员、支持机构	重要	经济利益和社会责任	利用新能源发电，同时对企业能耗进行监测，严格控制淡水资源和电力资源；资源信息及时发布
	社会居民	客户	重要	环境利益和隐性利益	给予减排网络组织舆论支持，提供良好的文化氛围

续表

参与主体		担当职能	重要性	驱动因素	利益协调策略
内部运行网络	原生资源供给企业	一般成员	很重要	经济利益和网络关系	为减排网络组织提供原材料，同时与其他参与主体建立良好的竞争合作关系；信息共享
	两类资源使用企业	一般成员	很重要	经济利益和社会责任	减排网络组织中生产力的主要代表者，提高企业自身的竞争优势，同时与其他参与主体建立良好的竞争合作关系；信息共享
	再生资源使用企业	一般成员	重要	经济利益、社会责任和网络关系	保持企业自身的竞争优势，同时与其他参与主体建立良好的竞争合作关系；信息共享
	静脉企业	一般成员、协调员	非常重要	环境职责、经济利益和网络合作	将循环中的废弃物进行回收，扮演分解者的角色，提高自身的生产力，同时与其他参与主体建立良好的竞争合作关系；信息共享

第二节　中小企业减排网络的封闭循环系统构建

中小企业减排网络的封闭循环系统，是由前向绿色产品供应网络和逆向废弃物处理网络组合而成。前向绿色产品供应网络的物质和信息流动方向是从生产者到消费者，逆向废弃物处理网络的物质和信息流动方向则是从消费者到生产者。前向绿色产品供应网络和逆向废弃物处理网络的有机结合形成了封闭循环。中小企业减排网络的封闭循环系统以前向供应网络及其末端顾客的产品作为起点，经过回收、再利用、再制造、再循环或废弃处理等逆向运作，形成物质流、资金流和信息流的闭环系统，其目的是发掘原材料、部件和产品价值，实现封闭循环总价值最大化。前向供应网络的绿色生产过程与逆向处理网络的废弃物副产品综合利用过程相结合，从整体上完善资源综合利用和物质循环，使减排网络产生的废弃物趋于零，实现环境、经济和社会效益最大化。

一　前向绿色产品供应网络

绿色产品是以关怀环境、尊重万物为前提的产品，是耗用资源最少、对环境造成负面影响最小的产品。绿色产品不仅在研发及生产过程

中尽量做到对环境伤害最低，而且考虑到产品报废时的回收利用，所以绿色产品可以在产品报废时完全降解，不需要回收，不影响环境。前向绿色产品供应网络是以生态系统理论和供应链管理技术为基础，以绿色产品制造为目的，从产品生命周期的角度出发，将制造企业、销售商、政府部门、科研机构等网络参与主体连成网络。

前向绿色产品供应网络是指中小企业减排网络组织成员通过技术、核心能力互补，共享资源，将环境保护理念贯穿产品整个生命周期，通过绿色设计、绿色材料、绿色工艺、绿色制造、绿色包装等环节，实现制造过程和产品的绿色化，使产品的生产和消费过程对环境的影响最小化。前向绿色产品供应网络中的绿色制造企业拥有不同类型的资源、生产流程和设计所需的知识、工程，为客户制造绿色产品；绿色产品在推向市场过程中需要法律、技术评估、投融资等中介服务机构的支持；前向绿色产品供应网络运营的过程中也需要企业提供环保技术、信息、物流等方面服务。

经济效益、环境效益和社会效益的统一是前向绿色产品供应网络追求的最终目标。前向绿色产品供应网络必须考虑产品整个生命周期的成本，包括环境保护、产品维修以及退出使用回收再利用所带来的成本。前向绿色产品供应网络构建是一项贯穿产品整个生命周期的系统工程，需要考虑产品及零部件的回收处理方式、处理成本和回收价值，力求以最少的成本获得最大的回收价值。

前向绿色产品供应网络的创建一般经历以下几个阶段（见图7－1）：

（1）合作机会识别。生产绿色产品源于市场需求，绿色顾客的存在和政府环境管制形成绿色产品需求，绿色产品需求触发前向绿色产品供应网络的形成，网络组织或是核心主体识别绿色产品需求，进行新产品开发。

（2）合作计划制订。绿色产品的特点是绿色设计、绿色材料、绿色工艺、绿色制造、绿色包装。绿色物流需要寻找拥有这些绿色能力的前向绿色产品供应网络合作伙伴，起草前向绿色产品供应网络粗略的计划（如工作分解结构）安排，并在前向绿色产品供应网络执行期间来安排、分配和定位潜在前向绿色产品供应网络伙伴所使用的活动、任务和资源。

（3）合作伙伴选择。合作伙伴的选择是前向供应网络构建过程中的关键步骤之一，主要从减排网络组织绿色企业成员库中搜索与产品生产相匹配的成员，进行评价选择。一旦有一个内部成员的绿色能力不足，可以根据他们的绿色等级或者其他的关键指标（报价、交付日期、质量水平等）从外部招聘前向绿色产品供应网络成员。

（4）谈判。选定的前向绿色产品供应网络伙伴将通过谈判达成协议和调整需要，按照可持续发展的“三赢”原则（经济绩效、环境绩效、社会绩效）实现前向绿色产品供应网络的最终配置。

（5）供应网络规划。一个详细的扮演角色和承担分配给前向绿色产品供应网络伙伴责任的前向绿色产品供应网络规划（如工作结构）。

（6）签订合同。前向绿色产品供应网络协作将以合同的形式予以正式化，然后正式推出前向绿色产品供应网络。

前向绿色产品供应网络运营阶段遵循绿色设计、绿色制造和绿色物流原则，在规定时间内和规定成本框架下，提供规定质量的超过客户预期且符合环保法规的绿色产品。在前向绿色产品供应网络的运营过程中会面临各种各样的问题：原材料的绿色度问题、绿色成品的质量问题、绿色市场的需求问题、消费者的偏好问题、产品的定价问题等。中小企业减排网络组织成员之间虽然强调合作，但由于各成员是独立的利益主体，追求自身收益的最大化，企业成员往往是在考虑自身局部效用最大化的基础上接受合作，因此，如何在整体收益尽可能最大化的基础上来处理、协调收益分配是网络运行中的关键问题。

前向绿色产品供应网络运营的结果是为市场提供绿色产品，在产品交付后将继续执行其产业共生策略。产品交付后没有循环利用的废弃资源放置在网络组织的资源共享中心，由逆向废弃物处理网络直接使用（再使用）、维修、再制造、循环利用和安全处理，而网络构建、运营的经验教训和相关知识积累可以指导其他产品减排网络组织的构建。

二　逆向废弃物处理网络

逆向废弃物处理网络的目的是重新获得废弃产品、不合格产品或废弃物的使用价值，或者正确处置最终废弃物以减轻对环境的危害，实现

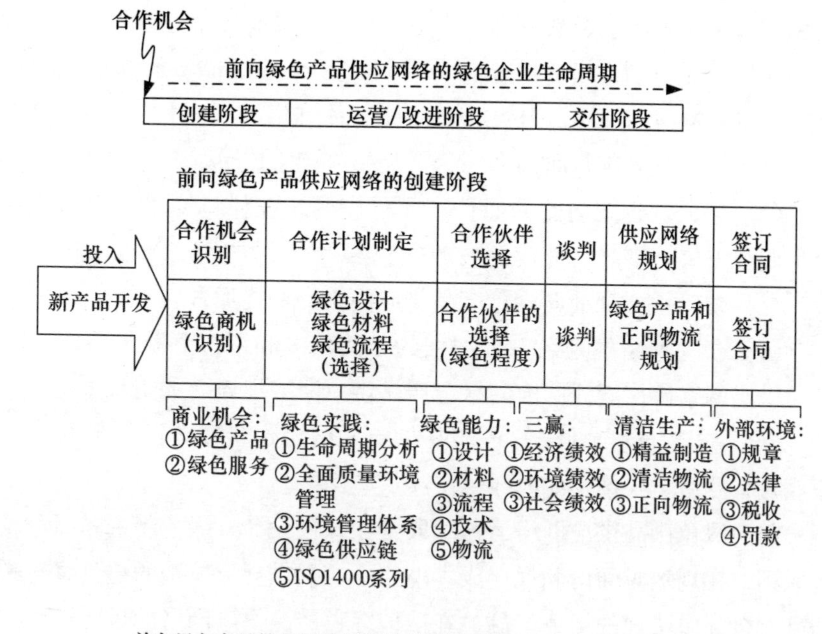

前向绿色产品供应网络的运营/改进阶段

运营	改进
绿色产品 (绿色制造)	升级绿色产品以及物流规划 (重新分配任务、重新配置资源、更换合作伙伴)

前向绿色产品供应网络的交付阶段

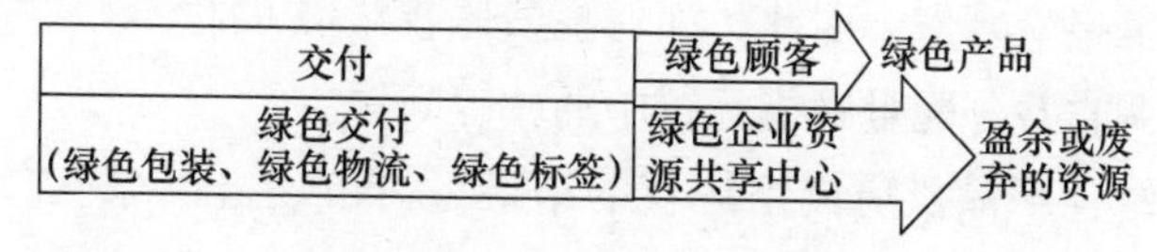

图 7－1　前向绿色产品供应网络各阶段的发展过程

社会的可持续发展。废弃物处理利用包括产品层次的再利用、零部件层次的再利用和原材料层次的再利用。产品层次的再利用通过直接再利用、修理、翻新和再制造的处理方式实现，由两类资源使用企业实现；零部件层次的再利用通过拆分的方式实现，通常由两类资源使用企业实现；原材料层次的再利用，通过再生的方式实现，一般由供应再生原材料的静脉企业实现。

合理的逆向废弃物处理网络回收模式是网络成功运行的关键。应该根据废弃物的规模、分布、处理方式分析废弃物处理的成本与收益，选择适合的回收模式。逆向废弃物处理网络活动的参与方包括前向绿色产品供应网络的节点企业（例如供应商、制造商、零售商等）、专门的逆向废弃物处理从事者（如回收商贩、再生企业）、环保公益组织以及政府机构等。逆向废弃物处理网络的有效运行使废旧产品、废弃物获得了新价值，减少了污染排放，也降低了资源使用和废弃物处置的成本，提高了经济效益、社会效益和环境效益。

逆向废弃物处理网络的创建一般经历以下几个阶段（见图7－2）：

（1）合作机会识别。回收产品或废料的动因一部分是组织成员的环保意识，而更多的动因则是报废产品和废弃物再生利用法律的制定或是新技术使废弃物有了新的利用价值。如KC－BPS网络中盖尔道钢铁公司研究开发了钢渣转化为水泥生产原材料技术，以此为商机构建了钢渣协同利用网络。废弃物利用市场的商机是逆向废弃物处理网络形成的初始动力。

（2）合作计划制订。分析废弃物再生利用方法、所需的再生技术、设备，寻找拥有这些再生处理能力的合作伙伴，由网络组织管理者或逆向废弃物处理网络核心企业起草逆向废弃物处理网络粗略的计划。

（3）合作伙伴选择。逆向废弃物处理网络包括废弃物回收、检测、分类、再制造和报废处理等环节。与前向绿色产品供应网络相比，逆向废弃物处理网络业务区域分布广，不确定性强，合作企业种类多，不同环节对合作企业的要求不同。在废弃物再生环节，依据所处理废弃物的技术要求，搜索可能合作者，从废旧产品修复率、废弃物再生率和再生成本等方面评估并选择合作者。

（4）谈判。与选定的合作伙伴通过谈判达成对逆向废弃物处理网络最终配置的协议。

（5）废弃物处理网络规划。定义一个详细的拥有角色和分配给逆向废弃物处理网络伙伴责任的逆向废弃物处理网络规划。

（6）签订合同。逆向废弃物处理网络协作将以合同的形式予以正式化，然后正式推出逆向废弃物处理网络。

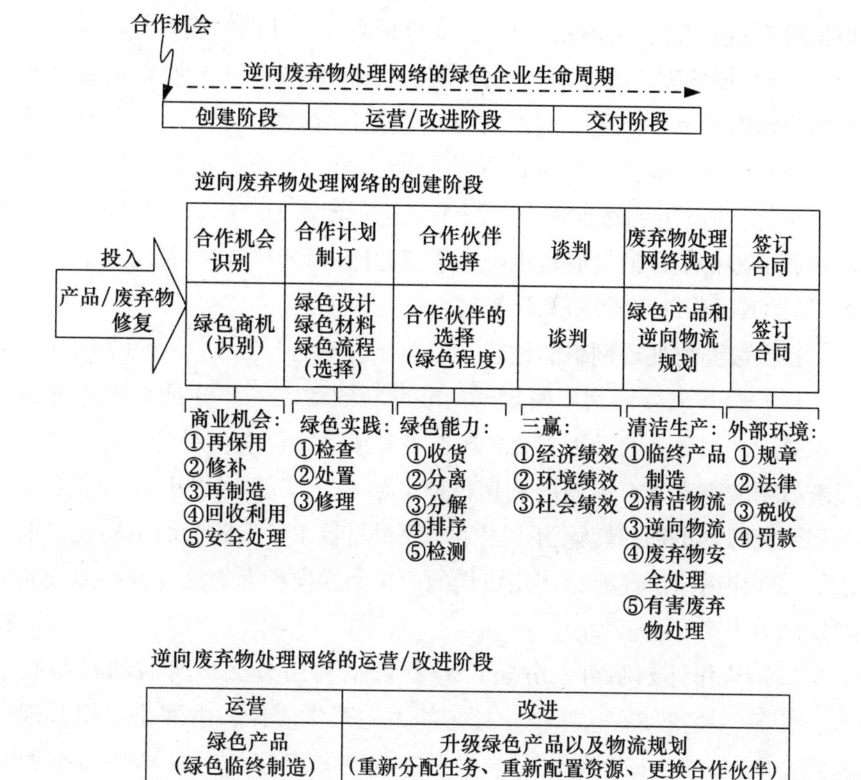

图 7-2　逆向废弃物处理网络各阶段的发展过程

逆向废弃物处理网络的运营过程遵循可持续发展物流、过期产品再制造和安全处理的原则，具体表现为以灵活、绿色和理想的方式，再使用（如把直接使用产品的组件作为备件）、再制造（如恢复和重建产品）、循环利用（如回收原材料）和安全处理废弃物（如危险废物的管理），最终结果往往都是环境友好的。

逆向废弃物处理网络运营的目的是资源充分利用和环境伤害最小，其产出使用包括两方面：一是进入循环利用。可以被前向绿色产品供应

网络中的绿色企业直接使用或者放入到网络组织的资源共享中心，被未来的前向绿色产品供应网络所使用。二是废弃物安全处置。对于无法再利用、有环境危害的废弃物，可以引入一定数量的静脉企业对危险废弃物进行处理。

三　封闭循环系统的运行管理

封闭循环系统是前向绿色产品供应网络和逆向废弃物处理网络的集成，因此其运作既要考虑前向绿色产品供应网络的采购、生产和销售过程，又要考虑逆向废弃物处理网络的回收、再造和再销售过程。

（一）产业共生的实现流程

图7-3为中小企业减排网络的封闭循环系统。当创建前向绿色产品供应网络时：（1）前向绿色产品供应网络可以产出诸如盈余或废弃的资源，可以立即被作为其他绿色企业的投入（如图中e所示的立即使用）；（2）在前向绿色产品供应网络中，交付阶段多余又无法即时使用的废弃物可以放置在网络组织的资源共享中心，以便于以后使用，从而前向绿色产品供应网络中的一些投入可以直接从资源共享中心获得（如图中a所示）；（3）前向绿色产品供应网络中其他的一些投入可以通过运行前向绿色产品供应网络，从绿色供应商处获得（如图中b所示）；（4）如果需要，在减排网络组织的资源共享中心内无法获得的投入还可以通过外部虚拟生态工业网络进行购买（如图中c所示的绿色采购）；（5）在逆向废弃物处理网络的情况下，投入可能来自逆向废弃物处理网络内生的绿色商机（例如4R原则或安全处理策略），也可以通过对网络组织内部（资源共享中心）中的产品或废弃物进行修复来获得（如图中f所示），而内部的绿色商机可以在网状组织中由其管理者来宣布，网络组织成员会对创建做出反应；（6）产品或废料可以在网络组织外部（市场）进行修复（如图中g所示），作为一个外生绿色商机，它可以被前向绿色产品供应网络成员检测到，从而前向绿色产品供应网络成员将被选择成为逆向废弃物处理网络的合作伙伴；（7）若与前向绿色产品供应网络输出相似，逆向废弃物处理网络输出则可以放置在网络组织的资源共享中心（如图中h所示）以便以后使用（如图中d、i所示）。

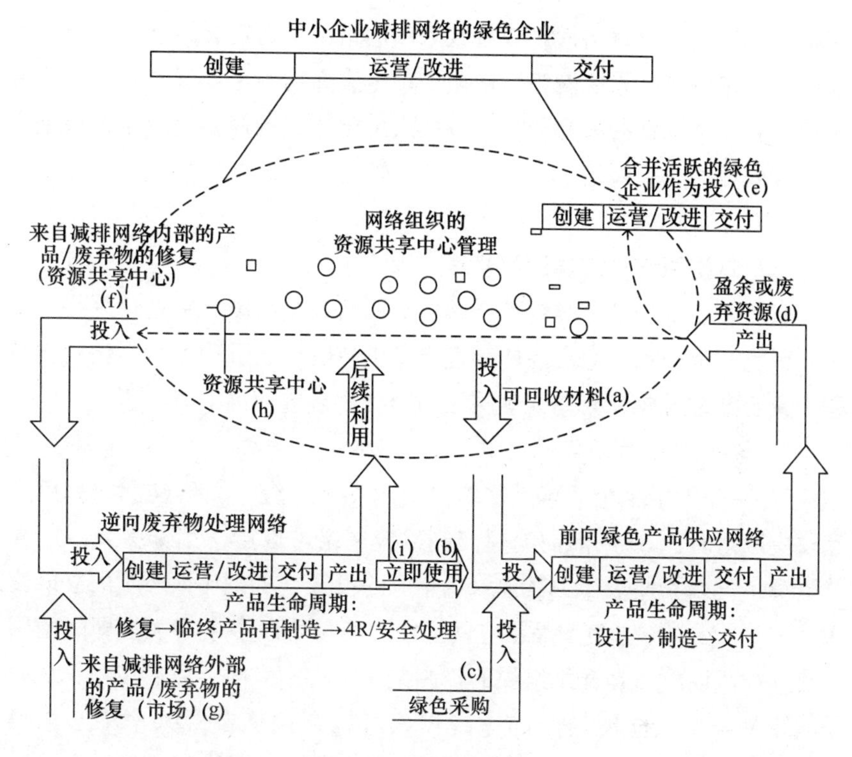

图 7－3　封闭循环系统

在中小企业减排网络组织中的企业可以通过利用网络资源，提升自身污染处理能力。更重要的是，中小企业减排网络组织中企业成员也可以作为临时的封闭循环子系统的成员参与到其他企业的生产和污染处理过程中，所以在绿色产品生命周期内，下游企业的废弃物和剩余物质通过再生流程回归到绿色虚拟网络其他成员的上游中去，实现整个网络物质的循环利用。中小企业减排网络不仅仅涵盖了一个以一种可持续的方式进行新产品设计、生产和传递的供应网络，也涵盖了在产品生命周期里的服务供应、产品回收和废物管理网络。作为绿色生产者责任的一部分，如果有可能，将最大化产品在整个生命周期中的利用价值，同时将其整合成一个前向供应网络；如果不可能，废弃物将被安全地处理。

（二）封闭循环系统运行管理的关键环节

前向绿色产品供应网络和逆向废弃物处理网络的协同合作和相互作用，形成了中小企业减排网络组织的封闭循环系统，网络成员废弃物循

环利用技术的研发能力、核心企业的组织协调能力、成员间的协同合作能力，是循环封闭系统有效运行的保证。网络组织通过资源共享中心建设、信息共享平台建设和物流系统建设等环节，形成网络组织资源管理的智能网络，匹配网络成员的投入和产出，使资源利用效率最大化，最终实现产业共生。

资源共享中心是减排网络组织成员的共享资源仓库，既包括材料、再生材料、无法利用的废弃物等资源，也包括知识、技术和管理方法等。资源共享中心使中小企业减排网络组织中成员之间有形资产和无形资产的共享变得更容易。资源共享中心是新的可持续的商业模式，通过利用网络组织成员的闲置资产，共享技术、设备和管理经验等，改变中小企业经营环境，使资源得到充分利用，降低生产成本，提高经营效益，也使网络成员间建立相互信任的社会关系。

信息共享是建立在基于网络信息平台建设的基础上，采用管理协议，使相关运营信息在前向绿色产品供应网络和逆向废弃物处理网络之间能够充分地沟通和共享。通过信息共享，封闭循环节点成员间的供需信息能够准确、顺畅地在相关环节传递，从而缩短订单交付时间，提高市场反应速度，提高组织成员决策的准确性和封闭循环系统的运行效率，从而使网络组织能够在适应全新绿色产品市场和再制造产品市场需求的同时减少无谓的成本浪费。

中小企业减排网络组织是一个开放性的动态组织，网络信息平台的构建，方便了网络成员的招募，突破了传统减排合作组织（如生态园区）地理边界的束缚，网络信息平台的构建使得企业跨越他们的地理边界来获取新的互补的绿色能力、资源、市场和共生机会。由于封闭循环系统的不确定性来源分布非常广泛，既存在内部各参与主体由于目标、经营理念、流程、资源等方面所造成的不协调，也存在大量由于市场环境所带来的不确定性，对于后一种类型的不确定性问题，仅靠网络组织内部企业的协作难以有效解决，更多地依赖在更广泛范围内实现网络信息共享。这种信息共享所需要的信息采集、传输、存储、加工和提取，在时间空间的广度和利用的深度上都是传统减排组织所不能相比的。

绿色物流是减排网络组织的物流策略。物流作为连接封闭循环系

统上下游企业的重要环节，是减排网络组织正常生产的前提条件。物流管理作为封闭循环系统管理的重要组成部分，是网络快速反应和获得成本优势的重要手段，是前向绿色产品供应网络与逆向废弃物处理网络形成封闭循环的基础。绿色物流包括物流作业环节和物流管理全过程的绿色化，通过对运输线路进行合理布局与规划，缩短运输路线，提高车辆装载率；通过科学布局仓储，节约运输成本。中小企业减排网络的参与者在地理上是分散的，网络组织为它们提供了合作管理单一或者多种资产的可能性，即共享仓库和配送中心。而当仓储库存、返回时间和物质循环操作不确定时，网络组织可以提供一个敏捷和灵活的方法。

中小企业减排网络组织是跨行业跨区域多目标的合作组织，其封闭循环系统物流是个复杂系统，前向绿色产品供应网络的物流环节（如，原材料和部件的采购、配送运输、仓储管理以及装卸搬运）与逆向废弃物处理网络的物流环节（如，废旧产品和废弃物的回收、检测、分类、再制造）相互交错、紧密集成。

中小企业减排网络组织实现零排放的潜力来源于其动态地配置资源和逆向废弃物网络处理能力。减排网络组织依据废旧产品和废弃物回收处理需求，构建逆向废弃物处理网络，制订废旧品和废弃物的回收、制造、再制造、库存等生产计划，并采取各种措施确保该计划适用于不确定的环境。然后，根据生产计划既可以确定前向绿色产品供应网络和逆向废弃物处理网络的优化组合，又可以把制造和再制造的产品需求进行分解确定物料计划，并根据物料供应源的不同，制订出具体的采购计划、拆卸计划和自制零部件计划，通过协调控制以保证网络循环封闭系统高效持续运行，获得经济和生态效益。

第三节　中小企业减排网络组织构建的总框架

中小企业减排网络组织的架构目标是支持企业减排联盟的创建和管理，通过集成网络成员的绿色技能、核心能力和资源使之达到或者超过消费者对质量、时间和成本框架的预期，实现“三赢”目标。

一　中小企业减排网络组织的模块及其相互关系

中小企业减排网络组织的建立基于五个模块：目标、参与主体、运行原则、生命周期和技术支撑。通过五个模块的构建实现减排网络组织前向绿色产品供应网络和逆向废弃物处理网络的协同发展，促进封闭循环系统的高效运行（见图 7－4）。

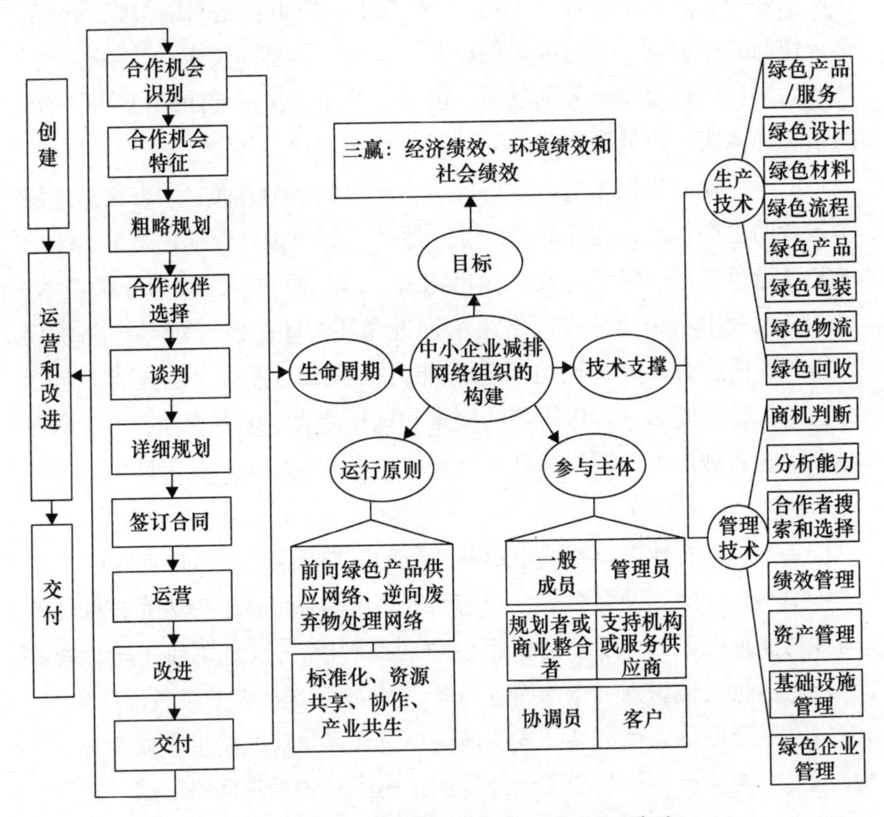

图 7－4　中小企业减排网络组织构建的总框架

中小企业减排网络组织的参与者由一般成员、管理员、规划者或商业整合者、协调员、客户、支持机构或服务供应商构成，其主要职能如表 7－1。减排网络组织形成与发展过程是前向绿色产品供应网络和逆向废弃物处理网络的形成与发展过程。

为了使中小企业网络组织有效运行，要遵循以下原则：（1）标准

化。组织成员在绿色产品生产和废弃物循环利用等方面协同合作，需在技术、生产、管理等方向达成共同标准，形成共同工作和共享原则，减少合作的阻碍。（2）资源共享。通过创建中小企业减排网络组织有形资源和无形资源共享的资源共享中心，消除冗余资产，实现资源共享。（3）协作。在网络组织协作规划的基础上，签订合作协议，以协议和网络组织运行规则为基础，实现前向绿色产品供应网络和逆向废弃物处理网络参与者之间的合作。（4）产业共生。中小企业网络组织成员基于合作与共享原则，通过成员间材料、能源、信息、技术、其他有形资产和无形资产以及副产品的联系、交换、共享，保持前向绿色产品供应网络和逆向废弃物处理网络的有效运行，实现产业共生。

中小企业减排网络组织运行的技术支撑包括两方面：一方面是网络参与者的生产技术，包括绿色产品和服务、绿色设计、绿色材料、绿色工艺、绿色生产、绿色包装、绿色物流、绿色回收等方面的相关技术；另一方面是中小企业减排网络组织促进循环封闭系统（绿色产品供应网络和逆向废弃物处理网络）管理能力的形成与提高，这些能力包括绿色商机识别能力、合作伙伴的搜索和选择能力、绩效管理能力、资源共享中心管理能力、网络基础设施管理能力和组织运行控制能力。

二　中小企业减排网络组织各阶段的主要任务

中小企业减排网络组织，在前向绿色产品供应或逆向废弃物处理的两种功能形态下，一般经历以下生命周期阶段：（1）创建。一个新的绿色商业机会被识别（中小企业减排网络组织内的成员充当代理），这将触发一个新的绿色产品开发的前向绿色产品供应网络形成或者一个产品修复、再生产、回收和安全处理的逆向废弃物处理网络形成。管理这两种供应网络能够实现任何制造业真正的闭环供应。（2）运营和改进。前向绿色产品供应网络将在可持续工程、制造业和物流的原则下运营，从市场中回收（绿色）产品，对它们进行再使用、再制造、循环利用和安全处理；作为真正的可持续供应网络，这样的运作方式充分支持了一个可持续发展产业模式的形成。（3）交付。因为前向绿色产品供应网络和逆向废弃物处理网络是在中小企业减排网络组织中执行产业共生的子系统，所以在产品交付或修复之后，网络组织能继续其产业共生策

略，充当一个闭环系统，前向绿色产品供应网络交付后的任何盈余或废弃的资源和废弃物将被放在网络资源共享中心，直接用来使用（再使用）、修理、再制造、回收和安全处理（见表7－2）。

表7－2　　　　中小企业减排网络组织的生命周期阶段

生命周期阶段		主要任务
创建	合作机会识别	前向：生产客户所需要绿色产品或提供绿色服务，以识别一个合作（业务）制造的机会。一个协作机会可以被绿色代理人发现或者被提升为中小企业减排网络向市场引入新的绿色产品或服务策略的一部分
		逆向：基于逆向物流和废弃物制造策略为绿色产品生产来识别合作（业务）机会
	合作机会特征	前向：识别合作（业务）机会的主要特征。其特征主要包括绿色能力需求和机会约束：（1）绿色产品制造，需要绿色设计、绿色材料、流程设计、工程和制造绿色产品；（2）绿色服务，需要绿色知识和技能以提供绿色服务
		逆向：识别合作（业务）机会的主要特征。其特征主要包括绿色能力需求和机会约束：（1）产品的重新使用，将产品组件的直接使用作为备件；（2）产品的再制造，将产品用于修复和重建；（3）产品回收，将产品作为有价值的原材料进行回收处理；（4）产品安全处理，将产品作为危险废物处理
	粗略规划	识别所需的前向绿色产品供应网络或逆向废弃物处理网络合作伙伴的资格和能力，以及前向绿色产品供应网络或逆向废弃物处理网络可能的配置（供应网络拓扑），以可持续的方式应对合作（业务）机会
	合作伙伴选择	根据他们的绿色程度识别潜在的前向绿色产品供应网络或逆向废弃物处理网络伙伴及他们的评估和选择。基于自己设计、生产、提供或分配一个绿色的产品或服务，前向绿色产品供应网络和逆向废弃物处理网络合作伙伴的绿色能力（设计、材料、工艺、技术和物流）被评估，从而为合作伙伴的搜索和选择提供参考
	谈判	在动态可持续供应网络中，通过整合最适合的前向绿色产品供应网络或逆向废弃物处理网络伙伴的互动过程，可以生产或提供消费者和市场所需的绿色产品和服务
	详细规划	规划最后的前向绿色产品供应网络和逆向废弃物处理网络拓扑及其前向绿色产品供应网络和逆向废弃物处理网络伙伴的活动时间表，包括任务分配、预算分配和绿色绩效指标（清洁生产和正向物流）
	签订合同	制定前向绿色产品供应网络和逆向废弃物处理网络合同，对环境法规（法律、交易、税收、罚款）要特别注意
运营		前向绿色产品供应网络和逆向废弃物处理网络将严格遵循可持续原则来运作，以降低他们的生产和物流活动对环境的负面影响

续表

生命周期阶段	主要任务
改进	为了防止前向绿色产品供应网络和逆向废弃物处理网络运营期间的意外事件或中断，前向绿色产品供应网络和逆向废弃物处理网络的协调员为了尽量保证完成原来的生产或承诺提供产品和服务的计划，将重新配置或重新安排前向绿色产品供应网络和逆向废弃物处理网络的伙伴和他们的活动（任务、预算）
交付	作为网络产业共生战略的一部分，任何可能二次使用的资源将被放置在网络资源共享中心，以便任何可能的使用。此外，作为前向绿色产品供应网络产品监管的一部分，绿色企业需要持续性地为客户和市场提供售后服务
	作为网络产业共生战略的一部分，任何可能二次使用的资源将被放置在网络资源共享中心，以便任何可能的使用。此外，作为逆向废弃物处理网络中危险废物管理的一部分，一个专业化的网络可能是为了废物安全处理而量身定做出来

第八章 我国中小企业减排网络组织培育与发展的建议

中小企业减排网络组织的培育，要遵循中小企业网络组织的形成和发展规律。我国中小企业减排网络组织培育与发展，应树立正确的培育理念，制定培育的关键策略，通过制度环境和社会环境建设来引导中小企业减排网络组织形成。本书认为：中小企业减排网络组织培育理念应反映中小企业网络组织形成的本质与规律；要在正确分析和把握中小企业减排网络组织形成和发展的关键要素和环节的基础上，制定中小企业减排网络组织培育的关键策略；促进中小企业减排，应通过完善制度环境和社会环境，改变企业盈利模式，提高企业和网络组织参与者的盈利能力，形成中小企业绿色制造、互利共生的盈利模式，促进中小企业减排网络组织的形成和发展。

第一节 中小企业减排网络组织的培育理念

一 经济利益是企业减排的基础动力，中小企业减排网络组织的吸引力和凝聚力来自其给参与者带来的经济利益

企业作为一个理性的经济组织，总是倾向于用较小的生产成本获得较大的经济利益，影响企业减排的关键因素是成本和收益的比较。中小企业失去减排主动性的关键在于，其独立进行减排技术研究和资源循环利用的规模不能达到经济运行的规模要求，即企业要为污染预防和控制付出的成本较高，而获得的收益却有限。中小企业加入减排网络组织的本质目标是获得经济利益，资源循环利用只是获得经济利益的一种

手段。

中小企业减排网络组织是解决当前我国中小企业发展与环境之间冲突的有效方式。无论是理论分析还是中外企业减排网络组织的实践经验都证明，减排网络组织可以克服中小企业资源缺乏、规模不经济导致的减排障碍，提高中小企业减排的主动性和积极性。中小企业减排网络组织通过组织成员的资源共享和副产品的再生利用，组织成员间协同合作，实现了资源规模化循环利用，提高了资源利用价值，降低了环保技术研发成本，也使网络组织参与者获得了经济效益。

有关中小企业减排动力分析发现，中小企业可以通过外部网络的方式，与外部单位建立持续的联系，掌握外部环境中企业内部所缺乏的资源的信息，有效获得环境战略所需要的外部资源，并与已有的内部资源进行整合，实现减排的规模经济，在降低减排成本的同时，提升企业竞争优势。中小企业减排网络可以支持企业克服自身不足和实施环境战略过程中的障碍，实现波特假说中的创新补偿效应。

减排实践分析也证明，减排网络组织的形成起源于企业间减排合作带来的经济利益。KC－BPS 网络起源于两个地域不同的企业（盖尔道钢铁公司和得克萨斯工业公司）钢渣再生利用。盖尔道钢铁公司的钢渣通过再生技术转化成为得克萨斯工业生产波特兰水泥（硅酸盐水泥）的原材料，双方都节约了成本，增加了收益，减少了污染排放。卡伦堡工业生态园起源于 Asnaes 火力发电厂的水、蒸汽和飞灰再生循环利用，Asnaes 火力发电厂将生产过程中产生的蒸汽供给 Novo Nordisk 制药厂使用，Statoil 炼油厂将生产过程中所产生的可燃气体供给 Asnaes 火力发电厂和 Gyproe 石膏厂使用，Statoil 炼油厂和 Asnaes 火力发电厂建立水资源循环利用共同体等，通过彼此间的物质和能量循环利用，一方面降低了各主体企业的污染物排放量、节约了排污成本；另一方面通过彼此间的废弃物循环利用提高了资源利用率并降低生产成本。

二　培育中小企业减排网络组织应遵循产业共生规律，政府环境政策应通过改变企业的成本与收益，引导企业盈利模式的改变

中小企业减排网络既要充分发挥政府管制和支持作用，以弥补市场失灵，也要发挥市场机制的决定性作用，以提高资源配置效率。环境问

题的外部性和环境资源的公共物品特性带来了环境政策及其相关实施策略设计的复杂性，环境政策设计的重点应是划定政府和市场的职能和作用，通过环境政策改变企业成本收益和盈利模式。企业在追求自身利润最大化的同时给周边环境造成了污染和损失，政府可以制定环境政策将外部成本内部化，环境成本内部化使企业的盈利模式和利润结构发生了变化。培育中小企业减排网络组织完全依靠市场或是完全依靠政府都不可能实现最佳效果。

企业环保行为是企业在适应外部环境变化条件下对减排成本和收益比较分析后做出的选择，加入减排网络组织也是基于成本和收益比较。政府环境管制和支持政策改变了企业的经营环境，也改变了企业的收入结构、成本结构以及相应的目标利润，从而引导企业减排网络形成。

政府环境管制政策通过提高环境保护标准、污染排放收费标准等措施，将企业排放外部成本内部化，从而提高了企业废弃物排放成本，增强了企业循环利用废弃物的成本优势。中小企业减排网络组织的产业共生减少了组织成员原材料使用，降低了污染处置成本，废弃物循环利用成为了组织成员的利润来源。KC－BPS 网络对汽车粉碎剩余残渣和钢渣进行循环利用，使废弃物有了新用途，参与企业也有了新的利润来源。

废弃物变成再生资源往往需要复杂的技术处理过程、较高的成本投入。政府支持性政策是通过降低废弃物再生利用成本，提高再生资源的比较利益，来改变企业的成本收益；通过对从事废弃物再生资源化的活动给予税收优惠，对资源节约使用和废弃物循环利用的技术研究与开发项目予以支持，提供优惠融资条件和土地优惠等措施，以降低废弃物循环利用成本，提高再生资源价格的比较优势。苏州高新区生态工业园区通过项目立项，支持园内外研究机构和企业环境技术研发及其产业化；通过园区基础设施建设、土地优惠政策、税收优惠政策，吸引外资、合资及中资企业入驻园区；通过信息平台建设，促进企业间合作。苏州高新区生态工业园区环境保护支持政策，使园区内企业比园区外企业更具有废弃物循环利用的成本比较优势。

三　突破传统生态工业园的地理界限，在更大区域寻找废弃物再生利用的价值，实现规模化资源循环利用和资源价值最大化，是减排网络组织的优势

减排网络组织是一个开放性的跨区域的动态组织，是生态工业园的未来发展趋势。传统生态工业园的演化沿着一条地理范围不断扩大、环境绩效不断提升的路径发展，从传统生态工业园到资源回收工业园，再从零排放工业园到跨区域虚拟网络系统。起源于企业间合作的减排组织，是从单个企业内部资源循环利用扩展到组织外部，从区域内部或邻近企业间合作扩展到跨区域、大范围、参与者众多的减排网络。可以预见，减排网络组织将呈现大区域化或全球化趋势，随着减排网络组织地域的扩大，废弃物可以获得更大利用空间和利用价值，不仅能为环境保护带来极大效益，也为网络组织参与者节约大量成本，并带来可观的收益。

与生态工业园相比，企业减排网络组织更加依赖于企业间产业共生关系，而不是重新进行物理定位。企业减排网络组织不需要为参与成员提供土地建设新厂房，企业间合作没有地理障碍，与生态工业园相比，能节约重建厂房的费用，减少土地占用。企业减排网络组织选择新网络组织成员是为了优化共生关系，由于没有地理限制，企业减排网络组织构建产业共生有更大的成员选择空间；地域分散的中小企业也有更多的机会加入减排网络组织，共享规模化资源循环利用的收益。基于产业共生建立的企业减排网络组织，更有利于资源循环利用规模化和废弃物价值最大化，而跨区域合作整合生产技术和资源，也使绿色产品生产更有效率。

四　中小企业减排网络组织形成与发展过程是外部制度促进和内部组织择优的相互作用过程

政府环境管制使企业污染的外部成本内部化是中小企业减排网络组织形成的重要动因之一。中小企业减排网络组织通过建立企业间资源循环利用共生网络，不仅提高了资源利用效率，减少了废弃物排放，而且实现了资源利用的规模经济和范围经济。中小企业减排网络组织的演变以最优选择方式进行，以资源最优的方式吸收最有利于网络发展的成

员，以最经济的结构设计减排网络，以最优效率的方向拓展网络规模。同时，中小企业减排网络组织的创立也需要国家和地方政府的各项支持。对资源循环利用企业和绿色产品生产企业的税收优惠、环境保护技术产业化的金融支持、各类废弃物循环利用信息交流平台建设等措施，能减少中小企业减排网络组织的成本，增强减排网络对组织成员的吸引力。

瓜亚马生态园区开始于法律要求进入波多黎各岛企业必须与当地企业形成副产品循环利用合格设备地位，这促使 AES 发电厂在规划建设之时就积极寻求与其他企业合作进行循环；作为 KC – BPS 网络的一个跨区域跨行业合作项目，美国环境保护署、环境改善能源资源管理局（EIERA）和中美洲地区固体废弃物管理理事会（MRC SWMD）为该项目的顺利运行提供财政支持，环保卓越商务网（EEBN）也为该项目的信息平台的建设提供赞助；在卡伦堡地区，政府对企业污染物排放按量记征，且采用累进税方式进行记征，迫使污染物排放企业通过循环利用降低污染物排放量；同时，为了防止污染物排放企业为降低危险、有毒废弃物排放费而偷排偷放，卡伦堡地区采用申报制度，申报后的危险、有毒废弃物由政府部门统一处理，且对已申报的企业免征危险、有毒废弃物排放税，对未申报的企业不但高额征收危险、有毒废弃物排放税，而且还进行罚款。

五　把握绿色商机，量化减排网络组织的成本收益，规划封闭循环的流程，是中小企业减排网络组织实现互利共生、持续稳定发展的前提

企业的生产是为了满足市场需要，市场需求也是中小企业减排网络组织形成和运行的目的。减排网络组织的前向绿色产品供应网络是为了满足市场对绿色产品的需求，政府环境管制和大众环保意识的提高增加了绿色产品的需求，提升了绿色产品的获利空间；逆向废弃物处理网络是通过对废弃物再生处理满足企业对再生材料的需求。无论是前向绿色产品供应网络还是逆向废弃物处理网络，市场需求是网络组织形成的触动点，要培育中小企业减排网络组织首先要识别商机、把握商机，形成共同协作实施的具体绿色合作项目。

为保证企业减排网络组织运营目标的顺利实现，要求各成员企业在

技术、知识、工艺选择、资源供应等方面实现充分协调，形成良好的战略合作伙伴关系。在网络组织形成之前，网络组织规划者或是核心企业对绿色产品生产和废弃物循环利用的收益和成本进行估算，规划前向绿色产品供应网络和逆向废弃物处理网络构成的封闭循环流程；组织成员要就合作项目资金需求、技术设备、可能收益和风险、利益分配等方面进行沟通并达成共识，形成资金投入、技术使用、生产协调、利益分配等方面的合作协议，以便对减排网络组织运行过程中的资源整合、利益分配、信息流通、冲突处理等各类问题进行协调。

在 KC－BPS 网络构建之前，先量化协同效应，并对项目运行进行规划，通过网络成员之间的交流沟通在材料、能源、信息和技术等方面协作达成共识，形成长期合作协议，建立了稳定的合作关系，从而使他们以协同合作的方式形成一个高效的资源利用网络。苏州高新区生态工业园区在构建产业共生系统的前期，高新区管委会在全面规划产业共生关系的基础上，建立园区进入企业的选择标准，进行招商引资工作，吸引外资、合资及中资企业入驻园区；企业入驻园区后，政府引导企业积极地进行清洁生产设计并监督招商进入企业与园区企业建立资源和废弃物再生利用通道，从而更好地引导园区不断地发展和完善。

六　中小企业减排网络组织的项目管理者或核心企业的管理能力是中小企业减排网络组织形成并持续稳定发展的重要保障

中小企业减排网络组织是通过某种共同利益所产生的凝聚力把众多具有独立经济地位的相关组织联系起来而组成的。网络组织管理者通过对绿色商机的分析判断、绿色制造流程和循环利用流程的规划设计、组织成员间的通力合作等环节的努力，实现中小企业减排网络组织的整体目标，提高网络组织成员的盈利水平。中小企业减排网络组织整体盈利能力的强弱，在很大程度上取决于网络管理能力。中小企业减排网络组织管理能力越强，网络组织整体收益越高，对新加入企业的吸引力越大，构建绿色项目的开发和循环利用网络越容易。如果中小企业减排网络组织不能增加参与者的收入或是减少参与者的成本，则网络组织会失去凝聚力，原有的成员将会退出。

中小企业减排网络组织的项目管理者或核心企业是网络组织的规划

者、利益机制的设计者和网络组织成员活动的协调者，在网络组织的构建与总体战略制定过程中扮演着主导者的角色：通过市场调查与分析，发现绿色商机，开发相关技术；规划前向绿色产品供应网络和逆向废弃物处理网络流程，评估流程各环节的技术要求和成本收益，选择拥有相同绿色价值观的、合适的合作伙伴。在中小企业减排网络组织构建的过程中，项目管理者或核心企业面临众多的问题，采用公平、高效、合理的决策机制是网络组织合理构建、高效运营的关键。中小企业减排网络组织构建过程中涉及的活动主体多、内容广，决策时要考虑的要素多种多样，决策机制的建立是一项复杂的系统工作。

中小企业减排网络组织包含的成员众多、功能多样，这就要求网络管理者或核心企业对整个减排网络运行中的事务进行控制、协调，以保证网络组织整体运营的协调性与高效性。网络组织的项目管理者或核心企业通过对信息流、物质流、资金流的控制，使前向绿色产品供应网络从采购原材料开始，到制成中间产品以及最终产品，到最后通过销售网络把产品送到消费者手中，实现了绿色产品的价值；逆向废弃物处理网络通过废弃物回收、检测、分类、再制造和报废处理等环节，将再生利用的产品供应给制造商，减少了污染排放，提高了废弃物的价值。

第二节　中小企业减排网络组织的培育与发展策略

一　培育绿色价值观，以绿色制造为导向，打造绿色中小企业

中小企业减排网络组织是通过建立多层次的资源循环利用来实现资源利用的最大化和污染物排放的最小化，是通过组织成员合作实现从产品设计、制造到回收再生利用整个过程的绿色化。企业是中小企业减排网络组织的微观主体，企业的减排意愿和资源循环利用能力决定了减排网络组织的绿色程度和竞争力。

企业价值观决定了企业的经营发展模式，而企业经营发展模式直接关系到企业应对环境所采取的行动。打造绿色中小企业先要转变企业发展价值观，将绿色经营理念导入企业的核心价值观，形成绿色企业文化。企业以充分高效利用资源、减少污染排放、实现可持续发展为共同愿景，保护环境成为全体员工发自内心的行动，企业员工在设计、生

产、回收利用等所有生产经营环节充分利用资源，实现制造绿色化、产品绿色化。

绿色企业是通过打造良性生态赢得可持续竞争力的，绿色企业将环境保护纳入企业经营管理全过程，目标不是消除污染造成的后果，而是通过污染预防减少废弃物产生。绿色企业以市场绿色需求为导向，以绿色管理为依托，进行绿色研发、绿色生产、绿色包装，从而打造绿色品牌；绿色企业通过优化企业资源优化配置，在设计、原料采购和产品生产过程中，减少物质和能源使用，并积极进行资源回收和资源循环利用；绿色企业通过积极参与生态环境保护活动和社会公益活动，增加公众对企业绿色行为的认同感，塑造绿色企业形象。

二　以培育网络管理者或核心企业的绿色商机洞察力和组织管理能力为重点，促进中小企业减排网络组织的形成

中小企业减排网络组织在其形成初期是否能够达到预期目标，关键在于：其一，核心企业是否能够结合自身、市场以及潜在合作企业的现实情况提出合理的运营目标，将绿色商机与现有资源联系在一起，制订减排网络组织长期或短期的战略计划；其二，核心企业是否能够选择合适的合作伙伴，并对前向绿色产品供应网络和逆向废弃物处理网络流程进行优化；其三，核心企业是否能够在各类战略决策问题中采用切实可行、高效合理的决策框架。简而言之，核心企业的绿色商机洞察力和组织管理能力直接决定了减排网络组织最终运营是否能够取得成功。

中小企业减排网络组织的核心企业，应拥有前向绿色产品供应网络绿色产品生产关键技术，或是逆向废弃物处理网络的废弃物处理关键技术，才能在绿色产品市场有较强的竞争力，实现减排网络组织的核心竞争优势，并能够为组织成员带来更多利益；核心企业应掌握减排网络组织的核心约束资源（技术、市场、原始资源、信息），才能在前向绿色产品供应网络和逆向废弃物处理网络的资源配置方面胜任组织协调工作，实现并提升整个减排网络组织核心竞争优势。

盖尔道钢铁公司是 KC – BPS 网络的核心企业，其开发的先进钢渣回收技术是形成钢渣协同循环利用网络的关键，其引进的浮选分离技术实现了汽车粉碎残渣再生利用。盖尔道钢铁公司以废弃物处理关键技术

为核心，跨区域跨行业寻找废弃物再生利用的价值，使资源价值利用最大化，提高了组织成员的经济效益。

三　建立中小企业减排网络组织的契约管理体系，营造组织成员间互利共生的良好氛围

要想使整个中小企业减排网络组织具有竞争力，网络组织成员间就要形成良好的合作伙伴关系。只有建立了良好的伙伴关系，才能使减排网络协调、有效地运作。网络组织成员间良好的合作伙伴关系保证了中小企业减排网络组织协作生产的连续性、准时性，确保了组织成员生产进度计划和销售计划的顺利执行，由于供应的可靠性和稳定性，成员企业也可以降低库存，节约库存成本。减排网络组织成员间合作伙伴关系在企业资源共享、风险共担、运作协调、功能集成、成本降低等方面起着积极作用。

企业作为独立经济主体，任何一项战略决策都是基于一定的市场预期，选择加入中小企业减排网络组织，就意味着这种经营模式本身具备给企业带来美好前景的潜在能力。这一方面强化了网络组织成员的凝聚力；另一方面形成了对潜在加盟者的吸引力。由于网络组织成员是相互独立的经济实体，各成员企业总是希望在资源及信息等方面占有控制权，并企图建立有利于自身的分配机制；而在中小企业减排网络运行中组织成员也会追求各自利益的最大化，利益驱动和利己主义会使一些企业不信守协作协议，这会成为减排网络组织进一步合作的障碍，并最终导致减排网络组织的解体。

中小企业减排网络组织利用成员企业的信任，依据正式的或非正式的契约关系达成共识，建立具有相对稳定性和运作协调性的合作关系，通过协商来解决产品设计生产、零配件供应、废弃物回收利用等方面的问题。中小企业减排网络组织通过建立信用评价指标体系、信用记录数据库和信用监督管理体系，量化网络成员的诚信度，在选择成员加入减排网络组织时对其信用进行评价，避免违约不良记录、环境污染不良记录企业加入；在减排网络组织运行中通过信息平台公开整个网络组织物质流程和工作流程的相关信息，减少信息不对称导致的合作障碍，方便合作成员间履约情况的相互监督和协调控制，在信任的基础上协同

合作。

四　建立信息共享机制，实现中小企业减排网络组织的资源优化配置

中小企业减排网络组织是一个跨区域、跨行业的合作组织，是一个动态的开放性组织，前向绿色产品供应网络的形成和优化是通过绿色技术、绿色企业、绿色制造跨区域选择优化配置相关资源实现的；逆向废弃物处理网络形成和优化是通过废弃物处理技术、废弃物回收、再制造、再利用跨区域多部门合作实现的。中小企业减排网络组织涉及面广、参与组织多，故而信息共享是提高协作水平、实现资源优化配置的关键。

中小企业减排网络组织共享信息包括：（1）库存信息。网络成员各自的库存对供应链成员应该是透明的，供应商、制造商、分销商应该共享库存信息。（2）绿色技术和设备信息。网络成员拥有技术专利、专用设备相关信息，以便网络成员间技术转让和设备租用。（3）废弃物信息。网络成员的废弃物种类、数量，为废弃物规模化处理提供条件。（4）可供销售量。指随时可以承诺给客户的部分，各个环节的可供销售量是缓解突发网络成员需求的有效资源。（5）订单信息。允许合作伙伴查询订单的执行状态，以便于对延期的订单及早采取措施。（6）计划信息。网络成员之间的生产、发货计划。（7）最终客户的需求信息和历史信息。网络成员都需要依据最终客户的需求制订生产计划，并与其他成员协调。（8）货物运输状态信息。货物运输是中小企业减排网络组织实现跨区域合作的重要环节，也是容易受不确定因素影响的环节。网络成员间信息共享也有利于组织成员间的沟通交流，有利于前向绿色产品供应网络和逆向废弃物处理网络的相互协调。

五　建立企业废弃物交易平台，以规模化循环利用实现废弃物的新价值

废弃物种类繁多、分布广泛、排放量大小不确定，并且，不同类型废弃物再生技术不同、工艺不同，这造成了废弃物回收、再生利用、最终处理成本高的问题，也造成了规模化循环利用难以实现，从而使废弃

物失去了价值。中小企业受规模所限，废弃物难以规模化处理和利用，如果没有合理合法的废弃物处理通道，偷排偷放就成为中小企业的唯一选择。

废料交易平台是将废弃物排放企业、回收企业、再生利用企业、再生技术研究机构集中起来，形成废弃物循环利用的集中型商务供求平台。废料交易平台帮助企业解决了废弃物供给需求信息的对接，也为循环利用技术产业化实现了供给和需求信息的对接，为再生利用企业提供了再生技术信息来源，为研发机构提供了技术需求信息，促进中小企业减排网络组织的形成，从而实现废弃物循环利用的规模化和废弃物价值最大化，实现组织成员间互惠互利、共同发展。

中小企业减排网络组织对废弃物排放企业的吸引力，来自污染排放的成本和污染处理成本的比较。提高环境保护标准和污染排放的惩罚力度，及时建立废弃物交易平台，通过废弃物交易和减排网络的合作，循环利用和处理，提供低成本高经济收益的处理方法，能加快减排网络组织的形成。加强减排网络组织中绿色物流管理平台的建设，利用绿色物流管理平台实现废弃物的安全储存、完全运输、跨时期和跨地域的循环使用和安全处理，将减排网络资源共享中心的概念落实到具体措施和实体操作，有效提高减排网络组织的规模、地域范围和减排作用，充分实现循环经济。

六　建立环境技术研究平台，以技术突破促进循环利用

中小企业减排网络组织应开辟专门的实验研究区域，企业、学校、政府共同研究废弃物处理技术、再利用技术、逆向物流技术和环境污染物质合理控制技术，为企业开展废弃物再生、循环利用提供技术支持，鼓励官、产、学、研合作联手攻关。逆向物流技术的研发对企业共生链的有效营运有重要的推动作用，尤其是废家电、废旧轮胎、废电池等材料的回收利用及处理技术。在这方面，国外有许多可供借鉴的经验，以废旧冰箱为例，德国有专门的处理工厂。

通过先进的工艺和技术，不断拓宽共生企业之间副产品（废弃物）的可交换范围，提高共生效益并完善逆向废弃物处理网络。尽快完善再生资源回收利用的激励机制和政策措施。学习、借鉴发达国家的一些成

功经验和做法（例如，德国的《旧汽车法》），结合我国国情，不断建立和完善适合我国现阶段经济发展水平、能够促进再生资源回收利用的激励机制；实施适应市场经济体制要求、促进再生资源行业自我积累、自我发展的有关措施。

KC－BPS网络运用了工业生态学原理，联合多个企业通过跨行业团队的技术研究，将副产品转化为有价值的新产品，既解决废物和污染问题，又产生了额外的收益，节约了相关成本，创造了新的商业机会。通过项目开发（“STAR先进的回收系统和技术”项目）、专利获取（CemStar过程专利）、工艺引进（密度分选工艺）、独家代理权购买（浮选分离技术）等方式搭建了环境技术研究平台，又将不含氯塑料作为清洁能源使用，大大地降低了企业的生产成本，提高了能源使用效率；通过不断拓展的副产品协同技术，使得企业和企业之间形成了一种虚拟的物质交换网络，不仅为企业之间物质和信息的交流和沟通提供了便利，而且也节约了企业的生产成本。

七　遵循产业共生规律，多途径培育中小企业减排网络组织

中小企业减排网络组织的实质是产业共生网络，通过资源的最优化循环（即从原材料到成品材料，到组件，到产品，到废弃产品，到最终处置），从而形成封闭的循环利用网络。系统化封闭循环的建立需要遵循产业共生的客观规律，特别是要实现上下游物质投入产出的衔接、废弃物回收利用的循环和系统整体循环往返永续流动网络的实现。中小企业减排网络组织的结构不是单一方向的，为了实现封闭循环，中小企业减排网络组织是一个内部多方向、整体零排放的系统，这就需要满足系统构成的基本要素要求、系统内部运作匹配要求、系统内各子系统功能的衔接与发挥和系统产业共生的整体要求。

中小企业减排网络组织的形成是多途径的，但互利共生关系的构建是减排网络组织形成的共同环节，也是关键环节，减排网络组织自发择优成长和制度促进都是基于产业共生关系建立的。减排网络组织可以是由于企业自我循环利用后仍有较多的废弃物排放，为了降低污染处理成本，增加废弃物利用价值，与其他企业结盟合作而逐步形成的。譬如，日本藤泽生态城（FujisawaSST）的形成是由Ebara公司所发起的，

Ebara 开发了用于水净化、污水处理、垃圾焚烧、发电、余热回收的技术，并与区域企业、居民形成循环利用，实现零排放。减排网络组织也可以是通过对旧产业集聚或工业园改造而成，如瓜亚马生态园区，通过引入 AES 发电厂解决用电问题，同时实现 AES 发电厂与园区企业的资源循环利用，在选址的过程中考虑最重要的四个因素（临近蒸汽使用者、充足的水资源供给、运输方便以及最小化环境污染）。AES 发电厂选址临近雪佛龙菲利普斯化工厂和惠氏制药厂，与雪佛龙菲利普斯化工厂建立了蒸汽循环，与惠氏制药厂建立了关于水循环利用的合作关系，从而将原产业集聚区发展成为资源循环利用共生互利合作网络。

多途径培育中小企业减排网络组织，需要通过完善法律法规为绿色企业的成长发展营造公正公平的外部环境，通过信息平台的建立共享绿色商机，通过市场机制的完善使得绿色企业自身能通过减排选择来降低成本，提高经济利益，进而从有利于自身发展的角度，自觉选择环境战略并拓宽组织边界，积极参与、发展减排网络组织，以实现从单一绿色企业到减排网络的自发择优成长。以政府职能部门为代表的协作组织，积极推进环境法规的完善和制定相关减排网络组织建设政策。此外，在减排网络组织的初建和后期维持过程中，应积极推进政府职能的发挥和转变，通过对初始减排网络组织的基础投资、人才培养和规划设计等工作来促进减排网络组织发展；通过后期职能转变来维系减排网络组织参与者的可持续运作；通过制度机制促进减排网络组织的初步建立，以减少中小企业环境战略的规模劣势；通过自发择优模式来积极发挥绿色企业合作竞争和自发运作。

第三节　促进中小企业减排网络组织形成与发展的政策取向

一　完善环境经济政策体系，形成有利于企业绿色化发展的成本与价格机制

企业是市场经济的主体，中小企业减排网络组织的形成起源于企业间减排合作带来的经济利益。从中小企业减排网络组织形成和发展的理论分析和国内外的实践经验研究中发现，促进减排网络组织形成最为关

键的是基于市场的政策工具，需要依靠它们建立起符合循环经济自身需要的市场机制，纠正扭曲的绿色企业与非绿色企业成本关系，从而在环境污染外部不经济内部化的过程中，推动中小企业减排“三赢”机制的建立和完善。政府的作用是设计顶层目标，制定清晰的政策框架和可靠的、稳定的规则，利用市场机制和价格体系，使市场价格更接近生态、资源和环境的真实成本。

中小企业减排网络组织的前向绿色产品供应网络形成是为了满足绿色消费需求，逆向废弃物处理网络形成是为了发掘废弃材料、部件和产品的价值。因此，政策工具必须同时关注生产与消费两个领域，在消费领域引导消费者改变消费模式，在生产领域引导企业改变生产模式。消费模式的改变给前向绿色产品供应网络提供了广阔的商机，企业制造绿色化是逆向废弃物处理网络的资源循环利用商机，前向绿色产品供应网络的绿色生产过程与逆向废弃物处理网络的废弃物副产品综合利用过程相结合，从整体上完善资源综合利用和物质循环，使减排网络组织产生的废弃物趋于零，实现环境、经济和社会效益最大化。

按照市场经济机制，物质和价值从自然资源开采者向生产者、消费者流动，但是因外部性存在，废弃物经由生产者、销售者、消费者的末端处理处置后向环境排放。废弃物不被利用是因为再生成本大于再生价值，如果没有适当的政策干预，因废弃物中的价值有高有低，高价值可利用废旧资源仍然可以通过循环流回生产——消费系统，但是低价值废旧资源因不经济性很难通过市场机制流回生产——消费系统，从而需要相关的经济政策直接或间接提高其隐含价值，使从事循环活动的主体有利可图，达到经济可行和技术可行的目标。这是一个重要的政策调整和干预点，提高废旧资源回收利用的效益，有利于形成减排网络组织的利益机制。

完善环境经济政策，通过财政补贴或税收优惠等手段，重新构建中国经济的成本与价格形成机制，建立有利于企业绿色化发展和企业减排网络形成的利益驱动机制。通过征收资源税和资源使用费，提高初始资源价格，增加循环经济比较利益；通过提高环境保护标准，强化废弃物排放收费制度，提高废弃物排放成本，提高废弃物再生利用和无害化处理项目的成本优势；通过制定支持废弃物循环利用技术研发的财政政

策，制定企业废弃物再生利用的税收优惠和补贴政策，提供优惠融资条件和土地优惠利用等措施，以降低废弃物再生利用的成本，提高再生资源的价格比较优势。价格和成本的改变将会促进资源节约使用、废弃物循环利用和环境保护。

二　加大资源再生利用技术的研发投入，发展静脉产业，培育减排网络组织的分解者

中小企业减排网络组织的前向绿色产品供应网络与逆向废弃物处理网络形成封闭循环，其关键是前向绿色产品供应网络所产生废弃物的再生利用。分解者，也称为静脉企业、资源再生利用企业，在减排网络组织中执行分解者的职能，是网络组织的必要组成部分。分解者的废旧产品修复和废弃物再生能力决定了减排网络组织的资源循环利用水平和污染排放量。静脉企业是资源再生利用技术研发及其产业化的重要承担者，是废弃物处理效率、处理水平和再生资源价值提升的重要实现者。

技术创新是推动静脉产业发展的重要力量。国家应加大在再生资源循环利用方面的技术研发投入，研究开发回收技术及成套设备，加强在拆解、处理、提取等关键环节的技术研发，重点开发无污染的整体回收技术及成套设备，避免回收过程中采用露天焚烧、强酸浸泡等原始落后的技术和方式而造成二次污染；在再制造环节，研究开发再制造旧件拆解、清洗、无损检测、装配、再制造品检测等技术和成套装备；在分拣加工环节，研究开发废弃物的分拣加工技术和设备，支持废旧商品分拣加工处理企业采用现代分拣选设备，推动废旧商品分选、拆解、破碎、加工利用的技术和装备升级，逐步实现废旧商品自动化、精细化分拣处理。各级政府应将资源再生利用技术科研项目列入国家、省和部门重点科技攻关课题，积极引导企业、高校和科研部门开展废物循环利用新技术的研发。

企业是产业的主体，静脉企业形成和发展过程是资源再生利用技术产业化过程。由于资源再生循环利用需要专业化设备，企业投资大，再生处理成本高。政府应建立促进静脉产业发展的政策机制，在税收减免、财政补贴、优惠利率贷款、技术研发专项经费等方面制定引导和激励政策。在借鉴国外成功经验的基础上，利用国内的资源优势和人才优

势，引进高新技术与自主创新相结合，自主研发废物分类回收和综合利用技术、废物减量化技术、最终排放废物的安全处置技术等，提高技术及其转化产品的科技含量和附加值。

三　倡导绿色消费，推动减排网络组织前向绿色产品供应网络的形成

前向绿色产品供应网络的形成源于对绿色产品的市场需求，社会环保意识和政府环境管制的加强增加了绿色产品的需求，绿色产品需求触发前向绿色产品供应网络的形成。绿色产品是耗用资源最少、对环境造成影响最小的产品。绿色产品不仅在生产过程和使用过程对环境影响最小，而且在产品报废时不需要回收，或是通过回收利用不产生废弃物，从而不影响环境。

企业的生产是为了满足市场需求，消费者消费观念的改变将迫使企业生产方式的改变，推进前向绿色产品供应网络的形成。严厉的环境管制和消费者消费观念的改变，对于企业而言既是压力也是商机。当绿色消费成为社会主流价值观时，若继续以传统方式生产，不将环境管理纳入生产过程管理，则企业将无法生存。绿色消费将改变生产企业的管理观念，为了满足消费者的绿色消费需要，生产工业必须开发新的绿色产品；为了减少生产过程中污染排放，提高资源利用效率，生产企业间应形成绿色产品生产的合作网络，以绿色产品、绿色制造赢得消费者的青睐，树立环保新形象。

绿色消费是中小企业的商机，是促进中小企业减排网络组织形成的重要驱动力。绿色消费将迫使企业成为绿色企业，中小企业要生存发展，在产品的开发创新、生产制造过程中，要重视环保标准，开发、设计时应尽量避免对环境的影响，并设法减少消费者在消费过程中对环境产生的破坏；在产品报废时，力求降低废弃产品对环境的影响。中小企业减排网络组织的前向绿色产品供应网络和废弃物再生利用网络的封闭循环，能实现产品的绿色化、生产过程的绿色化和资源价值利用的最大化，从而降低组织成员的生产成本，增加组织成员的收益。因此，绿色消费将引导企业生产方式的改变，促进企业减排网络组织的形成。

在减排网络组织的培育中，要加强环境保护的宣传教育，倡导勤俭

节约、绿色低碳、文明健康的生活方式和消费模式，提高全社会环境保护意识，树立绿色消费观念。但消费也是消费者在产品价格性能比较基础上，以最小代价实现消费者效用最大化的过程，因此需要通过政府的政策导向，如对资源性产品征收消费税、补贴绿色产品消费、政府绿色采购等方式，使消费者选择有利于资源循环利用的产品，以价格机制引导消费模式的改变。

四　制定资源回收再利用法，推动减排网络组织逆向废弃物处理网络的形成

资源回收再利用相关法律法规的制定增加了企业废弃物处理成本，迫使企业对生产废弃物进行再生利用，也会推动企业间合作来实现废弃物再生利用，实现废弃物价值最大化。发达国家相继制定了资源回收再利用的相关法律法规，以促进废弃物资源回收利用。例如，日本的资源再生利用法律体系包括三个层面：基础层面是《促进建立循环社会基本法》；第二层面是综合性法律，分别是《固体废弃物管理和公共清洁法》和《促进资源有效利用法》；第三层面是根据各种产品的性质制定的具体法律法规，分别是《促进容器与包装分类回收法》《家用电器回收法》《建筑及材料回收法》《汽车回收利用法》《食品回收法》及《绿色采购法》。日本资源再生利用法律体系的建立促进了静脉产业的发展，也推动了废弃物再生利用网络的形成。

我国现有的再生资源循环利用立法对资源的节约、循环利用产生了一些积极的影响，但总体上处于初级阶段，法律条文数量少，可操作性不强。借鉴发达国家的经验，我国应着手制定资源循环再生利用尤其是家用电器、建筑材料、汽车、包装物品等行业资源回收利用的政策法规，以法律形式明确生产者、废物排放者、收集者和处理者各方的义务和责任。建立再生资源回收利用评价体系，对企业在技术、生产工艺、产品上是否达到资源消耗最小化，以及是否具备再生资源回收利用的条件进行综合论证和分析；建立再生资源的公告利用制度，发布再生资源名录，规定再生资源循环使用的办法，制定清运储存方法、设施规范、再使用规范、记录、申报及其他应遵循事项的管理办法。通过法律法规体系的建立和管理制度的完善，提高环境污染行为的成本，从而使资源

回收利用成为企业共识。

五　完善产品生产者环境责任制度，形成企业减排网络组织的自我成长机制

企业是产品的生产者、污染的排放者，也是资源再生循环的利用者，通过污染者付费制度和生产者责任延伸制度等环境责任制度，企业负责其产品生命周期内的生产、使用、收集、回收、再生利用和处理处置。生产者责任延伸制度是一个重要的资源循环利用规范制度，在产品的生命周期内，生产者不仅要为产品的质量负责，同时也要负责废旧产品的回收和循环利用。企业对其设计、制造、进口、销售的产品，在经消费者使用后有义务进行收集、处置、再使用等活动。促进生产经营组织使用易于分解、拆解和回收再利用的材质、规格和设计，使用产品分类回收标志，使用一定比例或数量的再生资源，使用一定比例可重复使用的包装容器。如德国的《循环经济及废弃物法》规定：制造者必须负责回收包装材料或委托专业公司回收。这就实现了包装材料上所附的充分使用义务不随商品流转而转移的目标。

在完善的产品生产者环境责任制度下，企业为减少产品生命周期内的废弃材料、部件和废旧产品的回收和处置费用，基于规模经济和范围经济的考虑，通过企业间合作来共同承担产品生产者环境责任，进而自发择优选择合作伙伴，形成减排合作组织。我国产品生产者环境责任制度存在责任划分过于笼统、违法责任追究力度不够等问题。完善该制度需要从以下几个方面入手：（1）积极宣传产品生产者环境责任制度，使企业和社会大众对该制度有一个正确的理解，通过认识该制度的重大意义，从舆论上推动制度实施。（2）尽快制定并实施完善有效的产品生产者环境责任制度法规，尤其是废旧家电及电子等产品回收利用方面的具体法规。（3）建立配套制度，进行政策性工具的完善。具体包括：健全相关法规标准，如产品分类标准、产品报废标准、产品回收拆解技术规范、环境标志产品的技术要求；制定并实施有力的奖惩制度，完善经济杠杆，实施绿色采购和绿色消费政策，建立完善的环境标识制度和企业信息披露制度。（4）建立与完善监督机制。可以设置三类监督机制：首先，政府部门的监督。例如，行政机构对生产者回收利用等情况

的监督。其次，同行业者的内部监督。同行业者对本行业情形最为熟悉，其监督具有及时、有效的特点。最后，公众的舆论监督。这增加企业减排的外部舆论压力。

六　建设大区域中小企业减排合作网络信息平台，搭建多渠道交流合作平台，促进中小企业资源循环利用的跨区域合作

由于中小企业规模较小，废弃物再生利用和处理很难达到规模经济效应，从而导致废弃物再生利用和处理成本较高。随着环境管制的加强、消费者环境保护意识的提高，中小企业的生存空间也越来越小，中小企业仅仅靠自身的资源和能力难以在激烈的市场竞争中立于不败之地。因此，企业不仅要充分利用自身的资源、发展核心竞争力，而且还应充分利用外部资源，重组企业内部以及与其他企业之间的关系。为此，中小企业减排网络组织的形成，需要构建前向绿色产品供应网络和逆向废弃物处理网络，以形成封闭循环；通过完善的网络信息平台来识别和把握绿色商机，并为选择合作企业、循环利用网络流程规划设计等提供支持。

中小企业减排网络组织是一个开放性组织，中小企业通过跨区域、跨行业合作，整合中小资源，成员企业可以获得比网络外的企业更多的竞争优势。建设大区域中小企业减排网络信息平台，构建环保技术需求与供给信息平台，为环保技术交易提供支持；构建废弃物排放、回收、处理和再生资源需求与供给信息平台，为废弃物和再生资源交易、运输物流优化提供支持；构建包含中小企业产品、设备、信用等信息的减排网络信息平台，通过中小企业数据库、环保技术数据库、废弃物排放数据库，支持减排合作网络组织原材料供应、废弃回收系统、物流运输系统等系统设计和运行；中小企业数据库收集和传递有关企业生产、废弃物排放、信用记录等相关信息，为择优选择减排网络成员和循环封闭流程的优化设计提供了基础。大区域中小企业减排网络信息平台增加了中小企业获取外部资源的机会，提高了合作减排和主动性和积极性，增强了中小企业减排合作网络组织自我形成的动力。

企业间合作建立在广泛交流和沟通的基础上，中介服务组织和各种正式与非正式交流是中小企业减排合作网络组织形成的“黏合剂”。绿

色产品生产和废弃物再生利用封闭循环是通过网络组织成员的协作和共同努力，进行技术、产品、过程、方法或服务的创造并转化为现实的过程，因此，市场的开拓、研究与开发的知识及信息的传播方式和渠道就显得非常重要。技术转化中介、风险投资中介、行业联系中介、企业家协会等组织可以为企业减排合作提供多渠道、多层次的沟通交流，形成合作的“桥梁”和“纽带”。

附　　录

问卷编号：____________

企业减排调查问卷

公司领导：

您好！这是一份关于中小企业减排状况的调查问卷。本调查旨在揭示在新形势、新环境下中小企业节能减排的内部因素、外部压力和外部支持情况，以了解企业减排的影响因素。调查资料将严格保密处理，调查结果仅作管理研究之用，无任何商业目的，我们将恪守科学研究道德规范，不以任何形式向任何人泄露有关贵企业的商业信息，敬请放心！

第一部分　企业基本信息

（以下是企业基本信息的调查，请您在符合企业信息选项的括号内打“√”。）

1. 企业名称：

2. 企业所从事行业：

□农副食品　□医药化工　□纺织服装　□印染造纸皮革

□机械制造　□金属冶炼

□五金加工　□建材水泥　□电子元件　□炼油炼焦

□其他（请说明）

3. 企业所有制性质：

□国有企业　□国有独资企业　□股份制企业　□民营企业

□合资企业

□其他（请说明）____________

4. 企业成立年限：

□3 年以下　□4—5 年　□6—10 年　□10—20 年

□20 年以上

5. 企业年营业收入（单位：元）：

□低于 300 万　□300 万—500 万　□500 万—1000 万

□1000 万—2000 万　□2000 万—1 亿　□1 亿—4 亿

□4 亿以上

6. 企业全职员工人数（单位：人）：

□20 以下　□20—50　□50—100　□100—300

□300—500　□500—1000　□1000 以上

第二部分　测量量表

一、减排的动力、行为与绩效

1. 过去三年中，来自行业协会的压力对贵企业实施减排的影响程度如何？

A. 很小　B. 较小　C. 一般　D. 较大　E. 很大

2. 过去的三年中，来自媒体新闻的压力对贵企业实施减排的影响程度如何？

A. 很小　B. 较小　C. 一般　D. 较大　E. 很大

3. 过去三年中，来自社区的压力对贵企业实施减排的影响程度如何？

A. 很小　B. 较小　C. 一般　D. 较大　E. 很大

4. 过去三年中，来自政府监管的压力对贵企业实施减排的影响程度如何？

A. 很小　B. 较小　C. 一般　D. 较大　E. 很大

5. 过去三年中，来自供应商的压力对贵企业实施减排的影响程度如何？

A. 很小　B. 较小　C. 一般　D. 较大　E. 很大

6. 过去的三年中，来自投资者的压力对贵企业减排的影响程度如何？

A. 很小　B. 较小　C. 一般　D. 较大　E. 很大

7. 过去三年中，来自消费者的压力对贵企业实施减排的影响程度如何？

A. 很小　B. 较小　C. 一般　D. 较大　E. 很大

8. 过去三年中，政府相关部门根据贵企业实施减排的水平给予怎样的政府补贴？

A. 很小　B. 较小　C. 一般　D. 较大　E. 很大

9. 过去三年中，贵企业受政府有关部门环保方面项目融资的帮助情况如何？

A. 很小　B. 较小　C. 一般　D. 较大　E. 很大

10. 过去三年中，政府对贵企业“减排”成果给予的适当奖励对贵企业的减排促进作用如何？

A. 很小　B. 较小　C. 一般　D. 较大　E. 很大

11. 过去三年中，政府相关部门根据贵企业实施减排水平的税收减免情况如何？

A. 很小　B. 较小　C. 一般　D. 较大　E. 很大

12. 过去三年中，贵企业受政府有关部门环保方面技术、信息等帮助情况如何？

A. 很小　B. 较小　C. 一般　D. 较大　E. 很大

13. 贵企业所有的正式员工对组织的减排目标了解情况如何？

A. 非常不同意　B. 不太同意　C. 基本同意

D. 比较同意　E. 非常同意

14. 贵企业股东对支持企业实施减排的看法是什么？

A. 非常不同意　B. 不太同意　C. 基本同意

D. 比较同意　E. 非常同意

15. 贵企业管理者认为实施减排非常重要吗？

A. 非常不同意　B. 不太同意　C. 基本同意

D. 比较同意　E. 非常同意

16. 您认为贵企业在决策过程中经常征询并采纳环保技术人员的建议吗？

A. 非常不同意　B. 不太同意　C. 基本同意

D. 比较同意　　E. 非常同意

17. 资源节约、环境友好理念在贵企业目标、行为准则和价值观中明显吗?

A. 非常不同意　　B. 不太同意　　C. 基本同意

D. 比较同意　　E. 非常同意

18. 您认为贵企业积极对全体员工进行有关环保方面的宣传与培训活动吗?

A. 非常不同意　　B. 不太同意　　C. 基本同意

D. 比较同意　　E. 非常同意

19. 您认为贵企业在产品设计过程中优先考虑材料的节约或能源消耗的降低、零部件的再利用或减少使用对环境有害的材料吗?

A. 非常不同意　　B. 不太同意　　C. 基本同意

D. 比较同意　　E. 非常同意

20. 您认为贵企业存放纸箱和废纸以便再次使用或回收吗?

A. 非常不同意　　B. 不太同意　　C. 基本同意

D. 比较同意　　E. 非常同意

21. 您认为贵企业根据废弃物排放标准排放污水等可以避免产生的罚款吗?

A. 非常不同意　　B. 不太同意　　C. 基本同意

D. 比较同意　　E. 非常同意

22. 您认为贵企业总是关掉不需要的照明设备和生产机器设备吗?

A. 非常不同意　　B. 不太同意　　C. 基本同意

D. 比较同意　　E. 非常同意

23. 您认为贵企业总是系统地将污染废弃物与其他废弃物分开并单独存放吗?

A. 非常不同意　　B. 不太同意　　C. 基本同意

D. 比较同意　　E. 非常同意

24. 过去三年您所在企业销售收入发生了怎样变化?

A. 大幅下降　　B. 略有下降　　C. 基本未变

D. 略有上升　　E. 大幅上升

25. 过去三年您所在企业毛利率发生了怎样变化?

A. 大幅下降　　B. 略有下降　　C. 基本未变
D. 略有上升　　E. 大幅上升

26. 过去三年您所在企业市场占有率发生了怎样变化?
A. 大幅下降　　B. 略有下降　　C. 基本未变
D. 略有上升　　E. 大幅上升

27. 过去三年您所在企业销售区域发生了怎样变化?
A. 大幅下降　　B. 略有下降　　C. 基本未变
D. 略有扩大　　E. 大幅扩大

28. 您所在企业废弃物（废水、废气和废渣等）排放量相比前三年发生了怎样变化?
A. 大幅上升　　B. 略有上升　　C. 基本不变
D. 略有下降　　E. 大幅下降

29. 过去三年中，您所在企业万元产值耗电量发生了怎样变化?
A. 大幅上升　　B. 略有上升　　C. 基本不变
D. 略有下降　　E. 大幅下降

二　减排的外部支持与合作

1. 贵企业是否在环保方面获得过政府部门的奖励、补贴和优惠（如税收减免）?
A. 很少　B. 较少　C. 一般　D. 较高　E. 很高

2. 贵企业是否因减排而获得政府采购方面的政策倾斜?
A. 很少　B. 较少　C. 一般　D. 较高　E. 很高

3. 在贵企业环保投入方面，是否得到金融机构的支持?
A. 很少　B. 较少　C. 一般　D. 较高　E. 很高

4. 贵企业是否参与行业协会组织的环保志愿活动（比如减排经验、技术交流会）?
A. 很少　B. 较少　C. 一般　D. 较高　E. 很高

5. 贵企业会就环境问题与其他企业进行技术交流和合作吗?
A. 很少　B. 较少　C. 一般　D. 较高　E. 很高

6. 处于降低成本考虑，贵企业会与其他企业共用相关减排设备吗?
A. 很少　B. 较少　C. 一般　D. 较高　E. 很高

7. 过去三年中，您所在企业对报废产品、半成品、原材料再生利用的情况如何？

A. 大幅减少　　B. 略有减少　　C. 没有变化

D. 略有增加　　E. 大幅增加

8. 过去三年中，您所在企业将副产品当作原材料卖给其他企业情况？

A. 略有下降　　B. 基本不变　　C. 小幅增长

D. 较快增长　　E. 高速增长

9. 您所在企业是否对全体员工进行过有关环境保护方面的宣传与培训活动？

A. 很少　　B. 较少　　C. 一般

D. 较多　　E. 很多

10. 您认为您所在企业在产品设计过程中会优先考虑使用环境危害小但成本稍高的材料吗？

A. 非常不同意　　B. 不太同意　　C. 基本同意

D. 比较同意　　E. 非常同意

11. 您认为您所在企业在决策过程中经常征询并采纳环保技术人员的建议吗？

A. 非常不同意　　B. 不太同意　　C. 基本同意

D. 比较同意　　E. 非常同意

12. 您认为您所在企业注重生产流程的改进来降低生产对环境造成的危害吗？

A. 非常不同意　　B. 不太同意　　C. 基本同意

D. 比较同意　　E. 非常同意

13. 您认为贵企业决策者非常关心企业环保问题吗？

A. 非常不同意　　B. 不太同意　　C. 基本同意

D. 比较同意　　E. 非常同意

谢谢您的合作！

参考文献

[1] Abbott K. W., "Building Networks for Sustainability: The Role of International Organizations", Forthcoming in UNIDO, *Networks for Prosperity: Advancing Sustainability through Partnerships*, 2014.

[2] Achrol R. S. and Kotler P., "Marketing in Network Economy", *Journal of Marketing*, Vol. 63, 1999.

[3] AES, *2013 Sustainability Report*, Guayama: 2013.

[4] Afsarmanesh H., *VBE Management System*, *Methods and Tools for Collaborative Networked Organizations*, Springer Publisher, 2008.

[5] Ahuja M. K. and Carley K. M., "Network Structure in Virtual Organizations", *Journal of Computer-Mediated Communication*, Vol. 3, No. 4, 1999.

[6] Albornoz F., Cole M. A. and Elliott R. J., "In Search of Environmental Spillovers", *The World Economy*, Vol. 32, No. 1, 2009.

[7] Allenby B. R. and Graedel T. E., *Industrial Ecology*, Prentice-Hall, Englewood Cliffs, NJ, 1993.

[8] And J. M. P. and Page K. L., "Network Forms of Organization", *Annual Review of Sociology*, Vol. 24, No. 1, 1998.

[9] Andrews K. R., *The Concept of Corporate Strategy*, Homewood, IL: Dow Jones Irwin, 1971.

[10] Andrews S., Stearne J. and Orbell J. D., "Awareness and Adoption of Cleaner Production in Small to Medium-Sized Businesses in the Geelong Region, Victoria, Australia", *Journal of Cleaner Production*,

Vol. 10, No. 4, 2002.

[11] Andersson P. and Sweet S., "Towards a Framework for Ecological Stategic Change in Business Networks", *Journal of Cleaner Production*, Vol. 10, No. 5, 2002.

[12] Ambec S., "The Porter Hypothesis at 20: Can Environmental Regulation Enhance Innovation and Competitiveness?", *Ssrn Electronic Journal*, Vol. 29, No. 7, 2010.

[13] Aragón-Correa J. A. and Rubio-López E. A., "Proactive Corporate Environmental Strategies: Myths and Misunderstandings", *Long Range Planning*, Vol. 40, No. 3, 2007.

[14] Aragon Correa J. A., "Environmental Strategy and Performance in Small Firms: A Resource-Based Perspective", *Journal of Environmental Management*, Vol. 88, 2008.

[15] Arouri M. E. H., Caporale G. M., Rault C., Sova R. and Sova A., "Environmental Regulation and Competitiveness: Evidence from Romania", *Ecological Economics*, Vol. 81, No. 5, 2012.

[16] Ashton W., "Understanding the Organization of Industrial Ecosystems", *Journal of Industrial Ecology*, Vol. 12, No. 1, 2008.

[17] Ball P. D., Despeisse M., Evans S., Greenough R. M. and Hope S. B., "Factory Modelling: Combining Energy Modelling for Buildings and Production Systems", in *Advances in Production Management Systems, Competitive Manufacturing for Innovative Products and Services*, Springer Berlin Heidelberg, 2012.

[18] Bansal P. and Mcknight B., "Looking Forward, Pushing Back and Peering Sideways: Analyzing the Sustainability of Industrial Symbiosis", *Journal of Supply Chain Management*, Vol. 45, No. 4, 2009.

[19] Baraldi E., Gregori G. L. and Perna A., "Network Evolution and the Embedding of Complex Technical Solutions: The Case of the Leaf House Network", *Industrial Marketing Management*, Vol. 40, No. 6, 2011.

[20] Barney J. B., "Types of Competition and the Theory of Strategy: To-

ward an Integrative Framework", *Academy of Management Review*, Vol. 11, No. 4, 1986.

[21] Barney J. B., "Firm Resources and Sustained Competitive Advantage", *Journal of Management*, Vol. 17, No. 1, 1991.

[22] Bansal P. and Roth K., "Why Companies Go Green: A Model of Ecological Responsiveness", *Academy of management journal*, Vol. 43, No. 4, 2000.

[23] Baumol W. J. and Oates W. E., *The Theory of Environmental Policy: Externalities, Public Outlays and the Quality of Life*, Englewood Cliffs (NJ): Prentice-Hall, 1975.

[24] Becker G. S., *Human Capital: A Theoretical and Empirical Analysis with Special Reference to Education*, University of Chicago Press: Chicago, 1964.

[25] Behera S. K., Kim J. H., Lee S. Y., Suh S. and Park H. S., "Evolution of 'Designed' Industrial Symbiosis Networks in the Ulsan Eco-Industrial Park: 'Research and Development into Business' as the Enabling Framework", *Journal of Cleaner Production*, Vol. 29 – 30, 2012.

[26] Berkel R. V. Fujita T. and Hashimoto S., "Quantitative Assessment of Urban and Industrial Symbiosis in Kawasaki, Japan", *Environmental science & technology*, Vol. 43, No. 5, 2009.

[27] Bernauer T., Engel S. and Kammerer D., "Explaining Green Innovation: Ten Years after Porter's Win-Win Proposition: How to Study the Effects of Regulation on Corporate Environmental Innovation?", *Politische Vierteljahresschrift*, Vol. 39, 2007.

[28] Berry M. A. and Rondinelli D. A., "Proactive Corporate Environmental Management: A New Industrial Revolution", *Academy of Management Executive*, Vol. 12, No. 2, 1998.

[29] Bluffstone R. and Larson B. A., "Controlling Pollution in Transition Economies", *Theories and Methods*, Edward Elgar Publishing Ltd., 1997.

[30] Blyler M. and Coff R. W., "Dynamic Capabilities, Social Capital,

and Rent Appropriation: Ties That Split Pies", *Strategic Management Journal*, *Vol.* 24, No. 7, 2003.

[31] Bianchi R. and Noci G., "'Greening' SMEs' Competitiveness", *Small Business Economics*, Vol. 11, No. 3, 1998.

[32] Boons F., Spekkink W. and Mouzakitis Y., "The Dynamics of Industrial Symbiosis: A Proposal for a Conceptual Framework Based upon a Comprehensive Literature Review", *Journal of Cleaner Production*, Vol. 19, No. 9, 2011.

[33] Braungart M., McDonough W. and Bollinger, "A Cradle-to-Cradle Design: Creating Healthy Emissions – A Strategy for Eco-Effective Product and System Design", *Journal of Cleaner Production*, Vol. 15, No. 13, 2007.

[34] Brent Mulliniks, *AES Frac Water Recycling Systems*, HII Technologies, 2014.

[35] Brusoni S., Prencipe A. and Pavitt K., "Knowledge Specialization, Organizational Coupling and the Boundaries of the Firm: Why Do Firms Know More Than They Make?", *Administrative Science Quarterly*, Vol. 46, No. 4, 2001.

[36] Buysse K. and Verbeke A., "Proactive Environmental Strategies: A Stakeholder Management Perspective", *Strategic Management Journal*, Vol. 24, No. 5, 2003.

[37] Byrne J., "The Virtual Company", *Business Week*, Vol. 18, No. 2, 1993.

[38] Camarinha Matos L. M., *VO Creation Assistance Service*: *Methods and Tools for Collaborative Networked Organizations*, Springer Publisher, 2008.

[39] Chan K. L., Eckelman M. and Percy S., "A Characterization of the Recycling Sector in Puerto Rico", 2007.

[40] Chandler J. R. and Alfred D., *Strategy and Structure*: *Charters in the History of the Industrial Enterprise*, Cambridge, Massachusetts, 1962.

[41] Chertow M. R., "Industrial Symbiosis: Literature and Taxonomy",

Annual Review of Energy and the Environment, Vol. 25, No. 1, 2000.

[42] Chertow M. R., "Economic and Environmental Impacts from Industrial Symbiosis Exchanges: Guayama, Puerto Rico", *Rensselaer Working Papers in Economics*, 2004.

[43] Chertow M. R. and Lombardi D. R., "Quantifying Economic and Environmental Benefits of Co-Located Firms", *Environmental Science & Technology*, Vol. 39, No. 17, 2005.

[44] Chertow M. R., "Uncovering Industrial Symbiosis", *Journal of Industrial Ecology*, Vol. 11, No. 1, 2007.

[45] Chertow M. R., Ashton W. S. and Espinosa J. C., "Industrial Symbiosis in Puerto Rico: Environmentally Related Agglomeration Economies", *Regional Studies*, Vol. 42, No. 10, 2008.

[46] Chertow M. R. and Ehrenfeld J., "Organizing Self-Organizing Systems", *Journal of Industrial Ecology*, Vol. 16, No. 1, 2012.

[47] Chertow M. R. and Miyata Y., "Assessing Collective Firm Behavior: Comparing Industrial Symbiosis with Possible Alternatives for Individual Companies in Oahu, HI", *Business Strategy and the Environment*, Vol. 20, No. 4, 2011.

[48] Chiou T., Chan H. K. and Lettice F., "The Influence of Greening the Suppliers and Green Innovation on Environmental Performance and Competitive Advantage in Taiwan", *Transportation Research Part E: Logistics and Transportation Review*, Vol. 47, No. 6, 2011.

[49] Christiansen G. B. and Tietenberg T. H., "Distributional and Macroeconomic Aspects of Environmental Policy", in *Handbook of Natural Resource and Energy Economics*, Vol. 1 (A. Y. Kneese and J. L. Sweeney, Eds.), Amsterdam: North-Holland, 1985.

[50] Christmann P., "Effects of 'Best Practices' of Environmental Management on Cost Advantage: The Role of Complementary Assets", *Academy of Management Journal*, Vol. 43, No. 4, 2000.

[51] Clarkson M. E., "A Stakeholder Framework for Analyzing and Evaluating Corporate Social Performance", *Academy of Management Review*,

Vol. 20, No. 1, 1995.

[52] Clarkson P. M., Li Y. and Richardson G. D., "Does It Really Pay to Be Green? Determinants and Consequences of Proactive Environmental Strategies", *Journal of Accounting and Public Policy*, Vol. 30, No. 3, 2011.

[53] Conrad K. and Morrison C. J., "The Impact of Pollution Abatement Investment on Productivity Change: An Empirical Comparison of the US, Germany and Canada", *Southern Economic Journal*, 1989.

[54] Coase R. H., "The Problem of Social Cost", *The Journal of Law and Economics*, Vol. 3, 1960.

[55] Costa I., Massard G. and Agarwal A., "Waste Management Policies for Industrial Symbiosis Development: Case Studies in European Countries", *Journal of Cleaner Production*, Vol. 18, No. 8, 2010.

[56] Costa I. and Ferrão P., "A Case Study of Industrial Symbiosis Development Using a Middle-Out Approach", *Journal of Cleaner Production*, Vol. 18, No. 10 – 11, 2010.

[57] Cordano M., "Making the Natural Connection: Justifying Investment in Environmental Innovation", *Proceedings of the International Association for Business and Society*, 1993.

[58] Conrad K., "Price Competition and Product Differentiation When Consumers Care for the Environment", *Environmental and Resource Economics*, Vol. 31, No. 1, 2005.

[59] David R. and Arturo M., "Virtual Organisation Breeding Environments Toolkit: Reference Model, Management Framework and Instantiation Methodology", *Production Planning & Control*, Vol. 21, No. 2, 2010.

[60] Davidow W. and Malone M., *The Virtual Corporation*, New York: Harper Business, 1992.

[61] Dasgupta S., Hettige H. and Wheeler D., "What Improves Environmental Compliance? Evidence from Mexican Industry", *Journal of Environmental Economics and Management*, Vol. 39, No. 1, 2000.

[62] Dillon P. S. and Fischer K. , *Environmental Management in Corporations: Methods and Motivations*, Center for Environmental Management, Tufts University, 1992.

[63] Dimitrova V. , Gallucci T. and Lagioia G. , "Managerial Factors for Evaluating Eco-Clustering Approach", *Industrial Management & Data Systems*, Vol. 107, No. 9, 2007.

[64] Ditlev-Simonsen C. D. and Midttun A. , "What Motivates Managers to Pursue Corporate Responsibility? A Survey among Key Stakeholders", *Corporate Social Responsibility and Environmental Management*, Vol. 18, No. 1, 2011.

[65] Drezner J. A. , *Designing Effective Incentives for Energy Conservation in the Public Sector*, 1999.

[66] Drobny N. L. , "Strategic Environmental Management-Competitive Solutions for the Twenty-First Century", *Cost Engineering*, Vol. 36, No. 8, 1994.

[67] Doménech T. and Davies M. , "The Role of Embeddedness in Industrial Symbiosis Networks: Phases in the Evolution of Industrial Symbiosis Networks", *Business Strategy and the Environment*, Vol. 20, No. 5, 2011.

[68] Dumitrescu D. M. , "Human Resources Profile in the Virtual Organization Based on the Career Anchors of Edgar Schein", *Annals of Daaam & Proceedings*, 2009.

[69] Earnhart D. H. , Khanna M. , and Lyon T. P. , "Corporate Environmental Strategies in Emerging Economies", *Review of Environmental Economics and Policy*, Vol. 8, No. 2, 2014.

[70] Eckelman M. J. and Chertow M. R. , "Life Cycle Energy and Environmental Benefits of a US Industrial Symbiosis", *The International Journal of Life Cycle Assessment*, Vol. 18, No. 8, 2013.

[71] Ehrenfeld J. and Gertler N. , "Industrial Ecology in Practice: The Evolution of Interdependence at Kalundborg", *Journal of Industrial Ecology*, Vol. 1, No. 1, 1997.

[72] Erikson T., "Entrepreneurial Capital: the Emerging Venture's Most Important Asset and Competitive Advantage", *Journal of Business Venturing*, Vol. 17, No. 3, 2002.

[73] Esty D. C. and Porter M. E., "Chapter 3: National Environmental Performance Measurement and Determinants", *Environmental Performance Measurement: The Global Report*, 2002.

[74] Freeman R. E., *Strategic Management: A Stakeholder Approach*, Cambridge University Press, 2010.

[75] Frosch R. A. and Gallopoulos N. E., "Strategies for Manufacturing", *Scientific American*, Vol. 261, No. 4, 1969.

[76] Gertler N., *Industry Ecosystems: Developing Sustainable Industrial Structures*, Ph. D. Dissertation, Massachusetts Institute of Technology, 1995.

[77] Graedel T. E. and Allenby B. R., *Industrial Ecology and Sustainable Engineering*, Prentice Hall, 2010.

[78] Hakansson H. *Industrial Technological Development: A Network Approach*, London: Croom Helm, 1987.

[79] Hart S. L., "A Natural-Resource-Based View of the Firm", *Academy of Management Review*, Vol. 20, No. 4, 1995.

[80] Henriques I. and Sadorsky P., "The Determinants of an Environmentally Responsive Firm: an Empirical Approach", *Journal of Environmental Economics and Management*, Vol. 30, No. 3, 1996.

[81] Hribernik K., Rabe L., Schumacher J. and Thoben K. D., "The Product Avatar as a Product-Instance-Centric Information Management Concept", in *PLM' 05 Conference: Emerging Solutions and Challenges for Global Networked Enterprise*, 2005.

[82] Hofer C W. and Schendel D., "Strategy Formulation: Analytical Concepts", *West Pub. co*, Vol. 51, No. 4, 1978.

[83] Jacobs B. W., Singhal V. R. and Subramanian R., "An Empirical Investigation of Environmental Performance and the Market Value of the Firm", *Journal of Operations Management*, Vol. 28, No. 5,

2010.

[84] Jacobsen and Brings N. , "Industrial Symbiosis in Kalundborg, Denmark: A Quantitative Assessment of Economic and Environmental Aspects", *Journal of Industrial Ecology*, Vol. 10, No. 1 – 2, 2006.

[85] Jacobsen N. B. and Anderberg S. , "Understanding the Evolution of Industrial Symbiotic Networks: the Case of Kalundborg", Jeroen et al. eds. , *Economics of Industrial Ecology – Materials, Structural Change and Spatial Scales*, MIT Press, 2005.

[86] Johnson, *AES Active Evacuation System Operations Manual*, Wisconsin, 2013.

[87] Jollands M. and Merrick E. , "Decision Making for Sustainable Development in the Process Industry", in Biggs M. ed. *Chemeca 2010: Engineering at the Edge*, 2010.

[88] Khanna M. , Quimio W. R. H. and Bojilova D. , "Toxics Release Information: A Policy Tool for Environmental Protection", *Journal of Environmental Economics and Management*, Vol. 36, No. 3, 1998.

[89] Koschatzky K. , "Innovation Networks of Industry and Business-Related Services: Relations Between Innovation Intensity of Firms and Regional Inter-Firm Cooperation", *European Planning Studies*, Vol. 7, No. 6, 1999.

[90] Koschatzky K. , *Networks in Innovation Research and Innovation Policy: An Introduction*, Springer, 2001.

[91] Kuss M. J. , *Absorptive Capacity, Environmental Strategy and Competitive Advantage*, Ph. D. Dissertation, Eidgenössische Technische Hochschule ETH Zürich, 2009.

[92] Lavie D. and Rosenkopf L. , "Balancing Exploration and Exploitation in Alliance Formation", *Academy of Management Journal*, Vol. 49, No. 4, 2006.

[93] Lee C. , Lee K. and Pennings J. M. , "Internal Capabilities, External Networks and Performance: A Study on Technology-Based Ventures", *Strategic Management Journal*, Vol. 22, No. 6 – 7, 2001.

[94] Lehtoranta S., Nissinen A., Mattila T., "Industrial Symbiosis and the Policy Instruments of Sustainable Consumption and Production", *Journal of Cleaner Production*, Vol. 19, No. 16, 2011.

[95] Lepoutre J., "Investigating the Impact of Firm Size on Small Business Social Responsibility: A Critical Review", *Journal of Business Ethics*, Vol. 67, No. 3, 2006.

[96] Levy D. L., "The Environmental Practices and Performance of Transnational Corporations", *Transnational Corporations*, Vol. 4, No. 1, 1995.

[97] Lie Y., "The Ideology of Sustainable Development of the Circular Economy and the Development Mode Based on the Point of Industrial Chains", in *Proceedings of the International Conference of E-Business and E-Government*, Shanghai, China, 2011.

[98] Lin N., "Social Networks and Status Attainment", *Annual Review of Sociology*, Vol. 25, No. 1, 2003.

[99] Lombardi D. R. and Laybourn P., "Redefining Industrial Symbiosis", *Journal of Industrial Ecology*, Vol. 16, No. 1, 2012.

[100] Lowe E. A., Moran S. R. and Holmes D. B., "Fieldbook for the Development of Eco-Industrial Parks", *Draft Report*, Oakland CA: Indigo Dev. Co., 1995.

[101] Maldonado C. and Sethuraman S. V., "Technological Capability in the Informal Sector: Metal Manufacturing in Developing Countries", in *Technological Capability in the Informal Sector: Metal Manufacturing in Developing Countries*, International Labour Office, 1992.

[102] Marcotte B., Weaver W. and Oven M., "Using Cleaner Production to Promote Industrial Efficiency in Developing Countries", www.portofentry.com/site/root/resources/analysis/2225.html, 2004.

[103] Marcus A. and Geffen D., "The Dialectics of Competency Acquisition: Pollution Prevention in Electric Generation", *Strategic Management Journal*, Vol. 19, 1998.

[104] Marín F. L. M., *Sustainable Industrial Development Model for Puerto Rico*, 2004.

[105] Menguc B. , Auh S. and Ozanne L. , "The Interactive Effect of Internal and External Factors on a Proactive Environmental Strategy and its Influence on a Firm's Performance", *Journal of Business Ethics*, Vol. 94, No. 2, 2010.

[106] Mike Simpson, Nick Taylor, Karen Barker. , "Environmental Responsibility in SMEs: Does It Deliver Competitive Advantage?", *Business Strategy and the Environment*, Vol. 13, No. 3, 2004.

[107] Miller G. T. , *Living in the Environment*, Belmont, CA: Wadsworth, 8th ed, 1994.

[108] Mirata M. and Emtairah T. , "Industrial Symbiosis Networks and the Contribution to Environmental Innovation : The Case of the Landskrona Industrial Symbiosis Programme", *Journal of Cleaner Production*, Vol. 13, No. 10 – 11, 2005.

[109] Moon W. , Florkowski W. J. and Brückner B. , "Willingness to Pay for Environmental Practices: Implications for Eco-Labeling", *Land Economics*, Vol. 78, No. 1, 2002.

[110] Negretto U. , *VO Management Solutions. Methods and Tools for Collaborative Networked Organizations*, Springer Publisher, 2008.

[111] Özen S. and Küskü F. , "Corporate Environmental Citizenship Variation in Developing Countries: An Institutional Framework", *Journal of Business Ethics*, Vol. 89, No. 2, 2009.

[112] Palmer K. and Portney P. R. , "Tightening Environmental Standards: The Benefit-Cost or the No-Cost Paradigm?", *Journal of Economic Perspectives*, Vol. 9, No. 4, 1995.

[113] Paquin R. L. and Howard-Grenville J. , *Facilitating Regional Industrial Symbiosis: Network Growth in the UK's National Industrial Symbiosis Programme*, Edward Elgar, 2009.

[114] Pargal S. and Wheeler D. , "Informal Regulation of Industrial Pollution in Developing Countries: Evidence from Indonesia", *Journal of Political Economy*, Vol. 104, No. 6, 1996.

[115] Penrose E. T. , *The Theory of the Growth of the Firm*, New York:

John Wiley, 1959.

[116] Pigou A. C., *Essays in Economics*, London: Macmillan, 1952.

[117] Porter M. E. and Van Der Linde, "Toward a New Conception of the Environment-Competitiveness Relationship", *Journal of Economic Perspectives*, Vol. 9, No. 4, 1995.

[118] Porter Michael E., "America's Green Strategy!", *Scientific American*, Vol. 264, No. 4, 1991.

[119] Ramus C. A. and Steger U., "The Roles of Supervisory Support Behaviors and Environmental Policy in Employee 'Ecoinitiatives' at Leading-Edge European Companies", *Academy of Management Journal*, Vol. 43, No. 4, 2000.

[120] Revell A. and Rutherfoord R., "UK Environmental Policy and the Small Firm: Broadening the Focus", *Business Strategy and the Environment*, Vol. 12, No. 1, 2003.

[121] Reverte C., "Determinants of Corporate Social Responsibility Disclosure Ratings by Spanish Listed Firms", *Journal of Business Ethics*, Vol. 88, No. 2, 2009.

[122] Ritvala T. and Salmi A., "Value-Based Network Mobilization: A Case Study of Modern Environmental Networkers", *Industrial Marketing Management*, Vol. 39, No. 6, 2010.

[123] Ritvala T. and Salmi A., "Network Mobilizers and Target Firms: The Case of Saving the Baltic Sea", *Industrial Marketing Management*, Vol. 40, No. 6, 2011.

[124] Romero D. and Molina A., "VO Breeding Environments & Virtual Organizations Integral Business Process Management Framework", *Journal of Information Systems Frontiers*, Vol. 11, No. 5, 2009.

[125] Romero D. and Molina A., "Green Virtual Enterprises and Their Breeding Environments," in L. M. Camarinha-Matos et al. (eds.), PRO-VE IFIPAICT, Vol. 336, 2010.

[126] Romero D. and Molina A., "Green Virtual Enterprises Breeding Environment Reference Framework", in L. M. Camarinha-Matos et al.

(Eds.), PRO-VE IFIPAICT, Vol. 362, 2011.

[127] Romero D. and Molina A. "Green Virtual Enterprise Breeding Environments: A Sustainable Industrial Development Model for a Circular Economy", in L. M. Camarinha-Matos et al. (Eds.), PRO-VE IFIPAICT, Vol. 380, 2012.

[128] Romero D., Rabelo R. and Molina, A., "On the Management of Virtual Enterprise' s Inheritance between Virtual Manufacturing & Service Enterprises: Supporting 'Dynamic' Product-Service Business Ecosystems", 18th International ICE-Conference on Engineering, Technology and Innovation, 2012.

[129] Russo M. V. and Fouts P. A., "A Resource-Based Perspective on Corporate Environmental Performance and Profitability", *Academy of Management Journal*, Vol. 40, No. 3, 1997.

[130] Rūta Tamošiūnaitė, "Organization Virtual or Networked?", *Social Technologies*, Vol. 1, No. 1, 2011.

[131] Sakr D. A., Sherif A. and El-Haggar S. M., "Environmental Management Systems' Awareness: An Investigation of Top 50 Contractors in Egypt", *Journal of Cleaner Production*, Vol. 18, No. 3, 2010.

[132] Sandesara J. C., "New Small Enterprise Policy: Implications and Prospects", *Economic & Political Weekly*, Vol. 26, No. 42, 1991.

[133] Santoro F. M., Borges M. R. S. and Rezende E. A., "Collaboration and Knowledge Sharing in Network Organizations", *Expert Systems with Applications*, Vol. 31, No. 4, 2006.

[134] Shao-Ping X. and Yun-Jie H., "The Research of the Development Principles and Development Model of Circular Economy", in *Proceedings of the* 2010 *International Conference on Challenges in Environmental Science and Computer Engineering*, Vol. 1, Washington, D. C., USA, IEEE Computer Society, 2010.

[135] Sharma S., "Managerial Interpretations and Organizational Context as Predictors of Corporate Choice of Environmental Strategy", *Academy of Management Journal*, Vol. 43, No. 4, 2000.

[136] Sharma S. and Vredenburg H., "Proactive Corporate Environmental Strategy and the Development of Competitively Valuable Organizational Capabilities", *Strategic Management Journal*, Vol. 19, No. 8, 1998.

[137] Sharma H. C. and Ortiz R., "Host Plant Resistance to Insects: An Eco-Friendly Approach for Pest Management and Environment Conservation", *Journal of Environmental Biology*, Vol. 23, No. 2, 2002.

[138] Seuring S., "Integrated Chain Management and Supply Chain Management Comparative Analysis and Illustrative Cases", *Journal of Cleaner Production*, Vol. 12, No. 8 – 10, 2004.

[139] Shi H., Peng S. Z. and Liu Y., "Barriers to the Implementation of Cleaner Production in Chinese SMEs: Government, Industry and Expert Stakeholders' Perspectives", *Journal of Cleaner Production*, Vol. 19, No. 8, 2008.

[140] Sikdar P. K. and Dasgupta S. P., "Pollution Risk Analysis of Calcutta and Howrah Cities", *Indian Minerals*, Vol. 50, No. 4, 1997.

[141] Simpson M., Taylor N. and Barker K., "Environmental Responsibility in SMEs: Does It Deliver Competitive Advantage?", Business Strategy and the Environment, Business Strategy and the Environment, Vol. 13, No. 3, 2004.

[142] Slater J. and Angel I. T., "The Impact and Implications of Environmentally Linked Strategies on Competitive Advantage: A Study of Malaysian Companies", *Journal of Business Research*, Vol. 19, No. 8, 2000.

[143] Snyder L. D. and Stavins R. N., "The Effects of Environmental Regulation on Technology Diffusion: The Case of Chlorine Manufacturing", *American Economic Review*, Vol. 93, No. 2, 2003.

[144] Spedding L. S., *Environmental Management for Business*, J. Wiley, 1996.

[145] Steger U., "The Greening of the Board Room: How German Companies Are Dealing with Environmental Issues", *Environmental Strate-*

gies for Industry, 1993.

[146] Teece D. J., Pisano G. and Shuen A., "Dynamic Capabilities and Strategic Manegement", *Strategic Management Journal*, Vol. 18, No. 7, 1997.

[147] Timmons J. A., *New Venture Creation: Entrepreneurship in the 1990s*, Irwin, 1990.

[148] Thierry M., Salomon M., Numen J. V. and Van Wassenhove L., "Strategic Issues in Product Recovery Management", *California Management Review*, Vol. 37, No. 2, 1995.

[149] Tolstoy D. and Agndal H., "Network Resource Combinations in the International Venturing of Small Biotech Firms", *Technovation*, Vol. 30, No. 1, 2010.

[150] Tomer J. F., *Organizational Capital: The Path to Higher Productivity and Well-Being*, Greenwood Press, 1987.

[151] Tsai D. H., *Environmental Policy and Technological Innovation: Evidence from Taiwan Manufacturing Industries*, National Sun Yat-Sen University, 2002.

[152] Tudor T., Adam E. and Bates M., "Drivers and Limitations for the Successful Development and Functioning of EIPs (Eco-Industrial Parks): A Literature Review", *Ecological Economics*, Vol. 61, No. 2-3, 2007.

[153] Uzzi B., "The Sources and Consequences of Embeddedness for the Economic Performance of Organizations: The Network Effect", *American Sociological Review*, Vol. 61, No. 4, 1996.

[154] Uzzi B. and Gillespie J. J., "Knowledge Spillover in Corporate Financing Networks: Embeddedness and the Firm's Debt Performance", *Strategic Management Journal*, Vol. 23, No. 7, 2002.

[155] Veal G. and Mouzas S., "Learning to Collaborate: A Study of Business Networks", *Journal of Business & Industrial Marketing*, Vol. 25, No. 6, 2010.

[156] Visvanathan C., Kumar S., "Issues for Better Implementation of

Cleaner Production in Asian Small and Medium Industries", *Journal of Cleaner Production*, Vol. 7, No. 2, 1999.

[157] Vredenburg H., Sharma S., "Proactive Corporate Environmental Strategy and the Development of Competitively Valuable", *Strategic Management Journal*, Vol. 19, No. 8, 1998.

[158] Wang J. F., Li H. M., "Circular Economy and Sustainable Development: China's Perspective", in *Proceedings of the R' 05 – 7th World Congress on Recovery, Recycling and Re-Integration*, 2005.

[159] Wagner M., "How to Reconcile Environmental and Economic Performance to Improve Corporate Sustainability: Corporate Environmental Strategies in the European Paper Industry", *Journal of Environmental Management*, Vol. 76, No. 2, 2005.

[160] Welch E. W., Mori Y. and Aoyagi Usui M., "Voluntary Adoption of ISO 14001 in Japan: Mechanisms, Stages and Effects", *Business Strategy and the Environment*, Vol. 11, No. 1, 2002.

[161] Williamson O. E., *Markets and Hierarchies: Analysis and Antitrust Implications*, New York: Free Press, 1975.

[162] Wooten L. P. and Crane P., "Generating Dynamic Capabilities Through a Humanistic Work Ideology: The Case of a Certified-Nurse Midwife Practice in a Profession Bureaucracy", *American Behavioral Scientist*, Vol. 47, No. 6, 2004.

[163] Wynarczyk P., Piperopoulos P. and McAdam M., "Open Innovation in Small and Medium-Sized Enterprises: An Overview", *International Small Business Journal*, Vol. 31, No. 3, 2013.

[164] Zhu J. and Ruth M., "The Development of Regional Collaboration for Resource Efficiency: A Network Perspective on Industrial Symbiosis", *Computers, Environment and Urban Systems*, Vol. 44, 2014.

[165] Zhu Q. and Cote R. P., "Integrating Green Supply Chain Management into an Embryonic Eco-Industrial Development: A Case Study of the Guitang Group", *Journal of Cleaner Production*, Vol. 12, No. 8 – 10, 2004.

[166] 陈军:《基于个体的中小企业污染治理对策分析》,《生态经济》2011 年第 12 期。
[167] 陈诗一:《节能减排与中国工业的双赢发展:2009—2049》,《经济研究》2010 年第 3 期。
[168] 董颖:《企业生态创新的机理研究》,浙江大学出版社 2013 年版。
[169] 方昇:《简析中小企业环境污染现状及措施》,《消费导刊》2015 年第 9 期。
[170] 冯新舟、阎维洁、何自立:《虚拟组织中的知识创新与知识管理》,《经济与管理研究》2010 年第 1 期。
[171] 冯之浚、刘燕华、周长益等:《我国循环经济生态工业园发展模式研究》,《中国软科学》2008 年第 4 期。
[172] 郭庆:《中小企业环境规制的困境与对策》,《东岳论丛》2007 年第 2 期。
[173] 郭永辉:《自组织生态产业链社会网络分析及治理策略——基于利益相关者的视角》,《中国人口资源与环境》2014 年第 11 期。
[174] 关劲峤、黄贤金、朱德明等:《高科技污染问题及驱动力模型研究》,《中国人口资源与环境》2006 年第 15 期。
[175] 甘永辉、杨解生、黄新建:《生态工业园工业共生效率研究》,《南昌大学学报》(人文社会科学版)2008 年第 3 期。
[176] 高巍:《中小企业污染治理及投融资分析研究》,《环境科学与管理》2015 年第 8 期。
[177] 韩娜:《论日本中小企业的界定标准》,《前沿》2010 年第 8 期。
[178] 韩瑜:《我国中小企业污染治理的经济学分析与财税政策》,《福建论坛》(人文社会科学版)2007 年第 11 期。
[179] 何瑛、何爱英:《中小企业的特点对污染治理的影响与解决途径分析》,《经济师》2007 年第 1 期。
[180] 蓝庆新:《来自丹麦卡伦堡循环经济工业园的启示》,《环境经济》2006 年第 4 期。
[181] 胡平、温春龙、潘迪波:《外部网络、内部资源与企业竞争力关

系研究》,《科研管理》2013 年第 4 期。
[182] 李成、吕博:《中小企业界定标准的国际比较及启示》,《未来与发展》2009 年第 6 期。
[183] 李万、常静、王敏杰等:《创新 3.0 与创新生态系统》,《科学学研究》2014 年第 12 期。
[184] 林汉川、魏中奇:《美、日、欧盟等中小企业最新界定标准比较及其启示》,《管理世界》2002 年第 1 期。
[185] 林婷婷:《产业技术创新生态系统研究》,博士学位论文,哈尔滨工程大学,2012。
[186] 刘方:《我国中小企业发展状况与政策研究——新形势下中小企业转型升级问题研究》,《当代经济管理》2014 年第 2 期。
[187] 刘国华、邢丽娜:《中小企业生态化与非生态化生产方式的损益研究》,《经济问题》2006 年第 12 期。
[188] 刘金平:《中小企业排污监管机制研究》,博士学位论文,重庆大学,2010。
[189] 刘劲聪:《日美中小企业划分标准的比较分析及其启示与借鉴》,《东南亚研究》2007 年第 2 期。
[190] 刘庆飞:《论“中小企业”的立法界定标准——从比较法的视角》,《河北法学》2012 年第 3 期。
[191] 刘泉红、刘方:《中小企业发展体制机制亟待理顺——前三季度中小企业形势分析及对策建议》,《中国经贸导刊》2013 年第 31 期。
[192] 罗文彬:《中小企业发展战略研究》,博士学位论文,石河子大学,2013。
[193] 欧志明、张建华:《企业网络组织及其理论基础》,《华中科技大学学报(社会科学版)》2001 年第 3 期。
[194] 秦海旭、万玉秋、夏远芬:《德日静脉产业发展经验及对中国的借鉴》,《环境科学与管理》2007 年第 6 期。
[195] 秦书生:《生态技术论》,东北大学出版社 2009 版。
[196] 荣泰生:《AMOS 与研究方法》,重庆大学出版社 2009 版。
[197] 沈洪涛、冯杰:《舆论监督,政府监管与企业环境信息披露》,《会计研究》2012 年第 2 期。

[198] 时长鸣、刘强：《关于我国中小企业污染治理的探析》，《科技与企业》2012 年第 20 期。

[199] 石磊、刘果果、郭思平：《中国产业共生发展模式的国际比较及对策》，《生态学报》2012 年第 12 期。

[200] 孙功苗、刘巨钦：《基于横向视角的绿色供应链管理实施策略》，《商业时代》2009 年第 23 期。

[201] 孙国强：《网络组织的内涵、特征与构成要素》，《南开管理评论》2001 年第 4 期。

[202] 唐方成、席酉民：《知识转移与网络组织的动力学行为模式（Ⅰ）》，《系统工程理论与实践》2006 年第 5 期。

[203] 王丰、汪勇：《网络组织的模式》，《经济管理》2000 年第 6 期。

[204] 王俊豪、李云雁：《民营企业应对环境管制的战略导向与创新行为——基于浙江纺织行业调查的实证分析》，《中国工业经济》2009 年第 9 期。

[205] 王兆华：《生态工业园工业共生网络研究》，博士学位论文，大连理工大学，2002。

[206] 吴金希：《创新生态体系的内涵、特征及其政策含义》，《科学学研究》2014 年第 1 期。

[207] 肖创勇：《基于治理与管理相统一的企业网络组织研究》，博士学位论文，昆明理工大学，2003。

[208] 熊鹏：《环境保护与经济发展——评波特假说与传统新古典经济学之争》，《当代经济管理》2005 年第 5 期。

[209] 杨永福：《信息化战略驱动下的传统产业改造分析——以中国烟草安徽省公司对传统产业的信息化改造为例》，《管理世界》2002 年第 8 期。

[210] 张德良：《在复杂动态环境下中小企业发展所面临的主要问题探讨》，《商场现代化》2005 年第 11 期。

[211] 张天悦：《环境规制的绿色创新激励研究》，博士学位论文，中国社会科学院研究生院，2014 年。

[212] 周国梅、任勇、陈燕平：《发展循环经济的国际经验和对我国的启示》，《中国人口、资源与环境》2005 年第 4 期。

国家社会科学基金项目“网络组织与中小企业节能减排研究”（11BGL061)资助

U0382221